# 超级记忆术

于海娣 编著

浙江工商大学出版社
ZHEJIANG GONGSHANG UNIVERSITY PRESS

**图书在版编目（CIP）数据**

超级记忆术 / 于海娣编著 . — 杭州：浙江工商大
学出版社，2018.9

ISBN 978-7-5178-2849-5

Ⅰ . ①超… Ⅱ . ①于… Ⅲ . ①记忆术 Ⅳ .
① B842.3

中国版本图书馆 CIP 数据核字（2018）第 152213 号

# 超级记忆术

于海娣 编著

| | | |
|---|---|---|
| **责任编辑** | 沈敏迪　沈明珠　李相玲 | |
| **封面设计** | 思梵星尚 | |
| **责任印制** | 包建辉 | |
| **出版发行** | 浙江工商大学出版社 | |
| | （杭州市教工路 198 号　邮政编码 310012） | |
| | （E-mail: zjgsupress@163.com） | |
| | （网址：http://www.zjgsupress.com） | |
| | 电话：0571-88904980，88831806（传真） | |
| **排　　版** | 北京东方视点数据技术有限公司 | |
| **印　　刷** | 三河市兴博印务有限公司 | |
| **开　　本** | 710mm×1000mm　1/16 | |
| **印　　张** | 18 | |
| **字　　数** | 280 千 | |
| **版 印 次** | 2018 年 9 月第 1 版　2018 年 9 月第 1 次印刷 | |
| **书　　号** | ISBN 978-7-5178-2849-5 | |
| **定　　价** | 52.00 元 | |

浙江工商大学出版社营销部邮购电话　0571-88904970

# 前言

　　良好的记忆是获取成功的基石之一，也是许多人登上事业顶峰不可或缺的重要因素。记忆力的好坏，往往是学业、事业成功与否的关键。在历史上，许多杰出人物都有着超凡的记忆力。恺撒大帝能记住每一个士兵的面孔和姓名，亚里士多德能把看过的书几乎一字不差地背诵出来，马克思能整段整段地背诵歌德、但丁、莎士比亚等大师的作品……

　　如今，我们生活在一个信息爆炸的时代，每时每刻都有大量新技术知识和信息问世，而其中的一些知识和信息是我们不得不了解甚至要记住的。然而我们每个人都会遭遇遗忘的问题：写作时提笔忘字；演讲时张口忘词；面对无数英语单词、计算公式总也记不住；走出家门后突然想起煤气没关；到银行取钱却发现密码记不起来；把合作谈判的重要会议抛在脑后……

　　为什么学习那么用功却总也记不住？为什么电话号码、重要纪念日记了又忘？为什么看到一张十分熟悉的面孔却就是想不起名字？为什么连重要的谈判会议都能忘词？你是否对自己的记忆力抱怨不已？你的记忆潜能还有多少没有被挖掘出来？你是否想拥有超级记忆力，成为读书高手、考试强将、职场达人？

　　研究表明，人脑潜在的记忆能力是惊人的和超乎想象的，只要掌握了科学的记忆规律和方法，每个人的记忆力都可以提高。记忆力得到提高，我们的学习能力、工作能力、生活能力也将随之提高，甚至可以改变我们的个人命运。

　　本书是迅速改善和提高记忆力的实用指南，囊括了古今中外应用广泛、记忆高效的超级记忆术。书中对记忆的复杂机制、影响记忆力的因素、提高记忆力的方法等诸多问题进行了深入探讨，并且介绍了多种有利于提高记忆效率的"绝招秘技"，不仅告诉你如何记忆名字、数字、日期，还有公式、文章、演讲词等，更辟有专门的章节告诉你如何学习新语言，能快速开发你的记忆潜能，让你的学习更轻松，成功更容易。同时，书中还提供了近百个提升记忆力的思维游戏，帮助你对自己的训练成果进行检查，掌握最适合自己的记忆方法。这里有理论，更有大量的研究案例；有历史性的回顾，更有前瞻性的展望；有实用的方法，更有哲人的启示，期望你能够在阅读中不断挖掘、拥有用之不竭的记忆资本。

记忆力是每个正常人都具有的自然属性与潜在能力，普通人与天才之间并没有不可逾越的鸿沟。记忆力与其他能力一样，是可以通过训练激发出来并在实践中不断得到提高发展的。本书既是一把进入超级记忆王国的智能钥匙，又是个人必备的挖掘大脑潜能的指南。超级记忆术不仅能帮你造就某一方面的出色记忆力，让你快速掌握一门外语，记住容易疏忽的细节，克服心不在焉的毛病；更能让你的记忆力在整体、在各方面都达到杰出水平，轻松记住想记住的事物，让记忆更快更持久。每个人的大脑都是一部高性能电脑，都具有照相般的记忆潜能，充分发掘这些潜能，就可以记住你想记住的一切。通过阅读此书，你会发现自己在短时间内就能轻松记住单词、诗词甚至元素周期表，并能应用自如。

随着记忆力的提高，你会发现自己的知识结构更加完善，处理问题更加得心应手；你会发现自己的自信心大大提高，在说话时更加有底，办事时更有效率；你还会发现自己的学习力、判断力、分析力、决策力等都随之得到了增强。

丰富的内容、精彩的案例、科学有效的方法，结合大量的实用技巧，不仅可以帮助各类学生提高学习效率，而且对于上班族、需要创造力及想象力的专业人士，以及随着年龄的增长而有必要重新给大脑充电的人，都有极大的帮助。

# 目录

## 第一篇  记忆和记忆术概述

第一篇

# 记忆和记忆术概述

# 第一章
# 了解你的记忆

## 记忆是什么

### 1. 大脑与记忆

大脑由约 140 亿个脑细胞组成，每个脑细胞可生长出约 2 万个树枝状的树突用来传递信息。人脑"计算机"的功能远远超过世界上最强大的计算机。

人脑可储存 50 亿本书的信息，相当于世界上藏书最多的美国国会图书馆藏书（1000 万册）的 500 倍。

人脑神经细胞功能间每秒可完成信息传递和交换次数达 1000 亿次。

处于激活状态下的人脑，每天可以记住 4 本书的全部内容。

⋯⋯

净重约 1.5 千克，拥有天文数字一样多的神经细胞以及数十亿的连接，这就是人类的大脑——我们的神经系统中起着关键作用的部分。大脑包含左右两个半球。半球表面是层层折叠的"灰色物质"——大脑皮质，这一部分负责处理决断、记忆、言谈和其他复杂过程。左脑半球控制着右半边身体，右脑半球则控制左半边身体。两个半球中间的连接部分被称为胼胝体。

大脑控制着人类所有的动作和思维，从我们伸出一根手指，到做算术题目，再到回忆过去美好的时光。但是我们的大脑和记忆之间到底有什么联系呢？事实上，大脑是我们的记忆存储的地方，我们的很多行为都帮助它发挥作用。记忆在一定程度上影响了我们的身份、智力以及情绪，那么，记忆到底在哪里呢？

美国加州理工大学的心理学家罗格·斯佩里曾于 20 世纪 60 年代进行过一项针对裂脑（通过外科手术切断胼胝体，常用于治疗癫痫病）患者的研究。斯佩里在研究中发现了大量重要证据，证明了两个半球都有着它们独特的功效。

在其中一项实验中，斯佩里让患者们用手接触物体，然后把它和对应的图片联系起来。他发现：左右手完成这一行为的方法不同，并且左手能比右手更好地完成这一行为。左手（对应大脑右半球）更适合将触觉和视觉联系起来。

不过，当要求将物体和文字描述联系起来时，右手比左手完成得更好。

斯佩里的这一突破性发现为他赢得了 1981 年诺贝尔医学奖。其后许多科学家对这一领域进行了深入研究，目前，人们已经基本上熟悉了两个半球的思维功能。

看着这张表格，我们很容易就能理解为什么人们总是把一个人分成"左脑擅长"或者"右脑擅长"——也就是有逻辑性的或者有创造性的。但这一概念过于简单，容易引起误解。尽管我们可以认为会计师对左脑依赖比较重而艺

| 左半球 | 右半球 |
|---|---|
| 分析 | 视觉 |
| 逻辑 | 想象 |
| 顺序 | 空间 |
| 线性 | 感性 |
| 语言 | 音韵 |
| 列表 | 整体（概况） |
| 数字能力 | 色彩感知 |

⊙ 大脑半球思维功能表。

术家右脑用得比较多，但这两个半脑并不是独立工作的。如果它们真的独立，那我们的生活就会乱作一团。

## 2. 记忆是什么

王太太是一家玩具商店的店员，也是一位精力充沛的女士，她有一个安排得满满当当的时间表。她的工作做得很好，也从不错过任何一场儿子的足球比赛。最近，她非常吃惊，当她在一场足球比赛上偶然遇到一个熟人时，她竟然

叫不出对方的名字。一周之后，王太太走出购物中心时，她竟不记得将自己的车停在了哪里。在此之后的一个月，她发现她已经想不起来她正在读的一本小说中的人物角色。后来，她完全忘记了和一位好朋友约好共进午餐的事。这种恼人的健忘让王太太忧心不已。

李先生是一位工程师，他退休后就把自己的时间全部用于志愿工作。最近，他记不得上个月他是否给他的汽车换了油。他忘记了要去健身房的事，直到走过几条街后才想起来。他曾把房门钥匙藏在车库，但又想不起来放在了哪里。李先生找他的医生检查，看看他的健忘是不是因为得了什么病。

你或你的朋友也许会有与王太太和李先生相似的经历，你也许已注意到了你自己的记忆问题。各种年龄段的人都抱怨记不住东西。

这是我们经常听到的一些抱怨（应该承认我们自己也经常说这些话）。

·我进了一个房间，却不知道要来干什么。

·我想不起来要问医生什么。

·我忘记了我是不是已经吃过药。

·我曾经把我的项链收好了，却不记得放在哪里。

·我必须要交纳一笔滞纳金，因为我没有按时交电费。

## -- 记忆和智力 --

智力并不完全是遗传的，其遗传因素仅占很小的一部分。聪明到底意味着什么？IQ智力商数测试在评估智力方面很有效，但是我们也不能太过相信这种测试的分数。更重要的是在个人能力和所处环境之间找到平衡。拥有良好的记忆力、平衡的心态，具有敏锐的判断力、良好的知识储备，这些重要的素质并不能通过IQ测试来评估。

·我忘记在旅行时带上我的照相机。

·我去商店买牛奶，结果什么都买了，最后就是忘了买牛奶。

·我忘了我姐姐（妹妹）的生日。

如果你曾经有过任何一次这种经历，都应该尝试采取有效措施或训练来提高或改善自己的记忆力。首先，就需要了解一下记忆力是什么，以及记忆是如何工作的。

记忆是我们大脑中一个存东西的地方，它为我们提供历史信息。它告诉我们昨天以及十年前我们干了什么，它也知道我们明天会干什么。童年的记忆可能会因为听到一首摇篮曲而被唤起，而一段浪漫的回忆会在我们闻到某种特殊的花香时浮现在脑海。记忆用各种各样的线索让我们感觉到我们是谁。

事实上，从一个时刻到另一个时刻，你对所有东西都有一个不变的定义，且可以持续很长时间。就好像你会记得昨晚睡在你身边的那个人就是你早上醒来看到的这个人。有了这样的记忆，我们才被称之为人类。没有了记忆，人类文明便不可能存在。

随着年龄的增长，我们积累了越来越多的记忆。我们称之为阅历，它非常珍贵。有了它，我们可以不必绞尽脑汁去想如何解决类似问题或者揣测接下去将会发生什么。经验会告诉我们，我们已经碰到过很多次这样的问题，并且知道事态将如何发展。当我们还小的时候，我们常常认为大人们有魔法，能够预知电视情节。我们不知道，他们已经看过许多相似的电视节目。这些节目情节并不能迷惑他们。

由于积累了很多经验，年长的人总不如年轻人的思维来得敏锐、快速。年长的人思考得相对较慢，但是通常他们并不用深入地去思考问题，因为经验就已经告诉他们有可能的答案。年轻人碰到问题时能够学得更多，他们会归类没有遇到过的问题。因此，小孩子在掌握新技术方面总是胜过大人。

记忆就像你的一个小帮手，它会帮助你找到车钥匙。但是，仔细想想，它的作用远远大于这些。

## 3. 记忆是个性化的

梦想、思想、行动、姓名、地点、面孔、香味、事实、感情、味道，以及许许多多的东西通过记忆进入我们的意识。它们对于我们的记忆来说有着不同的形态。有时，记忆不是这种形态就是那种形态；而有时它们是一个香味、花纹和声音组成的万花筒。一句话，记忆就如同一张由声音、香味、味道、触觉和视觉组成的网。

当你想要进行信息回忆时，记忆会通过联系走捷径来帮助完成记忆任务。然而，许多研究显示，正是你个人的知识、经历，以及一些事情对你的意义在驱动你的记忆。正是在它们的帮助下，记忆有了一定的意义。

"生存还是毁灭，这是一个问题。"大多数人知道这引自莎士比亚的《哈姆雷

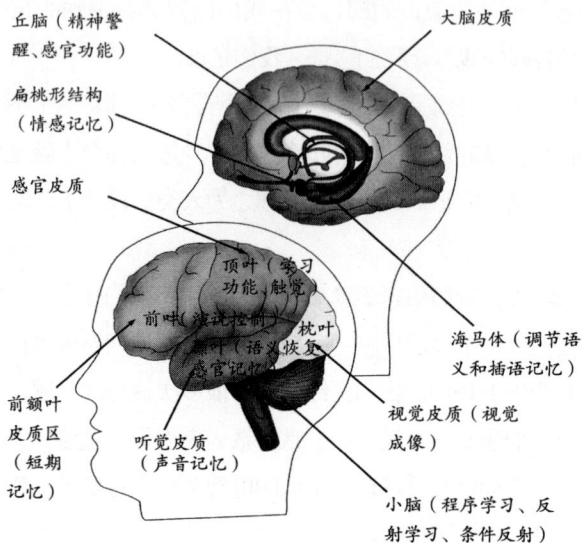

丘脑（精神警醒、感官功能）

扁桃形结构（情感记忆）

感官皮质

顶叶（学习功能、触觉）

前叶(演说控制)（语义恢复感官记忆）

枕叶

前额叶皮质区（短期记忆）

听觉皮质（声音记忆）

大脑皮质

海马体（调节语义和插语记忆）

视觉皮质（视觉成像）

小脑（程序学习、反射学习、条件反射）

⊙ 一段经历的点点滴滴储存在大脑的不同功能区域中。比如，一件事如何发生储存在视觉皮质；事件的声音储存在听觉皮质。记忆的这两个方面还互相联系。

特》。如果你熟悉这个故事，就知道这句话是在一个特定的时刻说的。然而，这句话与你的孩子们第一次说的话或者你的配偶第一次表示他或她爱你相比，就不是那么重要了。你可以想象出一个比莎士比亚作品更戏剧化的场景，因为它是你的。那个地点、那种香水、你的那种感受——当你记起它时，可能产生一种朦胧感而且心潮汹涌。

记忆是我们拥有的最个性化的东西。它给予我们自我感觉。在记忆深处，就是你自己。记忆的运作很大程度上遵循的原则是："它现在或是将来某个时刻是否会与我个人有关？"这种"更高"层次的记忆就是有时我们所称的有意识感觉。

## 4.记忆是复杂的

记忆有三个主要的过程：编码（摄入记忆），存储（保持记忆），以及再现（再次提取记忆）。记忆是一个动态的和经常存在的活动，而我们关于如何解答记忆的十字交错谜语的理论和概念也仅仅只是处于正在开始形成的阶段。然而，这

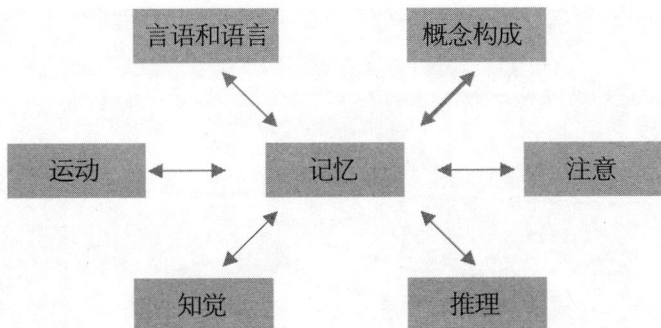

⊙ 与记忆有关的几种意识、能力类型。

个不断发展的知识群体已经在对提高我们的记忆力产生帮助。

如果你经常说，"我再也记不住什么东西了"或"我的记忆力怎么变得这么差"，你也许会认为自己的记忆力越来越差了。然而事实证明，通过训练和练习，记忆力是可以得到提高的。

记忆在做某件我们熟悉的事情时可能也在做许多其他的事情。它在许多层面开展工作。

记忆过程是在大脑中发生的。不同种类的信息被接收并存储在不同的位置。

正在运行的记忆过程，或者叫作短时记忆过程，可能发生在大脑的前部。

存储新记忆（即新学的东西）的过程发生在大脑两侧的颞叶。

大脑较大的外层部分叫作大脑皮层，它可能是记忆存储的地方。

视觉信息通过我们的眼睛进入叫作枕叶的大脑后面某部分，并在此进行加工。

听觉信息通过我们的耳朵进入，并在颞叶进行加工。

立体三维的信息是在大脑顶部的顶叶进行加工的。

还有一些特殊的区域进行感情记忆加工，以及掌管语言和爱好习惯。

大脑的左半球更多从事的是言语记忆，而右半球更多从事的是视觉记忆。

记忆并不像电脑程序一样死板地记录过去。记忆有巧合性。一些没必要记住的事，我们往往能记住它，然而一些值得记忆的事，却常常从我们的记忆中溜走。电影《公民凯恩》中有这样一个引人深思的情节：男主角凯恩在弥留之际说

😊 古代哲学家把记忆比作大型鸟笼中的鸟。一旦信息被储存，要想再提取那个正确的记忆，就如同如何从大型鸟笼中抓住那只特别的虎皮鹦鹉一样难。

了几个字"玫瑰花蕾"，他本可以讲述其他更多更重要的事情。这也正是影片的悬念之处。直到影片的最后，人们才发现那是凯恩幼年时玩的雪橇的名字。关于凯恩为什么在死前留下这几个字的讨论变得无休无止。

为什么我们说记忆是如此的珍贵，那是因为记忆不是机械呆板的。我们的思维运作能提高自己的记忆力。无意识中，我们的记忆力得到了提升。一些不愉快的事情会从我们的记忆中扫除。

记忆的力量远远超出这些。在必要的时候，记忆能调配出你此刻需要的一些信息，而这些信息可能由于长期的储存已被遗忘。如果你曾参加过一个极富创造力的项目，那么你会发现你的记忆能产生许多没有束缚、令人惊叹的宝贵意见或主意。

也许你并没意识到你的记忆中储存着如此多的信息。所以，记忆不是一个冷冰冰、死气沉沉的记忆工具，记忆就像一个如意库堆满了无数令人惊叹的知识宝藏。

我们不能随意地进入如意库，但是我们能够练习、训练自己的大脑，为如意库储存更多的知识宝藏。

## 5. 记忆是分散的

与一个长久以来的看法相反的是，记忆并不是只储存在大脑的一个区域。大脑是通过神经细胞的网络结构来处理和储存各种信息的，而神经细胞的网络结构广泛分布于大脑的各个区域。一旦有一条信息需要被提交给记忆系统，无数条连接脑细胞的网线就会被同时激活，也就是说，大脑的绝大部分结构都和记忆的加工、存储有密切关系。

因此，所谓"记忆中心"的说法是错误的。任何信息的记忆和再现都要依靠许多不同的记忆系统及不同类型的感觉通道（听觉、视觉等）。据此推论，记忆只储存在大脑的一个区域的说法也就无法立足。可以说，记忆是"分散的"，不同种类的记忆各自依靠大脑的不同区域。

随着科学实验的深入以及脑电图技术的进步，目前科学家已逐步发现参与记忆的加工存储过程的那些大脑区域。概括地来说包括：

瞬时记忆或短时记忆的加工需要大脑皮质的神经系统；语义记忆需要新大脑皮质对覆盖在灰质外层的两个大脑半球进行调节来完成加工；行为记忆的加工过程涉及位于灰质层之下的结构，比如小脑和锯齿状的灰物质块等；情景记忆主要依赖额叶皮质，还有海马状突起及丘脑，这些结构都是大脑边缘系统的组成部分。

神经生物学家们通过研究发现，海马状突起在记忆的加工处理过程中起着至关重要的作用。它位于大脑的里层，属于脑边缘系统，和太阳穴叶平齐，可以保证不同的大脑区域之间相互联系。短时记忆向长时记忆转换时，也就是记忆的巩固强化阶段，需要大脑不同区域的参与，在这一过程中，海马状突起发挥了关键作用。如果一个人的海马状突起受损，将会导致记忆新信息的能力完全丧失，无论是文字、形象还是图片信息。

## 6. 了解记忆的方法

### ⊙使用心理测试
科学家们，特别是神经心理学家，已经开发了许多方法来研究记忆。其中一个方法就是让人们做测试以发现他们是如何反应的，以及有什么可能干涉他们的表现。例如，心理学家可能先给人们看几幅图片，然后看他们是否能从其从未看到过的其他图片中将它们分辨出来。这叫作形象认知记忆。或者，他们可能读出一组词汇，然后要求人们复述。这叫作语言回忆。

通过这些种类的测试已经发现，一般来说，人们能回忆大约七个词（或其他像数字之类的信息），而且更容易回忆起开头和最末的几项。如果信息以某种方式组织起来，如分类，那么人们通常能回忆起更多数量和更久前的东西。通过使用这些种类的测试，心理学家们已经拼出了他们所认为的记忆系统工作的模式。

## ⊙大脑及记忆的紊乱失调

我们许多有关记忆的知识都是通过研究大脑紊乱失调的人而获得的。这同时也帮助临床医生们开发出了更好的诊断技术和大脑功能紊乱康复技术。

健忘症的研究也对科学有着很大的帮助。健忘症指的是大脑中对记忆系统的一部分——具有支持功能的一部分（或几个部分）——受到了损伤。健忘症患者们经常能用不同于他们以往的方式来描述他们对这个世界的体验。他们的大脑功能也可以用测量不同类型记忆的目标测试来进行评估。

因此，通过这些类型的案例，以及其他记忆功能失调，科学家们已经建立起了不同类型的记忆加工的、对记忆有着重要作用的大脑区域的轮廓。

### 大脑成像（神经性放射医学）

大脑成像已经被证实是对记忆的研究中的一个进步。它为我们提供了一幅真实的图像，指示记忆在大脑中所处的位置。

诸如电脑 X 射线断层摄影扫描（CAT 或 CT）之类的基础扫描方法通过发射 X 射线穿透大脑的细胞组织揭示大脑的结构。把受损伤的大脑的图像同记忆测试的结果结合起来，使我们对记忆发生的位置有了更多的了解。

功能性磁力共振成像（功磁共像）可以被用来跟踪一个人当被要求去干如记住一串单词之类的事情时大脑中的变化。功磁共像是通过收集大脑活动的磁力"标记"来做到这些的，如氧摄入。这项技术能让我们真切地"看到"记忆在实际情况下的活动。

另外一种现行的"有用的"扫描叫作"正电子放射断层摄影扫描"（PET）。它揭示了在完成记忆任务时血液流动和大脑中化学物质的变化。它帮助科学家们获悉在记忆研究时大脑中的化学系统与身体结构是如何相互作用的。

# 记忆的要素

记忆的形成取决于多个因素，包括时间、重要性、目的、内容、强度以及刺激源——记忆的基本要素。每一个因素都会影响到人类记忆力的质量和可达性。

## 1. 感知

烤面包和咖啡散发出来的味道、我们赤裸的双脚下冰凉的草皮、鸟儿在歌唱、蔚蓝的天空……我们能够分辨出种种味道、触觉、声音、色彩，全在于我们的大脑和它与我们感知体系的联系。

这个世界充满了各种我们能感知的事物，即各种各样的能量或结构皆能转变为感觉。感觉是眼睛、耳朵、鼻子、舌头和其他感官的活动，这些特定的器官可以对热、冷和压力做出反应。没有大脑，感觉自身没有什么特别的意义，因为它不过是把震动、光线、有气味的分子这些物理刺激转变为神经冲动。大脑对神经冲动的解释，使我们能够感觉到我们生存的这个世界中的各种颜色、形状、声音和感情。

眼、耳、鼻、舌、皮肤——这5种感官是信息从外部的大千世界进入人脑的主要途径。通过这些通道，所有的数据得到记录，并逐渐积累成为构成记忆基础的丰富原料。罗马帝国的基督教思想家圣奥古斯丁曾说，这5种感官是通向"记忆的殿堂"里广阔空间的"特定的入口"。

在人体内部的中心，有一个巨大的神经系统，神经系统在身体各部都有神经线分支，可以捕捉外界不断循环的信息。而这种"信息的捕捉"正是通过人的5种感官来实现的。

每一种感官都有一个相对应的波长。根据不同的情况，这些视觉、听觉、味觉、嗅觉的电波会被不同的人体器官接收，同时，它们还会被遍布人体各部、能够激活各种感觉的器官——皮肤接收。感官所捕捉的信息将会被大脑的特定部位持续不断地识别、分析、加工处理。接收来自人体外部的信息叫作感受外界刺激的信息。但是人也能感受到来自身体内部的信息，如疼痛或喜悦。

### ⊙我们的感觉

古希腊哲学家亚里士多德把人类的 5 种感觉——听觉、嗅觉、触觉、味觉和视觉比为我们大脑进行感知的 5 个窗口。这些窗口只能接收信息而不能对信息进行分析。感觉不像普通的窗口，因为它要把所有外部世界发生的事情（比如一声喊叫或温度下降）转变为大脑能够解读的电子神经冲动。这些神经冲动允许大脑进行感知。此外，我们的感觉也不像普通的窗户那样，能够允许各种事物通过。所有的刺激中只有一小部分能够产生大脑可以解释的神经冲动。

如果不是这样，我们就会被时刻环绕在我们周围的各种声音、图像、气味及其他感觉弄懵。事实上，我们仅注意到许多潜在信息中的一小部分，其他的都被忽略，就像我们忽略无线电广播中的背景噪音一样。

在无线电传输中，信号与噪音的区别很明显：信号是一段信息，噪音是无序的或者可能是一段无关的信息碰巧用同样的频率播出。同样，在我们的神经系统中，信号是我们正在注意的神经活动，其他的是噪音。例如，当你读这段文字时，文字是信号；其他人的谈话声或你饿了的感觉，都可以看成为"噪音"。

### ⊙数据消减系统

通过过滤外界的噪音，我们的大脑使我们免于被信息淹没。感觉吸收信息，然后大脑进行过滤，只保留它可以做出反应的信息量。鸡尾酒会现象对大脑扮演的这种数据消减系统角色做了很好的说明。在酒会上与他人交谈时，我们通常不会注意到我们自身周围的其他话题，但我们可以瞬间转换话题。如果某个人在我们的听力范围内叫我们的名字，或提到我们感兴趣的话题，我们的注意力可能会马上转移。猛然听到谈话中的一部分，我们会促使自己倾听他们的谈话。我们在任意时间感知到的事物都会立刻引起我们有意识的关注，这就是注意力。从大脑活动层面来看，注意力和感知是不能简单地进行分割的。

### ⊙绝对阈限

我们的感觉过滤掉许多潜在的信号。一些潜在的信号，比如一名警察鞋子的颜色是一个不会引起别人注意的信号。另外一些信号，像你鼻梁上眼镜的重量，是一种持续的信号，你很快对它们做出反应。还有一些信号，比如远处乌鸦扇动翅膀的声音，你根本无法接收到。早期的心理学家古斯塔·费克纳、威廉·冯特、爱德华·布拉德福·撒切尔对于引起刺激的阈限非常感兴趣。他们会问：人眼所能感知的最弱光亮是多少？耳朵所能听到的最轻微的声音是多少？手能感觉到的最轻的触摸是多少？

为了回答这些问题，研究人员测量了物理刺激量和它们产生的效果，此举为精神物理学奠定了基础。起初，精神物理学家认为他们能够测量出引起感觉的最小刺激量。但是不久他们就发现这行不通，因为一些人比其他人更加敏感，而且一个人的阈限也是随着时间而改变的。

-- 感知系统的绝对阈限 --

这里有一些拥有正常感觉灵敏度的人所无法察觉的刺激。

**感知系统所能察觉的最小刺激**

视觉：空旷漆黑的夜晚，48千米处蜡烛的火苗。

听觉：在绝对安静的屋子里6米处手表的嘀嗒声。

味觉：一桶7.5升纯净水中加入一茶匙糖。

嗅觉：6间房子内加入一滴香水。

触觉：距离你脸颊2.5厘米的地方，一只扇动翅膀的蜜蜂。

你可以非常容易地证明你自己的阈限如何变化。拿一只走动的闹钟，把它放在你房间的一端，然后走远一点，直到你听不见闹钟发出的滴答声。现在往回慢慢走，直到你能再次听到闹钟声为止。这一点就是你受刺激的阈限。但是如果你静静地站在那里几秒钟，闹钟声有可能消失或者变大。为了再次找到你的刺激阈限，你不得不前倾或后仰。因此，费克纳认为，阈限不是固定不变的。费克纳还推论说，存在这样两个点：在其中一点，任何刺激都可以感受到；而在另一点，任何刺激都无法感受到。在这两点中间，所检测到的阈限应该是上下限的50%。费克纳称其为绝对阈限。

⊙**恰可察觉差**

早期的精神物理学家不仅想知道引起感觉的最小刺激量，而且想知道能够感受到的刺激量之间的差别。比如，有2只猫，一只重0.9千克，另一只重1.8千克，在你蒙上眼的情况下，你可以轻松分辨出哪只比较重。但是如果一只猫重0.96千克，另一只重1.02千克，你就可能无法分辨出哪只比较重。欧内斯特·韦伯认为两个刺激量之间的恰可察觉差是一种比例而不是常量。在研究了相当一部分人后，韦伯认为重量的恰可察觉差是1/53。这就是说一个通常能够举起90千克的人可能觉察不出增加了0.9千克的重量，但可以觉察出增加了2.3千克的重量，因为2.3千克超过了90千克的1/53。一个能举136千克重物的人在增加了

2.7 千克或更重的重量时，才能感到重量的增加。这就是韦伯法则，它不仅仅适用于重量，而且适用于味觉、亮度、响度。不同的人或一个人在不同的时间对于不同刺激的承受水平是不同的。

⊙ **现代的研究方法**

在感觉与感知的研究中，重点不是测量绝对阈限和恰可察觉差。相反，现代科学家关注大脑是如何发现神经活动与感知之间的联系的。研究神经体系如何运作的称之为神经系统科学。这一研究领域建立在对人类行为、动物、精神病人以及神经学和解剖学的研究基础之上。

神经系统科学家拥有精密的仪器使得他们可以探测、勘查大脑活动，而这些手段在几十年前还无法应用。精神物理学家能够测量单个神经细胞的活动，并且通常能确认我们对刺激做出反应时所牵扯的特定的大脑区域。研究显示，在我们如何感知与我们如何在大脑中呈现外界事物之间存在着密切的联系。哈佛大学心理学家史蒂芬·考斯林和他的同事们进行了一系列研究。他们向参与此项研究的人员展示了一幅图景。在这幅图景中，有 些清晰的、能够辨认的标记。在参与者仔细观察这幅图景后，图景被拿走。令人惊异的是，当研究人员要求受测试者设想图景中任意两点的距离时，受测者完成此项测试所花费的时间同任意两点的实际距离有直接的比例关系——两点之间的距离越远，受测者所花费的时间越长。

⊙ **视觉**

我们大脑所形成的图像不是平面的，而是三维的，有高度、宽度、深度。我们能够在精神上移动这些高度、宽度和深度，以便从不同的角度观测它们。根据考斯林的研究，如果问我们下页图中的青蛙是否有嘴唇和尾巴的话，我们会先从大脑图景的一端来观察青蛙，然后在大脑中将图景旋转再从另一端来观察它。如果青蛙的尾巴与嘴唇在同一端，我们回答上述问题所花的时间就比较少。不仅你的青蛙 3D 图像来自你的其他感官，而且有关青蛙的其他特征也来自你的其他感官。比如，你的青蛙图景可能还包括青蛙的皮肤肌理、青蛙的叫声、青蛙的腿部力量等。同样，你大脑中形成的玫瑰可能有你无法用语言描述的香味。也许，这朵玫瑰还带着尖锐的刺。尽管你大脑中的图景不是完全可见的，但可见的绝对是这些事物现实中最显著的特色。

### 人类的视觉

我们对于人类视觉与视觉体系所做的实验远多于对其他感知体系所做的实验。我们的眼睛是我们大脑的延伸，它沿着神经细胞突出在头部的前沿。这些神经束使我们的大脑和眼睛联系紧密。实际上，在参与将我们的神经网络与外界联系的细胞中，有40%的细胞来自于眼睛。

◉ 你头脑中关于这只青蛙的图景是三维的，这幅图景还包括其他一些特征，比如青蛙皮肤的肌理等。

### 色彩视觉

每只眼睛的视网膜包含了7000万个视锥细胞（一种在视网膜上感受光线和色彩的感光细胞），视锥细胞的数量几乎是杆状细胞的20倍。那些感光细胞则被压缩在一块只有棉纱厚薄、邮票大小的区域里。杆状细胞与视锥细胞有着各自不同的功能。杆状细胞比视锥细胞对光更加敏感。实际上，两种细胞对光都很敏感，以致其在正常的光线条件下都无法很好地发挥作用，因此主要在黑暗中发挥作用。同时，视锥细胞也需要较好的光线才能发挥作用。它们使得我们可以看清细节和色彩。

尽管视锥细胞和杆状细胞有着不同的功能，但它们对光线的反应是相似的。当它们吸收光线时，两者所含的吸收光线的分子都发生变化。比如，杆状细胞含有微光感受器——视紫红质，这是一种非常敏感的化学物质，单个的光子都可以打散它的一个分子。当视紫红质被打散后，它就会引发一种神经信号。如果杆状细胞要继续对光线做出反应，视紫红质的各组成部分就要重新结合。正因为这种重新组合需要在黑暗中进行，所以杆状细胞才不能在白天很好地发挥作用。

视紫红质的微光感受器的再生很大程度上依靠维生素A和某些特定的蛋白质。橙色的食物比如胡萝卜和杏都富含维生素A。所以说吃胡萝卜可以获得很好的夜视能力是对的。在那些缺少富含维生素A的食物的地区，夜盲症比较普遍。

### 有关色彩视觉的理论

如果我们把彩虹中的7种色彩混合在一起，那么结果是白光。如果我们仅选

15

其中3种色彩——蓝、绿、红，混合后的结果仍旧是白光。如果我们仅选取上述3种色彩中的两种，我们就有可能得到我们所看得见的所有颜色。

最后一种情况是三色视觉理论的基本出发点。这个理论首先由生理学家托马斯·杨（1773～1829年）提出并最终获得承认。生理学家赫尔曼·赫尔姆霍茨对三色视觉理论进行扩充。根据杨—赫尔姆霍茨理论，将红、绿、蓝这3种不同波长的颜色混合，我们可以得到所有的色彩。因此眼睛只需要3种感色细胞。一种主要对红色做出反应，另一种对绿色，还有一种对蓝色。这些感色细胞体系的不同活动水平可以使我们感知不同的色彩。对色盲人群的研究证实了杨和赫尔霍茨的理论，但这一过程用了100多年的时间。最后，科学证实人类的视网膜上含有3种类型的视锥细胞：一种主要对长波（红光）有反应，另一种主要对中波（绿光）有反应，第三种对短波（蓝光）有反应。

色盲

如果这3种类型视锥细胞的活动能帮助我们分辨颜色，那么一种或几种视锥细胞体系的缺陷所产生的结果是可以预料的。例如，视锥细胞体系不发挥作用的人群，他们眼中的世界就只有黑色、白色，一切都灰蒙蒙的。他们要么视力很差，要么白天什么也看不见。事实上的确存在这种情况，尽管比较稀少。仅有一种视锥细胞发挥作用的人群，在白天和夜晚都有正常的视力，但是他们无法区分颜色，因为他们仅能看见一种色彩密度。这种情况也比较少，但确实存在。有两种视锥细胞发挥功能的人能够看见很多色彩，但是会把某些特定的色彩弄混，而其他人则不会。实际上，有10%的人存在这种情况，他们当中90%是男人。经常被混淆的颜色是红色与绿色，最不常见的是蓝绿色盲。在许多情况下他们不是完全混淆，很明亮的色彩仍能被分辨出。这一方面是因为色彩明亮，另一方面是因为色彩是一个主观的反应——许多患有色盲的人都意识不到这一点。

三色视觉理论没有解释色彩视觉的所有方面。在赫尔姆霍茨进一步发展杨的理论50年后，神经学家尤恩·海瑞（1834～1918年）指出，我们似乎没有从纯色彩方面考虑问题，这有可能也是这个理论的基础。相反，如果我们让人们说出纯色彩的名字，他们会说出4种主要颜色：红、绿、蓝、黄。这4种颜色代表着两对互补或相反色：红色与绿色相对，蓝色与黄色相对。我们无法设想带绿的红色或者带蓝的黄色，这就像没有带黑的白色一样。因此，海瑞的对立过程学说能够更好地解释色彩视觉。这个体系包含 3 个独立的通道，对应着 3 对互补色：红—绿、蓝—黄和黑—白。

眼睛与大脑

眼睛对光波做出反应，并把它们翻译成神经信号传递给大脑。正是大脑解释信息，感知颜色、形状、质地和运动。把眼睛与大脑连接起来的是视觉神经。右眼接收的信号传递给大脑左半球；左眼接收的信号传递给大脑右半球。视觉信号

## -- 眼球的结构 --

眼球是一个圆形的器官（见下图），被包裹在坚硬的且有弹性的巩膜中，巩膜从前方看是白色的。每个眼球都位于骨头凹陷的眼窝中并受到复杂的肌肉组织的控制。这些肌肉可以转动眼睛并改变它们的方向，也可以让眼睛保持连续的运动。即使你看一些绝对静止的物体，你的眼睛也在做微小的急速运动。这种运动让形成的图像不会消散。

巩膜在眼睛的最前端形成角膜，它像一扇透明的窗户。角膜中没有血液，所以角膜移植很少有排斥反应。

角膜后面是虹膜。它是一个有色的圆状物，在其中心有一个小孔。虹膜赋予眼睛色彩。它中心的小孔称为瞳孔，光线通过瞳孔进入眼睛。瞳孔的大小由虹膜控制，并决定着进入眼睛的光线量。在镜子前，你就可以非常容易地证实此点，因为在此处你可以控制光线的密度。当光线微弱时，瞳孔就放大；当光线强烈时，瞳孔就缩小。瞳孔的后面是晶状体，它由睫状肌肉包裹着。睫状肌肉控制着晶状体的形状。晶状体的主要功能是聚光，以便在眼睛后部的感光细胞能清楚地成像。晶状体变圆时，你就可以看清近处的物体；当睫状肌肉把晶状体拉长时，你就可以看清更远的物体。

在眼球的后部，是一组感光细胞和辅助神经细胞，被称为视网膜。视网膜有 3 层，第一层离眼睛前端最远，由杆状细胞和视锥细胞组成。这些细胞感受器把它们接收到的信息通过其他细胞层间接地传递给大脑。紧挨着杆状细胞和视锥细胞的是两级细胞层，它有两个主要的分支。一个分支同杆状细胞和视锥细胞相连并受感受器细胞的刺激。另一个分支同直接连接视觉神经的细胞层相连，而连接眼睛与大脑的神经主要是视觉神经。

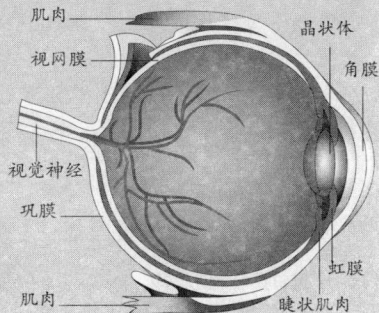

肌肉　晶状体　视网膜　角膜　视觉神经　巩膜　虹膜　肌肉　睫状肌肉

## -- 视觉失认症 --

假如有一缸泡菜，有些人尽管没有忘记"泡菜"这个词，但是他们无法叫出泡菜的名称。虽然他们无法说出泡菜的名称，却可以准确地描述泡菜的形状和颜色。如果允许触摸或品尝这些泡菜，他们会立刻说出泡菜的名称。这种人就是患上了失认症（依靠一种或几种感官无法辨别事物）。失认症是因为大脑损伤或疾病引起的。有一种非常特殊的失认症叫脸部失认症。患有此症的病人能叫出任意他看到的事物的名字，但是，即便他们能认出一张脸，却无法轻易地认出这是谁的脸或那些是否是相似的脸孔。比如一位52岁的患有典型脸部失认症的男子可以清楚分辨并说出除了脸部他所看到的一切物体，他也知道脸是什么，但他甚至无法辨识自己妻子或孩子的脸孔。可当他所认识的人说话时，他立刻认出他们，并能轻易地叫出他们的名字。

◉ 当你第一眼看到上图时，你看见一行是3个字母，另一行是3个数字。你可能没有注意到B不是真正的B，或者说它与13相同。我们所看到的部分是我们所期望的。

对于失认症病人的研究告诉了我们一些有关大脑参与分辨和命名部分的知识。失认症提供的证据表明，分辨并命名物体或脸部，涉及负责不同感知体系的大脑的不同部分。视觉失认症只限于脸部，表明大脑中一个特定的区域参与通过视觉确认脸孔。这对动物和人类的社会进程具有一些进化学意义。利用特征检测器，我们经常能在物体与脸孔特征的基础上确认他们。感知不仅仅是把检测的特征如角度、线条放在一起的机械过程。例如，上图两行字母与数字，看起来非常简单A、B、C、14、13、15。现在仔细观察一下。注意第一行的B与第二行的13是一样的。毫无疑问，这个过程不仅只包括你的特征检测能力。否则，你看到的要么是B，要么是13。

在一项试验中，用一种可以同时向两只眼睛出示不同场景的幻灯机向来自美国和墨西哥的受试者展示几对图片。每对图片由一幅典型的美国风景和一幅典型的墨西哥风景组成。在这种情况下，受试者仅能看见一幅幻灯片。受试者能看见哪幅图片呢？来自美国的受试者只看见美国的风景，来自墨西哥的受试者只看见墨西哥的风景。这个试验再次证明了经历与期望影响着我们的感知。

的主要目的地是大脑的最后部——视觉皮质，也叫枕叶。视网膜上的影像是倒置的，并且比实际的物体小。视觉皮质将影像正过来并进行诠释，以便使其看起来像实际的物体。

为了检验大脑在视觉感知中的作用，调查人员在刚出生的小猩猩的眼睛上放了一个透明的护目镜。护目镜使光线可以通过，但是小猩猩无法看清物体的形状和样式。即使将护目镜摘掉或小猩猩能指引自己的空间运动以后，小猩猩也需要几个月的时间才能够辨清物体，而且大部分的小猩猩在摘除护目镜后，无法获得正常的视觉。同样，一出生就待在黑暗中或带有眼罩的小猫在打开灯光或摘除眼罩后也无法获得正常的视觉。在幼年时期失明或无法接触光线的人类也有类似的经历。这种对光线的剥夺使大脑与视觉建立联系的早期发展阶段受到损害。通过对动物的实验及某些人的个案研究，似乎可以证明早期的视觉刺激对于正常视觉感知的形成具有极其重要的作用。

特征检测

为什么出生后被剥夺了一段时间的正常视觉刺激后的动物和人类会有视觉问题呢？1981年，因共同发现大脑在视觉中的作用而获得诺贝尔奖的神经生物学家戴维·休伯尔和托斯登·威塞尔为我们提供了答案。他们记录了被剥夺视觉刺激的动物们的大脑活动水平，发现视觉皮质的很多细胞似乎不再发挥作用。而且，大脑视觉皮质的神经细胞之间的联系也更少。在一项研究中，研究者将猫的一只眼缝合，另一只眼保持睁开。当研究者拆除缝线以便使两只眼都发挥功用时，视觉皮质也只对没有缝合的眼睛做出反应。休伯尔和威塞尔在一些研究试验中记录了单个视觉皮质的活动，这使他们可以测量特定刺激对视网膜的效果。他们发现视觉皮质的某些细胞能够被一些明确的刺激激活。比如，一些细胞仅对特定的宽度做出反应，另一些细胞则只对特定的角度或轨迹清晰的运动有反应。一些细胞对垂直线做出反应，另一些则对水平线做出反应。如果那些做特征检测的细胞在生命早期未被激活的话，那么它们将永远不会发生作用了。我们的感知体系依赖特征检测来认识我们周围的一切，从有皮毛的猫到声音，以及人类的脸庞。

识别脸庞和物体

粗略估计一下，我们可以识别大约3万种不同的物体，其中一些物体有几十亿种不同形式。人脸就是一个很好的例子。作为个体，我们仅看到这个星球上的60亿副脸孔中很小的一部分。在60亿副脸孔中，我们可以毫无困难地识别出我们所认识的几百副脸孔。可是，那些脸孔的差别有时非常微小，以至于我们无法用语言来形容它们的差别。如果从几十副相似的照片中挑出一副脸，你会发现你很难用语言描述它，除非这副脸孔有明显的标记，比如最近摔坏的鼻子。

那么我们是怎样识别脸孔的呢？这不是一个简单的问题。脸孔识别是非常复杂的过程，甚至精密的计算机做这件事都有困难。编程人员发现很难制订出一定的规则以便计算机能够检测出重要的特点，分辨出相似的组合。我们的感知体系好像有某种特征侦测器，它可以为视觉感知分辨出几十种重要的特征，比听觉感知分辨出的声音更多。

格式塔法则

识别像脸孔一样的复杂形式，或更复杂的脸部表情似乎需要一定水平的抽象能力和决策能力——这不容易解释。根据格式塔心理学家马克斯·魏特海墨（1880～1943年）、考夫卡（1886～1941年）、苛勒（1887～1967年）的理论，我们不是感知个别的特征，而是整体特征。

格式塔理论的基础是整体大于局部的简单相加，曲调比单个的音符更重要。是各个部分组成的结构而不是线条、角度和组成部分的简单相加决定了图形是梯形、三角形、正方形还是汽车。我们的大脑似乎会对感官接收的信息做出最好的诠释，而且这些诠释经常反映出其他格式塔原则，如封闭性、连续性、相近性、

## 视觉错觉

我们所知道的和期望的事有时会对我们产生误导。以下是3个常见的视觉错觉，每一个都建立在观察的基础上。线条与角度会产生几何假象。在礼帽错觉（右）中，弯曲的线条暗示着距离，因此好像当帽沿宽时帽子显得更高。波根多夫错觉（中）中，向一起汇聚的线条似乎高度各不同。距离向一起汇聚的线条外端最近的垂直线条似乎更长。穆勒—赖尔错觉箭头（左）似乎是右边的线条比左边的长。

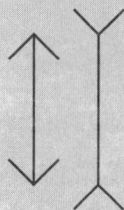

穆勒—赖尔错觉：平行线长度一样吗？

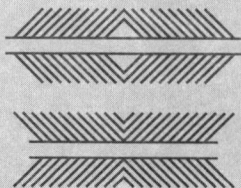

波根多夫错觉：斜线的高度都一样吗？

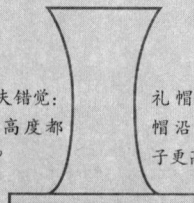

礼帽错觉：帽沿宽时帽子更高吗？

这些错觉都是利用大脑中的观测知识来诱使你误认为物体比它实际的样子要近或远。

相似性。

### 感知运动

当一个物体穿过我们的视野时，会在我们的视网膜上产生一系列的图像。但是如果我们在把头从左转向右的同时盯着双眼，你只能得到一系列视网膜图像，却不会看见物体运动，这是因为你的大脑抵消你的运动。同样，如果一个物体通过你，你的头部也同时随着物体运动，这可能无法在你的视网膜上产生图像，但是你的大脑再次抵消你的运动却使你知道物体在运动。旅行病是由于大脑从眼睛和内耳接收到令人疑惑的信息引起的。

期望的感官刺激与大脑感知的刺激之间的冲突导致大脑向身体器官发出有冲突的信息。并不是所有运动都是真正发生的运动。比如，一系列静止的图片快速展示，就会出现运动的图像。有光的氖灯快速开关也会有相同的效果。还有很多假象，例如大脑对感知的解释所产生的图像。

### ⊙听觉

在所有感官中，听觉对于口头表达和避免感情孤寂是最重要的。很多动物种类都是更多依靠听觉而不是视觉来交流、定位和生存的。海豚在黑暗的水中不能依靠它们的视觉，而它们实际上也不需要，蝙蝠也同样不需要。这两种动物都能够发出声波，声波碰到物体后，以回声的形式返回来。神经信号从听觉器官传递到大脑，这样它们就可以依靠接收到的信息得到外部世界的图像。尽管我们不知道它们从回声中创造的心理表征是什么，但是它们对运动出色的控制力显示出它们有着同人类一样复杂的空间意识。对于所有意图与目标，它们都可以看见，并能意识到它们周围的世界。尽管人类的心理图像比蝙蝠或海豚的心理图像更形象，但对于有听觉的人来说，声音为大脑开启了另一扇窗户。

### 产生声音的刺激

声音是我们对由震动引发的波动效果的感知。声波通常是由分子（包括空气分子、水分子和固体分子）交替收缩和扩张引起的。实际上，叫它声波是错的，因为我们对波动的感知是声音，而不是波动本身。

声波的产生与扩散就类似于你向平静的池塘扔下一块鹅卵石。如果仔细观察，你就会看见水波如何从鹅卵石入水的地方产生，如何一圈比一圈大地向外散

⊙ 向水中扔一块石头就会在平静的水面上产生扩散的波纹，这类似于声波的产生与扩散。靠近石头入水地方的水波比较远处的水波有更大的振幅。声波的振幅越大，产生的声音就越大。

开。水波的产生有一个固定比率，它们每秒钟通过一些固定的点，这就是它们的频率。当波浪扩散时，频率不会发生改变。声波就像水波一样。声波的频率用赫兹来衡量。一赫兹就是每秒一圈或者说一次颤动。假如声音达到 20~20000 万赫兹，人类的耳朵就能听到。超过这个频率的就是超声波，低于这个频率的就是亚声波。

频率越低，我们感知到的音调就越低。

海豚发出的一些信号高达 10 万赫兹，因此人耳无法听到。而另一些信号低于 2 万赫兹，我们就可以听到。

再来看一下池塘，你会注意到靠近鹅卵石入水的地方的水波比较远的水波有着更高的顶点（更大的振幅）。振幅是一个波形的高度，它随着距离的增加而减小，直到波形完全消散。在声波中，振幅或者说是响度以分贝来衡量。0 分贝是人们刚刚能听到的最弱音。很高强度的声音是危险的，尤其长期接触高强度的声音就更危险。接触 100 分贝的声音超过 8 个小时会对听觉造成永久性损害，超过 130 分贝的声音会立刻损害听觉，而摇滚乐有 120 分贝左右。

我们向池塘中扔入两个鹅卵石会怎么样呢？水波会从每个鹅卵石入水的地方向外扩散，并相互碰撞、交织、翻滚，形成网状的小波浪。这些波浪不能仅用频率和振幅来形容，因为它们太复杂了。复杂性是声波的第三个特点。我们周围的声波通常不是单纯来自一个源的声波，更多的情况是几个声波的结合。我们对声波复杂性的感知就是我们所说的音高。声音的这种特性使我们能够分辨出是父母的声音还是其他人的声音。

耳朵的结构

鲑鱼和其他鱼类在身体两侧有着对压力敏感的细胞线（称为侧线），这些细胞线能使鱼类侦测到水中的振动和化学物质，是它们在水下的嗅觉和听觉。同样，一些无耳蜥蜴和蛇通过骨头，特别是鄂上的骨头感觉振动。但人类不像这些动物，我们有耳朵。

　　耳朵的可见部分是耳朵外部的耳廓。这是一块软组织，它像问号一样盘旋在我们的头部两边。而短小、充满蜡状物的耳道可以把振动从耳廓传向耳鼓。耳廓与耳道构成了外耳部分。

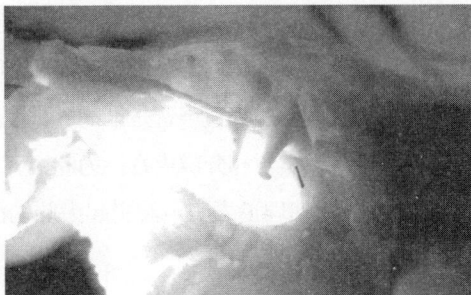

🔘 鼓膜，也就是我们所熟知的耳鼓，是耳朵的一部分，当声波进入耳朵时，它发生振动。图片中的小骨是中耳的锥骨，它通过砧骨和镫骨把声音从耳鼓传到内耳。

　　中耳是一个狭窄的、充满空气的腔，由 3 块小骨构成：锥骨的一端直接与耳鼓连接，另一端与砧骨相连。砧骨与镫骨相连。镫骨上有一层小小的薄膜通向内耳。这里还有一个像欧氏管的通道，从中耳通向喉咙。

　　内耳包括一个充满流质的结构，形状像蜗牛壳，称为耳蜗。耳蜗向里伸展是基底膜，沿着基底膜是接收声音的毛细胞，它们构成了柯蒂氏器。

### 耳朵如何工作

　　外耳把空气分子搅动形成的声波通过耳道传向中耳的耳鼓，并引起耳鼓振动。尽管振动非常微小，但它能引起中耳内 3 块小骨头的振动，接着振动通过卵形窗传入内耳。卵形窗的运动促使耳蜗内液体的运动，从而引发基底膜的波形运动，再促使柯蒂氏器的毛细胞运动。当毛细胞弯曲旋转，就会激起底部的神经细胞。神经细胞的脉冲信号再通过听觉神经传给大脑的左右半球。

### 定位声音

　　我们的耳朵会在前后相差很短的时间里接收到许多声波。如果声音直接来自于耳朵一边，0.8 毫秒后，我们另一边的耳朵才会听到。最先听到声音的耳朵直接收到振动，后听到声音的耳朵所收到的振动强度也比较弱，因为这些振动已经在大脑中转换了很多次。如果振动直接来自头顶、前方、后方，双耳听到声音的时间和强度是一样的。但是耳廓的形状会以不同的方式改变声波，这取决于声波的方向。我们用 3 种线索来判断声音的方向：时间差异、强度差异以及振动从不同角度冲击耳朵所发生的变形。

### 感知音调

在日常生活中，我们不仅仅想知道声音来自哪里，我们还想了解更多同声音有关的事物。我们想知道声音是谁的，是歌声、是鸟叫，还是动物发出的。我们希望能够检测、学习和分辨声音。为此，我们需要能分辨音高（就像音乐中的高音和低音）。频率理论表明声波引起大脑的活动，这些活动是对声波频率的直接反应。

换句话说，每秒 500 圈的波动（500 赫兹）将引发每秒 500 次的神经冲动。有证据表明，的确存在这种情况，但这仅对较低的频率而言，因为神经细胞通常无法每秒达到 1000 次的冲动。第二种解释叫做部位论，它告诉我们如何感知音调。高频和低频影响耳蜗的不同部分。如果耳蜗的底部很活跃，我们能听到较高的频率。如果耳蜗后部的上半部分比较活跃，我们能感知较低的频率。

### 听觉与语言

口语是对我们日常生活贡献最大的。语言帮助我们创造文化。语言可以在近距离也可以在远距离发挥作用，可以在白天也可以在黑夜发挥作用。语言在人类进化过程中的意义无可估量，它对我们思考、解决问题的能力和适应能力的意义也是无法衡量的。在口语中，我们使用的声音是因为我们对它们的意义有广泛的共识。语言不仅包含听觉符号，而且也包含视觉信号，比如，你正在阅读此页的文字。口语依赖于我们的听觉，而听觉像其他感官一样，依赖于大脑的活动。来自于两只耳朵的信息通过听觉神经传递给大脑的任意一边，我们的大脑听见并处理这些信息。处理声音可能就是分辨已经出现的声音或者分辨声音的意义。大脑如何把声音与意义联系起来仍需要仔细地思考，但是科学家确实知道这个活动发生在大脑的哪个部分。

### 有关大脑活动的研究

1861 年，外科医生保罗·布洛卡（1824 ~ 1880 年）碰见一位患有严重语言表达混乱症状的病人，他仅能说一个单词。这位病人死后，布洛卡对他做了尸体解剖，并发现病人左前脑皮质有一个区域有损伤。布洛卡正确地推论出，就是这个损伤导致了这名男子丧失了正常的发音能力。大脑的这个区域后来被称为布洛卡区。

不久以后，神经学家卡尔·韦尼克确认大脑另外一块区域同产生语言能力的关系相对于其与语言理解力的关系来说更加密切。这部分区域称为韦尼克区域，也位于大脑的左半球。与韦尼克区域非常近的第三个结构，是角状脑回。研究人员普遍认为，相对于右脑来说，左脑对语言的作用更大。

事件相关电位

脑电图、断层摄影扫描仪、脑功能测试器能够给出整个大脑或大脑各个区域的活动信息。最近的一些研究都利用了这些先进的手段来侦测大脑的活动。比如，脑电图给出了大脑活动总体记录；断层摄影扫描仪显示了大脑不同区域的活动水平；脑功能测试器描绘了各种大脑结构的神经活动。

当对一个人进行特殊刺激时，我们会采取脑电图记录。它使我们可以侦测到大脑中与刺激直接有关的电子活动，这种活动被称为事件相关电位。事件相关电位现在是大脑研究领域中最重要的变量（变量是指事物的价值易于发生变化）。许多涉及事件相关电位的研究都使用听觉刺激。一些研究表明，大脑左半部分对口语的反应及与产生语言相关的反应比大脑右半部分强。而听觉刺激中的事件相关电位在大脑左右半球都出现。当一只耳朵接收到信号时，在相反大脑部位中的事件相关电位更强烈。这些发现支持了语言主要与大脑左半球相关的观点和反侧主宰的一般原则。

反侧主宰意味着身体某侧（左或右）的接收及控制中心是在大脑另一边的半球（右或左），就像视觉区域与大脑的关系一样。尽管我们知道布洛卡区域涉及产生发声能力，韦尼克区域涉及理解发声，但事件相关电位的研究表明大脑的许多区域都参与这两个过程。语言背后的神经结构是复杂的，而且不太明晰。比如，听觉信号产生的事件相关电位最早发生在脑干中，然后是其他几个大脑区域，最后才是听觉皮质。而且，事件相关电位不仅是对外界刺激的反应，独立于外界刺激的思考和感情也能引发事件相关电位。比如，当一个人期待一个信号时，就会出现事件相关电位。事件相关电位的研究仍旧处于早期阶段，但是它可能最终会告诉人们更多的有关参与不同的感知、心理、物理过程的大脑特定区域的知识。

⊙触觉、味觉和嗅觉

我们的世界不仅仅只有声音、颜色和运动，它还有气味、味道和质地结构。周围的世界有时酷热，有时寒冷，有时充满痛苦。它可以垂直、倾斜、颠倒。我们有时也会处在倾斜和颠倒的位置。幸运的是，我们有其他一些感知体系和其他能发挥作用的感官，这使得我们的大脑可以了解有关我们周围世界的这些事情。

身体感觉

我们对视觉器官和听觉器官的了解比对其他器官的了解要多得多。这一方面归因于视觉与听觉在进化过程中明显更加重要，尤其是在交流和运动方面。另一方面在于研究其他感知体系比研究视觉、听觉更困难。但是其他感知体系对于我们也非常重要。举例来说，身体感觉（也称为体觉）对于到处走动、对于保持身体垂直或了解身体位置、对于避开那些可能伤害甚至杀死我们的事物来说都是必不可少的。

触摸：触觉体系

"触觉的"一词源于希腊语"能够抓住"，因此可以作为触觉的意思来使用。触觉感知体系也称为皮肤感觉，它们由各种接收器组成，这些接收器可以告诉我们身体接触的信息。一些接收器对压力非常敏感，另一些对冷热做出反应，还有一些让我们产生痛苦的感觉。这些感觉依赖于1000多万个神经细胞，它们拥有神经末梢或接近表皮（皮肤最外层）。位于脸部和手部皮肤的接收器比身体其他部位要多，因此脸部与手部是最敏感的区域。这些区域的敏感性可能是为确保物种的生存而慢慢进化来的。

压力

压力接收器在身体各部分的分布是不均衡的。两点阈限程序很容易证明这一点。让人在两点范围内轻触你身体的不同部分，同时逐渐改变两点之间的距离。压力接收器越集中的地方，你越能感受到这两点紧密靠在一起，而不是只有一点。在不太敏感的区域，这两点感觉起来就比你单独触摸起来要相距远些。对大多数人来说，手指尖的两点阈值大约是0.2毫米。前臂上的两点阈值是其5倍，再往后阈值更大。这些对触摸敏感性的测试只是近似值，它们也没有完全反映一个人对突如其来的刺激的正常敏感性。这是因为当我们预料到一次接触或振动时，我们会特别敏感。我们对毫无准备的刺激就比较迟钝，不那么确定。

温度

两种不同的感受器使得我们可以感受温度的变化。一种感受器对热敏感，一种感受器对冷敏感。冷敏感器的敏感度是热敏感器的5倍。同我们对压力的敏感度一样，我们对温度的敏感随着年龄的增大而降低。脸部是对温度最敏感的地方，手足最不敏感。当温度下降时，冷接收器兴奋度提高，当温度升高时，热感受器的兴奋度提高。如果我们想保持身体的温度在正常的范围内，冷热感受器提供给大脑的信息就必不可少。大脑通过发出使血管膨胀的信息调节我们的温度。当我们太热时，大脑增加排汗；当我们太冷时，大脑使血管收缩。如果这些措施还不够，我们的温度感受器继续发出我们太冷或太热的信息，我们的大脑会建议我们烤火或跳进充满冷水的湖中。

### 疼痛

压力接收器能够快速地适应刺激。当你从头上穿上毛线衫时，你能感受到它轻柔的压力，但几分钟后，你就不会感受到它。与此相反，疼痛感受器不会那么快适应刺激。这通常很有用，因为疼痛是某个地方出错的信号。疼痛的功能之一就是阻止我们去做对我们有害的事情，如在碎玻璃上行走或靠在发烫的炉子上。压力、热度、某些化学物质对神经末梢的刺激都会产生疼痛。身体的一些特定区域，像膝盖后面、臀部、颈部等，比鼻尖、拇指根或脚底等区域包含更多的疼痛感受器。而且，内部器官也有疼痛感受器。当他们受到刺激时，我们感到内脏疼痛即内部器官疼痛。在远离真正疼痛根源的其他身体部位我们也会感受到内脏疼痛。比如，心脏疼痛的人会在手臂、脖子或手部感到疼痛。

两种特征鲜明的神经纤维链把痛感传给大脑。一个速度快，一个速度慢。每种都导致不同的痛感。当你弄伤你的手或踩在荆棘上时，你所感受到的瞬间的剧痛由快速神经纤维链传导。强烈的、持续的疼感迅速传到大脑，因为它的功能是让你迅速离开引起疼痛的地方以避免更严重的伤害。它引起的反应是急速的、自发的。第二种类型的痛感通过较慢的神经纤维传导，它引起隐约的疼痛，即使你离

◉ 一位接受针刺疗法的病人。根据有关学说，向身体插入一根针并控制它们，可以刺激中脑的神经元并阻止痛感传递。

开引起疼痛的地方，它还是存在。

马尔札克—瓦尔提出的闸门控制学说对大脑如何处理疼痛提出解释。他们认为，当连接疼痛感受器与大脑的神经细胞被激活时，我们就感到疼痛。那些称为刺激 C 纤维的神经细胞通过一系列"闸门"到达大脑。但是，那些"闸门"不是一直都完全敞开的，有时会彻底关闭。这是因为有另一种称为刺激 A 纤维的神经细胞能关闭一些"闸门"，阻止疼痛信号传给大脑。传递疼痛信号的刺激 C 细胞的传输速度快于阻止痛感的刺激 A 纤维。这就解释了为什么我们伤害自己时，我们会感到强烈的疼痛。"神经闸门"涉及中脑的一部分区域，此区域的神经细胞抑制了那些通常可以传递从疼痛传感器接收痛感的细胞。当神经细胞活跃时，"神经闸门"就关闭；反之，"神经闸门"就开放。"闸门控制"理论也可以解释为什么针刺疗法可以缓解疼痛。如果针刺疗法是有效的，那么针的插入与活动可以刺激 A 纤维阻止疼痛信号的传递，然后关闭"神经闸门"。这个理论有时也用来解释幻觉肢体疼痛。

## 化学知觉

小脑额叶
嗅球
嗅束沟
嗅觉神经
鼻腔

味觉和嗅觉在生物学意义上特别重要。它们的功能之一就是防止我们被毒害，另一功能就是诱使我们进食。这两个功能对于生存都是必不可少的。使我们能够闻到气味的器官是嗅觉上皮细胞，它位于鼻腔的上部。嗅觉上皮细胞表面覆盖着一团类似头发结构的纤毛。这些纤毛可以对溶解在黏液（稠且黏的液体）中的分子做出反应。这些分子成线状排列在鼻腔中，可以把神经冲动直接传递给位于嗅觉上皮细胞上面的大脑前下侧一个小突起——

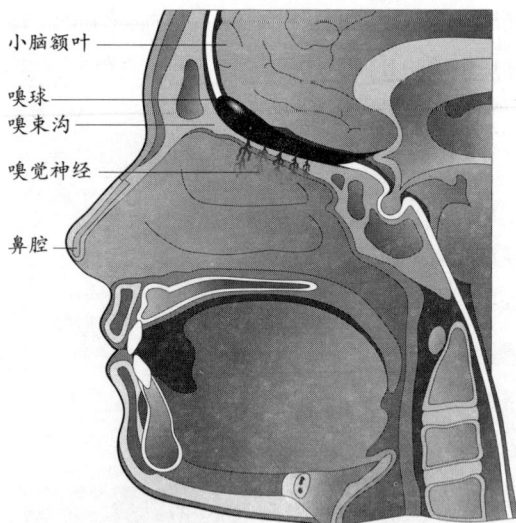

◉ 鼻子的侧面图，展示了嗅觉上皮细胞和嗅球。察觉气味的能力依赖于一种类似于头发的细胞扩展物——纤毛，它组成了嗅觉上皮质。参与嗅觉的大脑器官——嗅球位于紧贴嗅觉上皮质的正上方。

嗅球。

　　包括人类在内的许多动物的鼻孔都是向下倾斜的。这样有两个明显的优点：首先热的物体发出的气味是向上的，开口向下的鼻子就比较容易捕捉到气味；第二，鼻孔向下，鼻子就不会被雨水或空中落下的物体阻塞。

　　有关气味的词汇是模糊的。我们不容易分辨相像的气味，但如果有强烈的类似的气味做比较，我们就比较容易区分。尽管有许多方法区分气味，可没有一种是大家公认的。不过，研究表明人类对气味有强大的回忆能力与联想能力。此外，尽管我们描述气味的词汇比较贫乏，可我们能够区分超过1万种不同的气味。人类的嗅觉远远没有动物的发达。人类大脑只有很小的一部分参与嗅觉，而狗的脑皮质有1/3参与嗅觉。一些科学家估计狗的嗅觉能力比人类强大100万倍。

### 味觉

　　我们已经知道嗅觉依赖于溶解在黏液中的空气分子引发与感受器细胞的联系。味觉则依赖于环绕在对味道敏感的细胞周围的液体中的化学物质。这些对味道敏感的细胞就是舌头上的小突起——味蕾。味蕾上有圆形的小孔，溶解的化学物质通过这些小孔能够到达味觉细胞。味觉细胞的生命周期为4～10天，之后细胞死去并再生。随着我们年龄的增长，味觉细胞的再生速度会变慢。人们有时会向食物中加入更多的盐和胡椒来刺激他们越来越少的味觉细胞。

　　我们有关味道的词汇和有关气味的词汇一样贫乏。当问及某物的味道像什么时，我们都会将其与其他类似的食物做比较。否则，我们就会简单地回答说它是甜的、酸的、咸的、苦的，或者这几种味道的结合。心理学家普遍认为酸、甜、苦、咸是最普遍的味道。而

⊙ 一名香料商正在测试香水。人类可以分辨出1万种不同的味道，但是却没有丰富的或者准确的语言来描述它。

且，舌头的不同部位似乎对这4种不同的味道有不同敏感度。这不意味着我们对这4种味道有不同的感受器，而是感受器对4种味道的结合做出反应，尽管不清楚这种结合会留下何种味道印象。

我们对味道的感觉只有部分来自于舌头。无嗅觉的人不能像大多数人那样品尝食物。实际上，在品尝食物的过程中，嗅觉比味蕾的反应更重要。当我们紧紧捏住鼻子，咬一口苹果和洋葱，我们就不能分辨出两者味道上的差别。温度和质地也会影响味道。冷的马铃薯泥与热的马铃薯泥味道不一样。味道的好坏也依靠经验。在特定的文化中，幼虫、甲虫、肠子、鱼眼、驯鹿的胃、动物的脑子被认为是美味佳肴。各种汉堡和炸土豆条等垃圾食品对于有些人来说就不太好吃。味道的偏好也会随着年龄的增长发生变化。

## 2. 感觉记忆

如果没有情感活动为记忆提供材料，记忆就根本不会存在。我们所称的嗜好（事实上是你的偏好）是个人感觉长久积累的结果，只不过我们没有意识到这一点。这个过程形成了一个人最初级的感觉以及相关的情绪，并进一步塑造了人作为个体的特征，而且还在继续为人的感觉和情绪增加新的内容。对你过去所经历的一切，无论是欢乐的、期待已久的，还是讨厌的、害怕的、唯恐避之不及的，你的整个身体都有这些感觉的真实记录。

⊙味觉

人并不是一出生就有饮食上的个人偏好的。童年时周围环境所提供的选择，还有个人经历，都能影响一个人对食物的偏好。比如说，如果你不喜欢吃香蕉，是不是跟你小时候曾经看到过捣碎的香蕉泥很快变成了棕色有一定的关系呢？任何事件，如果用食物来加以纪念，就都会借助食物的滋味而被铭记于心。简而言之，人对食物的偏好是由后天的培养决定的。

⊙触觉

运用触觉时，我们就回归到生命最开始的状态，也回到了记忆最原始的来源。我们对触觉和身体接触的体验，根植于我们还在子宫里时与母亲身体的联系。

⊙嗅觉

作为一种早期的交流方式，嗅觉也和人的情绪有很大的联系。嗅觉总是包含有情感尺度：对一种气味，我们不是喜欢就是讨厌，而且嗅觉也能像味觉一样唤起记忆。你所想起的某种气味总能打开你的记忆之门，那些热巧克力的气味、野餐时烤肉的气味，甚至是牙医诊所里的气味会让你回忆起或喜或悲的片段。即使气味被尽量压抑，我们仍然能跟随鼻子的本能，接受无法预料的影响。商人们深谙其道——他们利用新鲜面包或是鲜花等香气来吸引人们购买他们的商品。

左视觉区域　　　右视觉区域

光线　　　光线

左眼　　　右眼

视觉神经　　　视交叉

视束

左视觉皮质　　　右视觉皮质

⊙ 左视觉区域的图像被传递给右脑，右视觉区域的图像传递给左脑。视觉皮质对这些图像进行诠释、修正。

## ⊙视觉

视觉能够丰富你和周围世界的联系。通过视觉，数以万计的事实被大脑记录。对身边的面孔、色彩和食物的记忆就体现了视觉记忆的能力。我们都需要亲眼看才能记住一个物体，有的人尤其依赖视觉来记忆。不过，视觉也是有选择性的，因为它跟个人感兴趣的领域有关。有的人更容易记住人的面孔，而有的人更容易记住颜色或风景。同时，人们更倾向于看到具有欢乐、新奇或是恐怖特点的事物。附带有情感因素的形象要比平庸老套的形象更利于记忆。

## ⊙听觉

听觉是交流中使用最多的感觉手段之一。能够听到谈话、音乐还有鸟叫是至关重要的。听觉记忆也附带有情感因素。听到熟悉的电影插曲时，人们会回想起电影中的经典镜头；听到父母亲切的话音时，人们会回想起儿时的温馨片段。当你在厕所或浴室里唱歌时，你也在使用听觉记忆。因为你已经不自觉地记录了一系列的声音，它们能够在记忆中重现。当然，拥有良好的听力记忆，对一个音乐家来说是非常关键的，否则，他将无法正确地演奏乐谱，发出协调的音调。

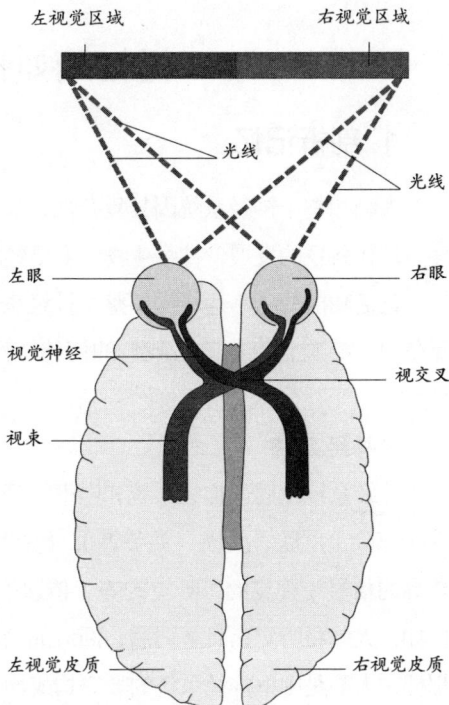

# 记忆是如何运作的

## 1. 剖析记忆

大脑和整个神经系统因其复杂性，长久以来一直属于不可被认知的领域。但随着现代科技的发展，神经生物学家已经能在人类的记忆深处遨游。

记忆功能的正常运转需要整个神经系统的参与，神经系统负责传递并处理感觉信息。感觉信息影响着我们的情绪、行为（比如语言）个性，以及记忆的特殊性。

### ⊙神经系统

神经系统由周边神经系统和中枢神经系统两部分组成，神经网络遍布全身的各个部分（皮肤、肌肉、关节等），包括所有的器官、腺体和血管。神经系统将外界的信号（视觉的、听觉的等）传递给大脑，使人体以运动的方式反馈回应。例如，大脑将听觉信息解码后，回应的动作才能被组织起来。并不像我们想象的那样，大脑是中枢神经系统的唯一构成物。

### ⊙大脑，中央组织者

中枢神经系统由脊髓（位于脊柱中）和脑组成。脑被封闭在头骨中，包括小脑、脑干、间脑和大脑。小脑位于大脑的后面，是运动的控制中心。脑干在脊髓的上方，也是一个关键部位，因为它是循环系统、呼吸系统、觉醒和体温的控制中心。

大脑左半球与右半球通过一个称为胼胝体的结构连接起来。右脑半球负责接收触觉信息和控制左半边身体的运动，而左脑半球负责接收触觉信息和控制右半边身体的运动。每个脑半球都以复杂的方式分析听觉信息和进行思维，它们在一些特定的行为中扮演着重要角色。例如，左脑半球控制语言，而右脑半球参与分析空间位置和掌管面部表情。

### ⊙当感觉到达大脑时

脑半球的表面被许多脑回缠绕包裹着，并被几条沟分成 5 个主要的区域：枕叶、顶叶、颞叶、额叶和岛叶。岛叶隐藏在外侧沟深处，参与调节感觉信息。

枕叶、顶叶和颞叶位于脑半球后部，分别控制一项或几项感觉功能：枕叶负

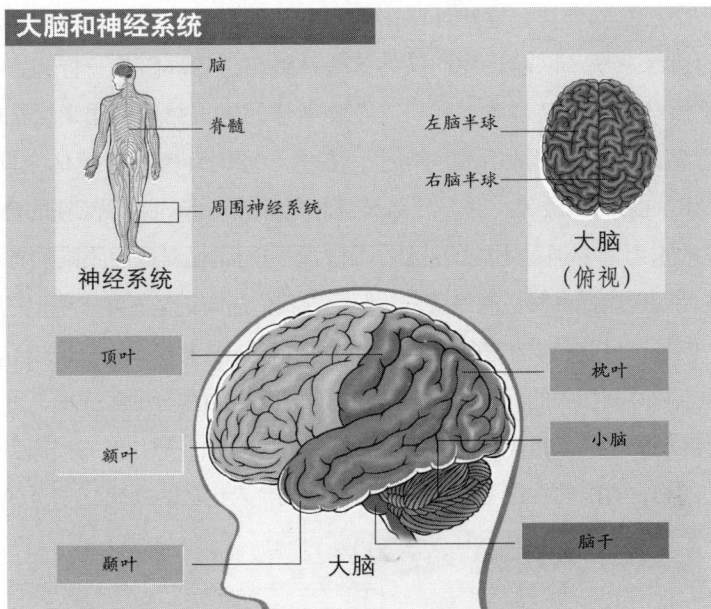

大脑和神经系统

神经系统
- 脑
- 脊髓
- 周围神经系统

大脑（俯视）
- 左脑半球
- 右脑半球

大脑
- 顶叶
- 额叶
- 颞叶
- 枕叶
- 小脑
- 脑干

◉ 中枢神经系统由脊髓和脑组成，大脑的每个部分都与一个确定的功能相结合。

责视觉，顶叶负责触觉，听觉、味觉和嗅觉由颞叶负责。当然，它们之间的连接部分可以交换、比较和修改各自所带的信息。

额叶位于大脑前部，占了整个大脑的40%，是一个专门负责复杂行为的区域，管理着个性、创造力以及精密的认知行为，比如计划、策略、组织、预测等。

### ⊙每种类型的记忆由其对应的大脑区域负责

根据所涉及的是要记住一条新信息，还是回忆过去的时间、地点或是以往学过的知识、经历的感情，记忆功能所要求和利用的环路是不同的。

### ⊙短期记忆

短期记忆的每个组成部分都与不同的大脑区域相连，语音圈与大脑左半球的顶叶和额叶区相连，视觉—空间记事区位于大脑后部，中央管理者可能与左脑半球的额叶联系着。

### ⊙陈述性记忆

对新信息的学习和巩固发生在两个巴贝兹环路里，其中一个位于左脑半球，另一个在右脑半球。这些环路由大脑内部的海马脑回和扣带回构成，属于大脑的边缘系统。以前，我们以为这些环路与感情环路是一样的，但事实上是扁桃核结构给记忆装载了感情。左脑半球的巴贝兹环路用来记忆由语言带来的信息，比如阅读或听到的句子；右脑半球的环路用于记忆空间信息，比如路线和抽象的图像等。两个环路又互相联系在一起，实现紧密的合作。

记忆的重组需要通过不同的环路，因为不同的记忆对应着不同的神经元网络。诱发性问题能提供回忆的线索，从而引导我们通向记忆库并实现记忆的有意识再现。但是，目前科学家还不是很了解这个过程的具体情况，只是知道与实际事件的地点和时间相关的线索保存在额叶中。记忆的再现分两步实现，首先靠额叶与颞叶区域的激活来重建，然后由脑后区保存。左颞—额叶区的损伤会造成整体认知的困难，对应的右边系统的损伤则会造成个人记忆的残缺。

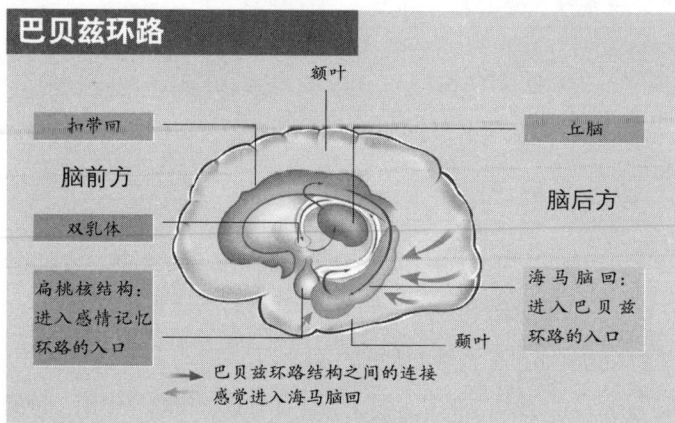

巴贝兹环路

额叶

扣带回　　　　　　　　　　　　　　丘脑

脑前方　　　　　　　　　　　　　　　脑后方

双乳体

扁桃核结构：进入感情记忆环路的入口

海马脑回：进入巴贝兹环路的入口

颞叶

→ 巴贝兹环路结构之间的连接
→ 感觉进入海马脑回

◉ 大脑半球内层部分有 4 个相互连接着的巴贝兹环路，这些环路用于对新信息的学习。

### ⊙程序性记忆

我们通过反复学习所获得的行动、习惯和技能，构成最基本和最原始的记忆形式。运动习惯的形成归功于 3 个大脑区域之间的相互联系，它们以间接的方式参与对运动功能的控制：小脑、大脑深处的区域（纹状体和丘脑）和顶—额叶的某些局部。

### ⊙感情环路

给记忆加上感情色彩能够调整行为适应各种状况。例如，当我们看到蜘蛛时会恐惧、惊叫、逃脱或采取防御行为。这种感情的"着色"通过一个特殊的环路得以实现——扁桃核环路。构成感情环路入口的扁桃核结构与大脑的其他众多区域都相关联，它接受来自所有感觉区域的信息，也与控制本能（比如饥饿、干渴、欲望、愉悦）的海马脑回联系着。这一结构还与控制自主神经系统的脑干区域相连，调节心脏和肺部功能，以及皮肤的反应，这就解释了为什么恐惧和愉悦总伴随着心跳加速、呼吸加快、过量出汗和皮肤泛红。

⊙对新信息的学习

巴贝兹环路的入口是海马脑回。信息从海马脑回出发，通过双乳体和丘脑（这两个大脑区域使得信息得以长时间保存），当经过额叶内层的扣带回时，会与已经存储的其他信息进行比较。扣带回扮演着一个重要的角色，我们越是对一条信息感兴趣就越容易记住。最后，被处理过的信息重新回到海马脑回被巩固。

巴贝兹环路能为同一事物的不同组成要素编码：视觉的、听觉的、嗅觉的，以及地

> ## -- 记忆和好奇心 --
>
> 不可否认，好奇心是一个坏毛病。但另一方面，在提高我们记忆力的时候它又是一个真正的优点。有好奇心说明一个人有很广泛的兴趣，这是保持良好记忆力的最好的办法。对比之下，只对一两个特殊领域感兴趣对记忆而言就不是一件好事。

点和时间，并在其中加入感情特征。神经元网络将所有要素之间的连接轨迹分别储存在不同的大脑区域中，于是记忆被"分散"了。巴贝兹环路不是用于信息的最后储存，也不干涉短期记忆和程序性记忆，所以，海马脑回或巴贝兹环路的损坏将只会影响到陈述性记忆。

⊙对信息的巩固

可以通过新的学习或者简单的重复来巩固已被储存的信息，例如为了记住一首诗而反复背诵。在连续重复时巴贝兹环路扮演着重要角色，颞叶会逐渐加强分布在大脑中的不同元素之间的联系。

## 2.记忆的细胞机理

记忆能力与大脑区域的面积无关，也与细胞数量无关，包括最重要的神经元细胞，而是取决于神经元之间接合的数量和性质。

神经系统是由几十亿个功能不同的神经元构成的。感觉器官的神经元把来自周围神经系统的信息（视觉、听觉、味觉、嗅觉、触觉）传递到大脑，而运动神经元把它们传向相反的方向以控制肌肉。大脑本身也是一个复杂的神经元网络，用于整合感觉信息，并决定做出何种回应。

为了弄清楚记忆所依赖的生理和生物化学机理，首先必须了解单个神经元是如何传递信息的，以及与其他神经元是如何接合的。

### ⊙神经元和突触

神经元是一种特殊的细胞，能够更新、传递和接收电脉冲，或者更确切地说是生物电，因为这种电现象产生于活的生命体。电脉冲（称为动作电位或者神经冲动）先在一个神经元内部传递，然后在构成整个神经系统的网络中传递，某些神经纤维每秒能够传输 150 米。

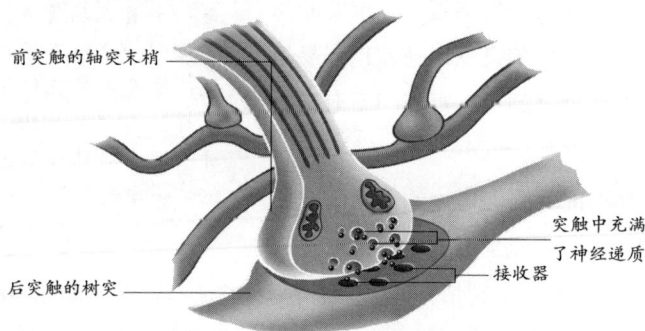

前突触的轴突末梢

突触中充满了神经递质

后突触的树突

接收器

◉ 借助特殊的化学分子——神经递质，突触得以保证神经信息从一个神经元传递到另一个神经元。

神经元细胞体包括细胞核、树突和轴突。轴突是一个单一的延长部分，长度从 1 毫米到 1 米不等，在末端都形成球状。动作电位通过轴突被传递到位于另一个神经元表面的接收器上，连接两个神经元的"接合"区域称为突触，根据其承担功能的不同，每个神经元与其他的神经元通过 1000 ～ 100000 个突触连接在一起。

### ⊙信息如何传递

细胞膜起着划分电势能的作用，细胞外部为正，细胞内部为负。有些细胞称为应激细胞，如神经元，这种细胞能够产生动作电位，一种和正负电极转换有关的生物电刺激。在千分之几秒内，大量汇集在细胞膜上的钠离子（正离子）进入细胞内，迅速改变细胞内外的极性，使得细胞内部变成正极，外部为负极。

## ⊙为信息编码

动作电位差约为 100 毫伏，它们的频率随着需要传输的信息的变化而变化，刺激越强烈，频率就越紧凑。动作电位就像一种简易的莫尔斯代码，由简单的符号与停顿组成，或像只使用 0 和 1 的计算机二进制语言。

## ⊙从一个神经元传递到另一个神经元

动作电位通常在树突的表面产生，延伸到整个细胞体，直到轴突的顶端，表现为生物电形式的信息通过突触从一个神经元传递到另一个神经元。

当动作电位到达前突触的轴突末梢时，化学分子——神经递质被释放到两个神经元之间的突触空间中。随后，化学分子固定在后一个神经元的接收器上，引起化学反射串，在第二个神经元里促发动作电位（激发突触传递），或反之，阻止动作电位（抑制突触传递）。

同一个突触可以释放不同类型的神经递质，至今已发现 100 多种，如谷氨酸、γ - 氨基酸和乙酰胆碱都出现在与记忆相关的大脑活动中。

## ⊙记忆的细胞机理

一个人在出生时拥有约 400 亿个神经元，它们之间通过众多突触相互连接，特别是在大脑中。神经元网络随着生命的进程而改变，一些连接将被巩固（例如通过学习），另一些则被消除。这就是我们所说的神经元和大脑的"可塑性"。

然而，人类神经系统如此复杂，以致无法研究记忆的细胞机理。目前，关于这个领域的大部分研究，均来自对无脊椎动物或者某些哺乳动物的最简单的神经系统的研究。

## ⊙习惯化和敏感化

某些海洋蛞蝓的神经系统是最常被研究的对象之一，它由分布在 10 个神经节上的 20000 个神经元组成。这些神经元直径可达 1 毫米，对其染色有助于对它们的分辨、操作和观察。

当我们碰触蛞蝓位于腮下的排泄口时，它会紧缩，同时腮片也会缩到外壳里。如果不断重复这个生理刺激，排泄口的收缩程度会随着时间减弱（习惯化），腮片也越来越放松。在我们自己身上做类似的实验会出现什么现象呢？电话铃声先会让我们吓一跳，之后，我们对电话铃声的反应越来越弱。在另一个实验中，我们在触碰蛞蝓的排泄口时，如果同时用弱电点触它的尾部，它的运动反应会加强（敏感化）。

### ⊙长期协同增效作用

在蛞蝓身上观察到的反应从几分钟持续到几小时，甚至在停了几天之后再进行刺激时，又能够持续几个星期。在显微镜下可以看到，神经递质的自由度在神经元接合的突触上被潜在作用增强了，同时发生生物电的变化，这从本质上影响到神经元的应激性。我们称这一效应为长期协同增效（或抑制）作用，"长期"的定义与神经元应激性的持续时间有关，而与记忆形式无关。

比方说在敏感化作用中，两个优先结合的神经元被同时刺激，后突触的神经元会增强其应激性（协同增效作用）；或恰恰相反，造成应激性减弱（协同抑制作用）。

在哺乳动物的某些大脑区域也观察到了类似的现象，特别是在海马脑回和小脑中。而海马脑回直接作用于记忆，小脑则影响运动功能。

### ⊙短期记忆：生物电的改变

生物电的改变是构建短期记忆的基础，这一现象能从一个更微观的层面上找到解释：分子说。

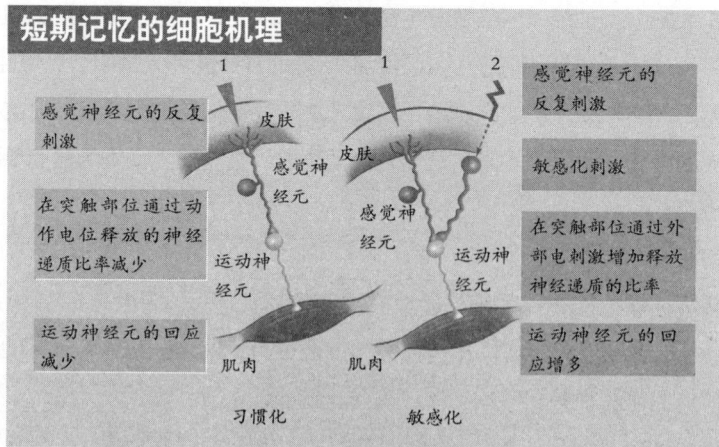

短期记忆的细胞机理

感觉神经元的反复刺激

感觉神经元的反复刺激

在突触部位通过动作电位释放的神经递质比率减少

敏感化刺激

在突触部位通过外部电刺激增加释放神经递质的比率

运动神经元的回应减少

运动神经元的回应增多

皮肤　感觉神经元　运动神经元　肌肉　习惯化

皮肤　感觉神经元　运动神经元　肌肉　敏感化

🕐 对无脊椎动物（如海洋蛞蝓）的研究证明，有两种类型的适应：习惯化，由感觉神经元的重复刺激引发；敏感化，由在对感觉神经元刺激时连接外部电刺激引发。

在习惯化的实验中，我们观察到神经递质释放的比率随着时间的推移而减少；而在敏感化实验中，这个比率会增加。记忆被解释为通过突触的包含神经递质的突触小泡的数量的变化，这种变化直接与细胞间钠的变化有关。像长期协同增效作用这样的生物程序是极其复杂的，研究人员已发现了几十种在这些程序中作为媒介或调节者的分子，如接收器 AMPA 和 NMDA、蛋白质 G、蛋白酶等。

⊙ **长期记忆：神经元结构的改变**

如果生物电的改变能够作用于短期记忆，那么如何能够"决定性"地储存记忆呢？又如何在神经元上加固记忆呢？对于长期记忆，仅仅是生物电临时的和可逆的改变是不够的，是基因发挥了作用。事实上，对一个神经元的重复刺激将引起处于细胞核内的某些特殊基因的活化，于是真正的"加工"便开始了。

第一步，基因活化将引发大量蛋白质的产生。这些蛋白质用于形成接收器和能够保证持久强化神经信息传递的元素。

第二步，在重复刺激的作用下，基因活化产生的新的蛋白质将参与神经元自身的增生。这些蛋白质首先在树突的顶端形成许多刺状物，刺状物在伸长的同时又产生新的树突，并与其他神经元建立新的连接。如此发展，就形成一个新的特殊网络，这些神经元结构的改变就是长期记忆的细胞基础。

## 3. 想象力——记忆的来源

记忆是一种生物过程，在这个过程中，信息被编码、重新读取。它使人类个性化，在动物王国里与众不同。

知道记忆究竟是什么以及它是怎样运作的，对开发人类的记忆力很重要。记忆力的形成需要特定的"路径"。记忆的形成取决于多个因素，而想象力参与了记忆的每个过程，因为正是它为记忆提供了所有的心理意象。它的创造力更体现在对储存在记忆中的信息能够有效地加以利用，以及在深刻理解现实的基础上进行的各种活动。但是它也会受你的期望或是挫折的影响，所以要有节制地放任想象力自由驰骋——它可能会带你脱离轨道，最终导致错误的判断，甚至失败！

18 世纪，法国作家伏尔泰是这样定义想象的："它是每个有感知能力的人都能意识到他所具有的、在脑海中再现真实物体的能力。这种能力取决于记忆。我们能够看到人类、动物和花园，是因为我们通过感官接收到对它们的感知。记忆将这些感知信息保存起来；而想象把这些信息组合在一起。"

现代心理学证实了这个观点。想象力为记忆的主要组成部分——大脑形象的构成做出了很大的贡献。还有观点认为，想象力具有利用以前记忆的信息进行复制再现的功能。另外，想象力还有再创造的能力，它可以重新排列大脑中已经存储的信息，建立新的组合；也可以改造以前经历中记录的形象，创造全新的联系。简而言之，想象力主要以先前已经存储在记忆中的材料为基础，进而创造出全新的形象。例如，当你在头脑中想象一种完全未知的动物时，实际上你是在将你所熟悉的各种动物的一些特征拼凑在一起。

所以，真正的创造性想象，首先要求有一些声音感知的信息，接下来需要一个存储状况良好的记忆，能够迅速而又轻松地提取出任何已存储的信息，最后就是创造全新组合的能力。这种创造能力仍然是建立在对已存储在记忆中的信息进行高效组合的基础之上的。在科学中，一个假想只有建立在对已观察到的现象做认真分析，以及对已有知识的精确掌握的基础之上，才有可能最终引向科学规律的发现。要想对未来做出正确的预测，或是要保证计划方案的实施，最关键的条件就是对现实情况的准确把握和理解。能够根据现实情况来设计未来发展计划的能力，是对未来进行重大干涉的前提条件。

记忆力创造出的杰作，除了将分散的信息集中到一起，还有将它们组合在一起创造新的"事实"。

## —— 记忆与故事 ——

故事是培养想象力必不可少的源泉。孩子们非常喜欢故事，并且经常把他们自己的形象编进故事里。成年人可能不会像孩子那样把自己编进故事里，因为他们必须坚定不移地立足于现实。经常编织一些故事，并构造一个情节，运用一些轶事来充实它，使人物真实化，是激发记忆力和想象力的一种很好的方法。

想象力总是建立在一些感官活动的基础上。经过良好训练的感官能力会使记忆变得更加高效，并且能够增强信息再现的能力。

想象力不只是伟大的创造者、艺术家或发明家的独有能力。爱幻想的儿童、遐想未来的成年人，还有在头脑中显现小说中的英雄人物和故事背景的人，他们都在运用自己的想象力。阅读（这会促使你的思想自由驰骋，将无数人物、景色和气氛的心理形象召唤出来）、写作，以及你对身边世界的兴趣和好奇心，所有这些都能激发想象力的创造能力。你想象世界的产物也来源于你的欲望、你的幻想，还有你受到过的挫折。想象通常由于认为现实世界不够完整，并且相信有可能设计出新的、更加令人满意的版本，因为这些想象的版本比现实更加接近你的愿望。这就解释了为什么现实总是会让人的期望落空，例如被搬上银幕的小说，与原先互相联系但未曾谋面的人的会面，或是任何其他先做想象后化为现实的情况。

想象力的这种补偿性的作用，能够促使人行动。当然想象力也有它的缺点：会使人倾向于逃避现实，沉溺于幻想的世界中。你的想象力会跟你开玩笑，伪造对事物的感知，从而误导你将自己的幻想当成现实。因此，失去束缚的想象力是幻觉和失望的主要源泉。最终，它可能会扭曲甚至伪造事实，这些可以在白日梦、疯狂和说谎狂（情不自禁地伪造）症状中看到实例。

希腊哲学家亚里士多德相信人类的灵魂必须先通过在脑海里创建图片才能思考。他坚信，所有进入灵魂（或者说人脑）的信息和知识，都必须通过五感：触觉、味觉、嗅觉、视觉和听觉。首先发挥作用的是想象力，它修饰这些感觉所传来的信息，并把它们转化为图像。只有这样，智慧才能开始处理这些信息。换句话说，为了理解身边的每一件事物，我们必须不停地在脑中创造世界的模型。

我们中大部分人从小就学着在心中构造模型，并很快精于其中。我们可以单凭脚步声认出一个人，可以从一个人最细微的动作中直觉地判断出他的情绪。而你现在正在做的事情就是更为典型的例子——你的眼睛轻而易举地扫过一行行杂乱的字符，与此同时，你的大脑识别出一组组词语并在大脑中同步，从而形成图像。

想象力能做很多事，其中最突出的大概就是梦境了，不过前提是我们能记住它。有很多种仪器可以帮助我们记住梦境，其中一种能检测快速眼部运动（REM）的护目镜已经经过志愿者的测试。REM 睡眠是梦境最活跃的阶段，它一般仅在特定时间突发，持续时间也很短。一旦 REM 发生，检测器会在护目镜内部发出一道小闪光。这样做的目的是为了让志愿者能在睡眠状态下逐渐意识到他在做梦。这种亚清醒状态可以让人以奇妙的旁观视角，来体验想象力的虚拟世界。试验报告指出，"所有的物体看起来都像是全息真彩照片，每一个细节都非常完美"。多年不见的亲友，面孔会被精确地再现在眼前，而且这一切体验都真实得不可思议。

## 4. 记忆的运行

记忆的运行过程会牵涉到整个身体的参与，它的每一个步骤都需要感觉、认知和情感的参与。因此，感觉和知觉对记忆来说，就像推理和思索一样重要。

飞机上的黑匣子会记录并保留机长和地面控制台在整个航行过程中的对话，以便需要时重新提取有用的信息，记忆的形成与之类似。它包括接收信息、保持信息的完整、在需要时再现该信息3步。但是，这3个步骤的顺利进行要依赖于一些在现实中实际上很少能遇到的条件。

接收信息以及从记忆中再次提取信息是大脑的一个十分复杂的运转过程。对信息的接收、编码、整理和巩固是这个过程的必要步骤。了解记忆这个奇妙的运行过程，对充分发挥记忆的潜能非常有用。

⊙ **接收信息的要素**

接受信息首先要求感官——视觉、听觉、嗅觉、触觉和味觉有效地发挥功

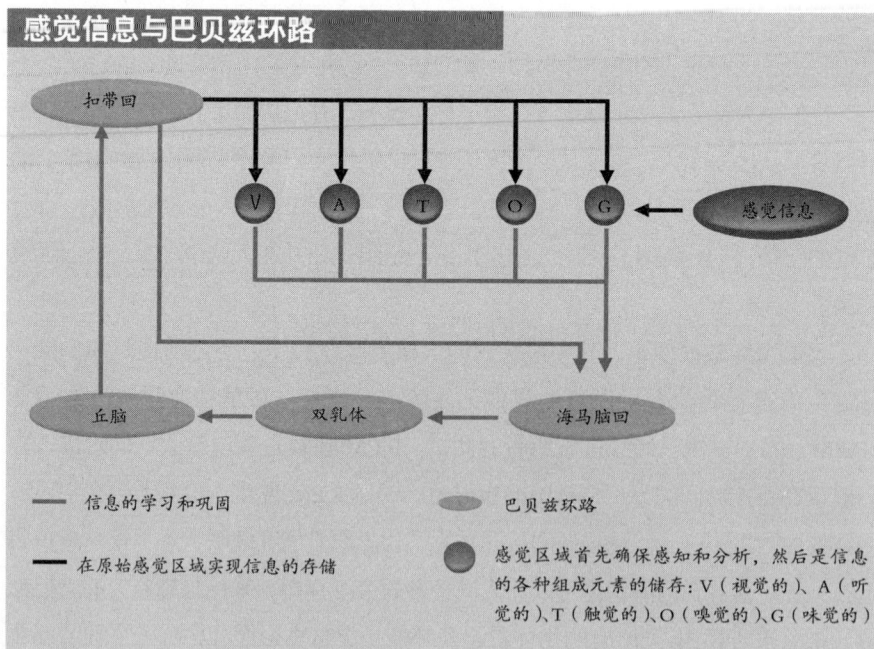

**感觉信息与巴贝兹环路**

—— 信息的学习和巩固

—— 在原始感觉区域实现信息的存储

● 巴贝兹环路

● 感觉区域首先确保感知和分析，然后是信息的各种组成元素的储存：V（视觉的）、A（听觉的）、T（触觉的）、O（嗅觉的）、G（味觉的）

◎ 感觉信息的各种组成元素通过巴贝兹环路被记住，循序渐进的巩固程序将强化各个元素之间的连接。

效。一般情况下，记忆信息所出现的问题都可以在检查信息进入"黑匣子"的方式之后找到原因。如果看不清楚或者听不清楚，就无法清楚地记忆。事实上，如果你的感觉不够灵敏，你是无法记住任何信息的；所以不要怪罪记忆力，而应该训练你的感觉器官。

另外，良好的感觉系统也不能代表一切。另一个重要的因素是集中注意力，这是由诸如兴趣、好奇心和比较平静的心理状态决定的。有效地接受信息取决于拥有正确的思想模式，以及保持信息过程不受干扰。

在19世纪90年代，一些发明家（包括托马斯·爱迪生）在记录音像方面取得了成功。但是真正成功地完善了用胶片捕捉动作系统的人，还是要数法国人路易斯·卢米埃尔，如今我们的照相机依然保留着他所发明的图像捕捉方式，只是在每秒钟所捕捉的图像数量上有了变化：从过去的16个变成了现在的18个。

### ⊙信息的编码和整理

你所接收的所有信息会先被转化成"大脑语言"。这是一个被称为编码的生理过程，在这一过程中信息被输入记忆系统。在编码过程中，新的信息和记忆中已存储的相关的部分放置在一起。它会被分给一个特定的代号：可能是一种气味、一个形象、一小段音乐，或者是一个字——任何标记符号都可以，只要能够使这个信息被重新提取。如果一个词"柠檬"被用"水果""有酸味儿""圆形"或是"黄色"来编码，那么当你不能自发地回忆起这个信息时，这几个特征中的任何一个都可以帮助你回忆起它。如果你接受的信息属于一个新的类别，大脑会给它一个新的代号，并与记忆已经存储的信息类别建立联系。信息再现的效率取决于大脑对这条信息的编码程度，还有数据的组织情况和数据之间的联系。这个过程需要利用人脑对过去的丰富记忆做基础，对每个个体来说，这个过程都是独特的，而且它的进行方式也是不同的。尽管如此，信息编码的潜能还是要受到大脑接收信息能力大小的限制——一次最多可以对5～7条信息进行编码。

此时，信息的性质就从一种从外界接收的感官信息，转变成了一个心理映像，也就是大脑受到某种行为刺激而导致的转换过程的产物。然后，这条信息就会被保存在记忆里，只是保存的种类、强度和持续期限各不相同。

短期记忆主要是一些日常生活中的事情，这样的记忆只需要保留到任务完成即可——比如说购物、打电话等。

普通记忆，或者叫中期记忆，对需要一定程度的注意力的信息发挥作用。我们对这些信息感兴趣，并希望把它传递到大脑中。个人能力、时间段、感官所受的训练，还有信息所包含的情感因素，都会影响到普通记忆的多样性。普通记忆是生活中利用频率最高的。尽管如此，它的潜在容量却无法预测，没有人知道它的极限是多大。

长时记忆会在我们不自知的状态下，不需做任何额外的努力就能把一些信息铭刻于心。通常，能唤起强烈情感的事件是形成无法磨灭的记忆的基础。它们内在的情感性使我们倾向于向别人讲述，而这个叙述的过程会将记忆巩固并存储到大脑的更深处。我们并不受这些深层的记忆所控制，这些被埋葬的记忆表面上似乎被长久地遗忘了，事实上却会在任何时刻重现脑海：出现在梦中或是被某种气味唤醒。

## ⊙巩固

有些信息由于自身所附带的强烈情感因素，会在记忆中自动留下难以磨灭的印象；而有些信息，如果你想把它保留得久一些，就必须用一些方法去巩固它，而这种巩固的过程需要存储信息时良好的组织工作。一条新的信息首先必须被划分到合适的类别中，就像你把一个新的文件放进一个文件柜时需要做的一样。至于把它划分为哪一类，就要看你个人的信息分类标准——按照意义、形状等等，或者被包含在某个计划、故事中，又或者是所能唤起的联想。举个例子，"文明"这个词，作为"文化"的义项可以被划分为"名词"的类别，但是作为"社会发展到较高阶段"的义项又可以和形容词建立联系。不过你也可能会用别的分类方式，因为没有任何两个人会对同一条信息采用同一种分类方式。

当你把新的文件归档时，很可能会把它放在其他已存的文件的前面；同样，处在不停变动中的记忆库会把新的信息储存在旧的信息之前，这样的过程不断重复，越来越多的新信息被存储，最终，"文明"的文件将会被彻底地覆盖。只有在你再次使用这个词时，它才能回到文件夹的最前面；否则，它将被转移到文件夹的最后面，束之高阁，就像其他被遗忘的信息那样。所以为了确保信息得到有效的巩固，仅仅组编数据还不够，在最初的24小时之内必须重复信息4～5遍，之后还要有规律地重复记忆，这样才能避免信息被遗忘。如果信息的重复工作得到很好的实践，我们就可以随时根据需要从记忆中提取完整的信息。

## 5. 注意力和回想

我们经常会抱怨自己的记忆力太差，而事实上出错的通常是我们的注意力。当我们注意到某个物体，并给予特别关注时，全身的智力和才力都会被调动起来，经过大脑一番精密的操作过程之后，我们所感知到的物体形象才能被记录进记忆中，并且能够在需要时被再现。

⊙**注意力概括分析**

每个人的注意力保存量都不相同，因为我们的专注程度不同，关注事物的方式也各不相同。一个人接收信息的方式受他的教育背景的影响，但是同时也取决于他的性格、个人兴趣还有世界观。以下对注意力所做的概括分析，虽然是传统的分类，但是还是能够显示出个体的注意力之间的差别。

极度注意细节的人会表现出过度关注事物的行为：任何事物都会引起他们的兴趣；任何东西都可以，确切地说是必须被记住，哪怕是冒着记忆过度负担、塞满许多没有价值的信息的危险。这类人不加选择，总是投入相同的注意力。

符合上述描述的人通常会追求完美、拘泥小节，而且天生就有良好的记忆力。他会让你注意到自己的套衫衣领上的一点儿绒毛，或者是清楚地记得你觉得并不重要的事情的每个细节，而且他们还会期望别人也和他们一样不加选择、毫无遗漏地记忆。这类对所有的事物都投入注意力的人，通常会有一个庞大的信息存储库，但是他们很少会使用到这些信息。对他们来说，大部分存储的信息是没有用的，因为他们很难发现真正能够吸引自己的事物。

对特定领域有强烈兴趣的人，将他们的注意力集中在一个或几个吸引他们的方面。这类人的注意力得到了很好的利用，并被有效地施展在他们真正感兴趣的事物上；至于不感兴趣的方面，他们基本上不会关注。关注特定领域的人经常会力图向别人表现自己在这个领域知识的渊博。他们的注意力具有选择性，但是集中程度很高，他们的记忆也是如此，专而精。

粗心大意的人一般不会关注周围的环境。他们看起来总是在不切实际地幻想，因而经常会丢东西，或是忘记做事；他们也不会真正听从别人的建议，因而可能会忽视世俗常规。对周围环境的忽略是和对自我的过度关注紧密联系的。这类人对任何事物都不会深入了解，保存的记忆也多是杂凑的，充满自我影子的。

这种现象在一些成年人身上表现得比较明显。

你可能在上面这几个类别中都能找到与自己某方面吻合的特征。最重要的是保持灵活多变，既能够对自己感兴趣的特定领域集中精力，同时又能思想开明，善于适应新的要求和挑战，这样才能保证对信息的成功记忆。

⊙ **注意力的助手**

仅仅主观希望集中注意力是不够的。回忆一下，在学校里，你觉得有些课你确实是听得非常认真，但是事实上你什么都没记住。过去，你曾经拼命想要记住物理定律，却都没有效果。你怎么解释这些问题呢？

在88岁的时候，法国探险家保罗·艾美尔·维克托这样解释他依然精力充沛的秘诀："在我没有将我那有限的精力计划分配到第2天的活动中之前，我是决不会睡觉的。"通过每天进行有限而又高效的活动来保持自己的兴趣，这位年迈的探险家实际上发现了能让注意力高度集中的关键因素。当然还有其他的一些影响因素，但只有这些因素的协调统一才是注意力高度集中的保障。

**兴趣** 它能够触发注意力的开始。任何不能吸引你，或是不能引发某种情感

## 测试你的注意力

进入这个迂回曲折的迷宫中，集中注意力尽可能快地出来。

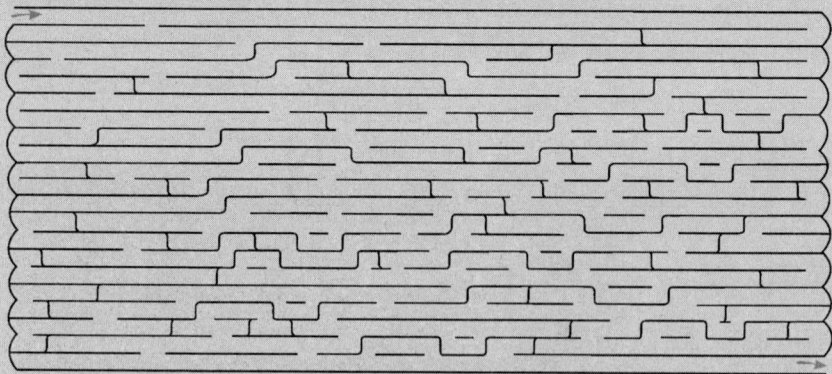

◉ 迷宫游戏虽然看上去像是儿童游戏，却是训练注意力的一个非常好的方式，因为这个游戏需要高度的注意力和抗干扰能力。另外，这个游戏也有助于锻炼我们的视觉—空间记忆。

的事物，都无法引起你的注意。

**个性** 容易受到焦虑和紧张影响的人会有想法过多和精力分散的困扰。心不在焉是个不利因素。开明的思想和乐观的态度是能够集中注意力的最好前提。

**乐趣** 能够产生乐趣的事物会受到人们更多的关注。

**动机** 要达到某个目标，要成功，或是要发挥自身潜力，这些心理期望都会使我们自动地增加注意力的投入。

**警觉** 超然的警觉状态能够使注意力持续集中一段时间，而且可以毫不疲倦地关注新的事物。

**好奇** 这会激发注意力。对自己的环境和生活越好奇，被激发的注意力就越多。

**专注** 这会使你的注意力能够集中在选择的目标上，而不会轻易被他物转移。需要注意的是注意力也有它的极限。在注意力能够集中的强度和时间长度方面，我们每个人各不相同；即使同一个人，在生命的不同阶段，这些因素也是不同的。

**情绪** 积极和消极的情绪都能自动激发注意力，并且提高其强度：害怕忘记一个极小的信息，会驱使你对它投入极大的关注。

**环境因素** 当周围环境有利时，没有听觉或视觉的干扰，注意力会得到增强，可以专心致志地关注目标。

这些因素中有一个不存在，注意力就无法达到最完美的状态。即使是这些因素全都实现了，记忆也不会是顺理成章的结果：除了这些，还需要记忆的意愿。

⊙**注意力的分散**

环境不可能总是让你可以轻易地保持高度集中的注意力。想一想日常生活中所有那些需要与之做斗争的困难：疲劳、紧张、某些治疗造成的后遗症、糟糕的生活方式、疾病……这些都是注意力集中的初级障碍。如果你不能处理好这些小问题，那么更为严重的障碍将会在暗中以一些特定的行为方式来造成不好的影响，而且这种危害会无限期地延续下去。

如果你对环境不投入足够的关注，注意力被切断、不能被激发的现象就会出现。出于各种原因，我们都倾向于不能充分利用我们的"注意力资源"。

⊙ 图中女生上课注意力不集中。她也许想到了与朋友在一起的情景，如上周末与朋友外出、第二天的曲棍球比赛等除了目前任务之外的任何事情。我们加工当前信息的能力是有限的，因为对许多其他事情的思考对我们同等重要。

注意力利用不足主要是长期缺乏努力造成的。懒惰潜伏到一定时间，就会损害到我们投入注意力的能力，因此注意力就会很难被激发。这可以解释为什么在完成学业多年之后，如果要重新开始学习，就需要接受训练，再次适应学习的规律。

注意力缺乏专注性，无法集中的成因是注意力的利用不足。如果你没有经常将注意力集中在某物的习惯，那么要让注意力集中就会更加困难。

好奇心、愿望和计划性的缺失可能是注意力最大的敌人。当你需要实行某个计划，或是非常希望实现一个愿望时，这些心理因素和对周围环境的好奇心一起，将会成为保持注意力高度集中的最好保障，最终会使信息记忆高效快捷。

## ⊙在所有状态下的注意力

你能描绘出一张 10 元钞票的正面吗？你不记得了，那是因为你从来都没有仔细地看过，然而你却在无数次地使用它。这个例子很好地展示了应该如何记忆：有效的感知、注意力和动机。

有效的感知

在打电话或者对话时，没有听清楚的名字很难被记住；以不正确的方式阅读黑板或者印刷文件上的文字既不利于理解，也不利于记忆。当信息没有被很好地捕捉时，对它的分析就需要付出更大的努力，尤其是当信息不完整时，将很难被保留在长期记忆中。

通常情况下，学习条件本身也妨碍有效的感知（例如噪音干扰）。但是困难也可能源于视觉不佳或者听觉衰退，而又拒绝佩戴眼镜或者助听器。

-- 记忆和无线电新闻广播 --

为什么我们对收音机里的新闻总是比电视里的新闻记得更清楚呢？在收音机里，新闻总是在很短的时间内播报，因此新闻内容的编排更为简洁，不像电视里的新闻有很多的补充性细节，所以更容易被记忆。相反，电视新闻播放的图片信息会分散人的注意力，从而干扰了人们对主要新闻内容的关注。

### 在必要的时候需要注意力

即使感觉器官正确、完整地接收了信息，一般来说，在被存储前信息还需要被定位和处理（分析、比较等），这就要有点警觉性和注意力了。当然，根据实现目标的不同需要不同程度的注意力。

短期记忆比较容易受注意力的影响。大部分关于日常记忆的抱怨都源自缺乏注意力或者精神不集中，这主要是由于疲劳、压力、过度劳累、焦虑或者抑郁导致。同样，酒精、毒品（印度大麻、迷幻药）和某些药品（安眠药、镇静剂、抗抑郁剂等）也会影响注意力。

### 自发或被引导的动机

有时候，我们似乎无需努力或者无意识就记住了一些东西，比如某位名家的作品。而有时候，我们需要付出很多努力才能掌握某种知识，比如学校开设的一门科目。有时候，会形成一个恶性循环：在同一个起跑点竞争力弱会让人泄气并抑制学习的欲望，即使复习了成绩仍是平平，这又进一步造成自信心的缺乏，从而使得摆在面前的任务变得更难以完成。

当缺乏自发的动机时，就必须求助于被引导的动机，以达到原本不太感兴趣的目标，比如为了从事某种职业或者梦想的事业而通过考试。动机越缺少自发性，对应该学的东西越不感兴趣，巩固记忆的机会就越小。在这种情况下，首先需要有意识地付出努力，包括求助相关辅助工具、确定合适的记忆技巧以及花更多的时间重复。当面对一个新情况而非常规任务时，这些策略就更便于应用。

如果缺乏动机呢？恒心会帮助你。还有，为什么不创造一个新的激情？通常，一个奖励就足以激发我们的动机。

### 不同等级的注意力

注意力与记忆联系紧密。每一刻我们都收到无数来自外部世界（图像、声音等）和内部世界（欲望、感情、思想等）的信息，我们必须做出选择。为了阅读和理解一段文字，我们必须将对它的注意力与在同一时间感知的其他信息（背景噪音、灯光的改变、一阵风吹来……）分开。然而，这不是集中注意力的唯一方法。

### 注意力强度或高或低

如果我们必须在一天的每个时刻都保持相同程度的注意力，那么我们很快就会累了。幸运的是，不是所有的活动都要求高度的注意力。因此，我们可以根据强度区分不同的注意力形式。

（1）高强度警告：强烈的饥饿感或者消化不良，又或者宴会第二天起不来，甚至面对同一件事情，我们都应根据具体情况来确定需要投入的注意力。以一天为例，从苏醒状态到睡眠，可以看到一些逐渐、缓慢、非自愿的改变，这是源自生理上的需要。因此，良好的生活习惯能帮助我们集中注意力，并且提高记忆力。

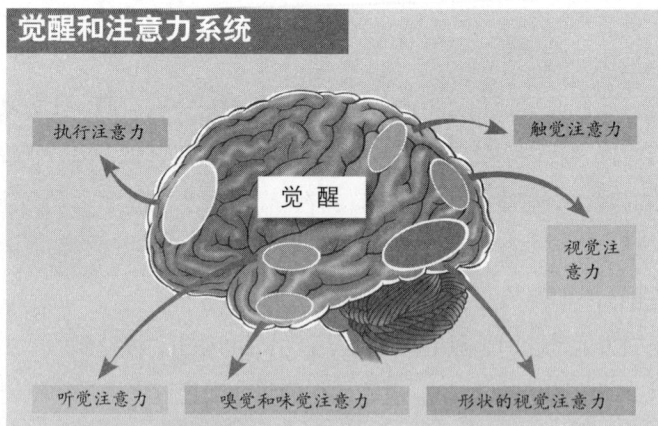

**觉醒和注意力系统**

执行注意力　　触觉注意力　　觉醒　　视觉注意力　　听觉注意力　　嗅觉和味觉注意力　　形状的视觉注意力

⊙ 觉醒和警醒能保证大脑对突然出现的不可预料的事做出反应。另外，大脑对每个感觉领域都保持着特别的注意力，而集中注意力能让我们调动显著能力去实现一个确定的行为和应对明显的矛盾冲突。

（2）阶段性警告：如果事先被警告，我们将会做出比较快的反应。这就是为什么在向某人抛东西前喊"小心"，或者按喇叭警告其他司机和行人的原因。这样一个警示信号（视觉的、听觉的、触觉的等）会引起一种短暂的注意力，使得其在极短的时间内做出有效反应。而 10 秒钟后，效果就不明显了，注意力的顶峰处于 0.5 秒到 0.75 秒之间。但是警示信号并不总是能够起到积极作用，有时候反而会变成干扰，造成负面效果。比如，一个司机不恰当地按了一下喇叭，警告不成反而惊吓了骑自行车的人，导致其摔倒。

（3）持续性注意力：上课或者听讲座、玩文字游戏、在高峰期开车……所有这些活动都需要持续性注意力，通常我们用"全神贯注"来形容。注意力障碍源于多种因素。很多情况下，我们的注意力赶不上信息到来的节奏，例如当车开得太快的时候，我们看不到某些指示牌或者障碍物。注意力也可能因为我们缺乏某些必要的能力而降低，例如当我们用一种掌握得还不是很好的外语进行对话时。也可能是我们无法转移足够的注意力去完成某项活动，例如当我们已连续听了几个讲座后精神疲倦时，我们将很难再继续专注地听完最后一个讲座。注意力衰退也可能在执行一项任务的中途产生，表现为行动速度逐渐变得缓慢，或者大脑出现"空白"，即在几秒钟内没有任何行为反应。

（4）警觉性：对其他一些单调的活动，我们则需要另一种完全不同的注意力。一个钓鱼者应该明白在垂钓时要有耐心，并准备在鱼上钩的那一刻迅速做出反应。保安在面对几个录像屏幕时，需要注意所有特殊事件，以便及时发现危险事故或紧急状况。其实，警觉性首先是为了留意和探测非常规事物，这与持续性注意力截然不同。警觉性的功能障碍表现为判断错误、做出错误警报，或由于疏忽造成行动障碍。

注意力的灵活性

注意力不仅在强度上有变化，还表现出极大的灵活性，在集中于一个确定的范围之前，它会首先最大量地捕捉信息。

（1）选择性地投入注意力：研究人员给这种注意力方式起了个绰号叫"鸡尾酒宴会效应"。在社交晚会上，我们能成功避开酒杯的碰撞声和其他人交谈声的干扰。日常生活中还存在很多这类情况，我们能够选择性地投入注意力。在火车站或者机场大厅，我们"滤过"嘈杂的喧闹声，竖起耳朵听广播中的提示；在商业大街，我们"忽视"各种广告信息牌，将目光锁定在一个确定的商品上；欣赏老唱片时，我们可以"略去"破坏快感的细微噪音……

（2）注意力分配

通过分配注意力我们可以同时完成多项任务，如在开车的时候听收音机、在做菜时打电话等。然而，我们可能会突然在一项活动上投入更多的注意力，而减弱对另一项活动的注意力，由此引发错误的行为（因此法律禁止在开车的时候打电话）。通常，同时从事多种活动的能力会随着年龄的增长而减弱。年轻人可以一边听喜欢的音乐，一边复习功课；而年长者则会感到背景噪音太大，干扰阅读。

**执行性注意力**

人们需要一种即刻控制以应对突发状况。例如，当我们阅读报纸或者看电视时，对电话铃声做出反应。执行性注意力就具备这一功能，尤其在运作记忆中，它能为在长期记忆中储存信息做准备。

⊙**回想**

回想是将信息由长期记忆转变为工作记忆意识状态的过程，其实就是指再现已经提交给记忆的信息。

通常就是在记忆过程的这个阶段，人们会遇到问题，体会到那种话到嘴边却说不上来的恼怒感觉。信息明明已经储存在记忆中，就是无法再次提取——哪怕你无比确定你肯定是知道它的！

经验之谈是最好不要强迫自己去回忆，等过了一段时间（或长或短），当一些与你想回忆的信息有联系的东西凑巧被你注意到时，你就能够回忆起它了。

按照要求回忆信息的条目，被称为自发性回忆，比如说迅速说出《伊索寓言》中3个故事的题目。而在你被要求

**-- 记忆和电影 --**

你很喜欢去电影院或者在电视上看电影，但是却怎么也想不起来刚刚看过的情节，即使当时看的时候觉得非常有意思。遇到这样的时刻，不要担心，这是很正常的。当观众时，你只是在被动地接受信息，重要的感官系统基本上都没有得到锻炼。要是真的想记住电影的情节，在电影开始播放最后的致谢名单时，就应该开始积极地记忆：总结电影的情节，回忆你喜欢的或是让你印象深刻的场景，评价各个角色在剧中的表现……还有，不要忘了跟你的朋友们一起讨论这部电影。

说出 3 个分别讲野兔、老鼠和狐狸的故事时所进行的回忆被称为触发性回忆。这几个动物，先是在信息的编码过程中起到建立联系的媒介作用，随后又在信息的回忆过程中起触发器的作用。

记忆所包含的情感因素越多，附带个人联系的显著细节就越多，这样能用于触发回忆的线索就会越多。比起与你没有直接的个人联系的文明史上的重大事件，你能够记住更多你个人生命中发生的大事的生动细节——入学、作文获奖等等，而正是这些细节，极大地丰富了你的短时记忆。

另一方面，当你从所给的几种可能性中准确无误地选出答案时，认知过程也在发挥着作用。举个例子，《野兔与鹳》《狗和狼》《狐狸和乌鸦》，这几个故事中哪一个出自《伊索寓言》？

触发性回忆和认知过程带来了更好的结果：能够回忆起更多的信息，而且这些信息的生动性和准确性也大大提高了。

遇到拼命回忆也想不起某个信息时，质疑为什么信息会被暂时忘记是没有用的，还不如看看记忆信息时所用的方法更为实际：信息是否得到了良好充分的处理，以确保它被有效地传递到记忆库中？如果这个过程没有做好，那么作为触发器的线索就不能确保信息通过简洁迅速的途径被回忆起来。

绝大多数记忆方面的疾病，主要都是由于不能按要求记住信息。然而事实上，我们在巨大的记忆库中找到一条信息并将它记住的能力是非常惊人的。

有两种方法可以让你取回长期记忆中的信息：认同和回忆。

认同是对信息的理解，它可以作为你已知的某事或某物出现。例如，当你听到别人提到一个名字时，你知道这就是你朋友儿子的名字，但你自己却记不起来。

回忆是一种自发搜索你想要的长期记忆信息的行为。例如，你想在会议上谈论你们的客户，你就需要在你的记忆库中搜索他的名字。

在大多数情况下，认同比回忆容易得多。当你说"我记不起来"时，通常你的意思就是"我想不起来"。

如果在会议上你想不起来你们客户代表的名字，但当你听到这个名字时，你也许会很容易认出它。

想起某个电视节目的名字也许很难，但当你在当地报纸的电视节目单中看到它时，你会很容易识别它。

由于你需要在成千上万条长期信息中找到一条信息，因此，对信息的回忆是有难度的。

有时候，一个提示可以使你想起某条信息。提示是一个事件、想法、画面、词语、声音或其他可以引发获取长期记忆信息的事物。例如，当有人提示你一部经典电影的名字时，你可能就会想起电影中的演员。这个具有引发作用的信息，即电影的名字，就是一个提示。

人们常说："我记不住一些人的名字，但我永远忘不掉一张脸。"

我们很容易就能记住一些人的脸，这是因为它们可以通过认同来呈现它们自己。记住了许多人的名字，就涉及长期记忆中信息的回忆，因为脸只是一个提示。

在搜寻一个名字或另一条信息时，我们会想到一些相关的事情，这些事情就可能作为提示并且常常会引发出那些想要得到的信息。例如，如果你想不起来你在暑期班中学习的课程，你可以回想一下上课的地点、和你一起上课的人，以及你曾学习过的其他课程。

## 6. 感情扮演的角色

开学的第一天，结婚的那天，生孩子或者一次意外……只要稍微分析下，就会发现感情在我们的记忆中扮演着重要角色。

### ⊙为什么我们更容易记住使自己感动的事

当认识到注意力和动机以关键的方式作用于记忆后，我们就会明白为什么感情也可以帮助构筑记忆了。强烈的感情不仅让我们的注意力放弃其他不太重要的信息，还会引发一个程序的开始——在接下来的几小时、几天甚至几个星期内，承载着这种感情的事件将不停地在我们脑海中重现。这期间，我们会自觉地将这件事与以前的事以及未来的计划联系起来，以便精确地确定它的时间和地点。

这就是为什么我们能更好地记住与自己相关的或感动自己的事物的原因。如果事件具有特别的悲剧性，并造成重大的压力感，它甚至能够以入侵的方式固定在记忆中。

在大脑中我们是否可以给感情确定一个"位置"呢？在一个记忆测试中混合

着中性词（桌子、门、椅子等）和富有感情色彩的词（快乐、幸福、疼痛等），后者通常能更好地被记住。通过功能磁共振图像我们可以观察到，在对后者的记忆过程中同时激活大脑的两个区域：海马脑回和扁桃核结构。

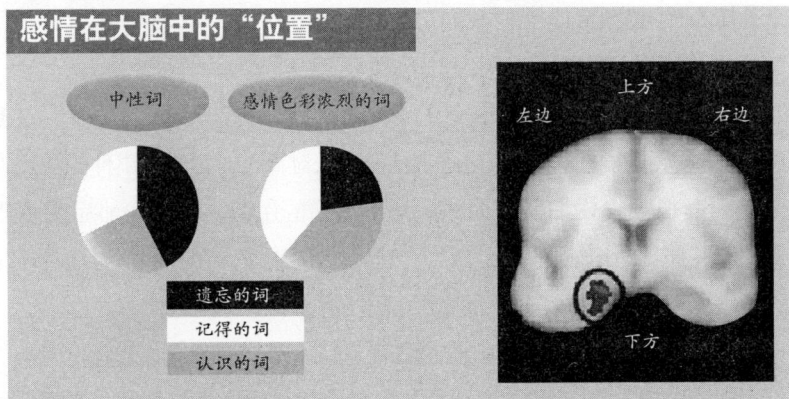

感情色彩浓烈的词更能抵抗遗忘（黑色部分）的侵蚀，并且比中性词更容易被自发地想起（白色部分）。正如功能磁共振图像（右边的图像）显示的那样，感情色彩浓烈的词能同时激活海马脑回和扁桃核结构。

### ⊙以自我为中心的记忆

对老年人的"自传性记忆"的研究表明，一生中构筑记忆数量最多的阶段是10 ~ 30 岁。其实，"记忆构建高峰"与我们在工作和感情生活中做出的大部分有强烈情感特征的选择时间相对应。在很久以后，我们仍然能够想起当时的许多细节和确切的时间，比如我们是如何遇到现在的配偶的（确切的情景、对方的衣着等）。不同的经历为我们的职业生涯划定了方向，偶然瞥见的通知、在班机上抓住的一次机会等。当然，这些重要的信息也是以我们的动机为前提的。

### ⊙瞬间记忆

2001 年 9 月 11 日，世界贸易中心被炸的时候你在做什么？ 1998 年 7 月 12 日，世界杯足球赛决赛中法国获胜的时候呢？ 1997 年 8 月 31 日，戴安娜王妃去世的时候呢？ 1969 年 7 月 21 日，人类第一次踏上月球的时候呢？ 1963 年 11 月 22 日，约翰·菲茨杰拉德·肯尼迪被刺杀的那天呢？按年龄来说，无疑你对某些事件还是存在些"瞬间记忆"的。

"瞬间记忆"用来描述那些非常逼真、详细的记忆，就像瞬间拍下的照片，它能引发强烈的个人或集体情感，并持续很久。这种记忆可能涉及一个公共事件，也可能是个人事件—— 一次意外、一次感情伤害、一次运动拓展、学业成功等。在前一种情况下，我们几乎经常回忆起自己是如何获知某一事件的，它是在哪个确切的时间发生的，当时我们正在做什么……

### ⊙当感情阻碍记忆时

的确，轻微的压力可能带来良好的记忆效果。对一个焦虑的人来说，过多的麻烦可能使他产生超常记忆。但这通常是以降低对日常对话或对事件的注意力为代价的，因而很难记住细节。另外，基于情绪的疾病，比如抑郁症或者焦虑症，即使有些痛苦的记忆是因为当事人自己过分夸大了，但在回忆时通常还是会伴随着伤痛，有时还会妨碍患者面对真正的注意力和记忆问题。

在某些情况下，强烈的感情同样会妨碍记忆（遗忘症突发）或者阻碍某些个人回忆（功能性遗忘症）。压力是生活的自然产物。我们需要刺激，因而少量的压力（有利的压力）可能是有用的，能帮助我们保持最佳的思维警觉水平。例如，当我们需要完成一份重要的报告时。但是如果压力太大（不利的压力），我们就会变得惊慌和不知所措。而且在我们对它采取措施之前，生活似乎失去了控制。

## 7. 必要的重复

如果强烈的情感可以保证个人经历永远刻印在记忆中，那么，学习复杂的、中性特征的东西就更需要持久的努力和不断重复。

### ⊙为了分析而重复

为了记住一列词、一个人名或一个电话号码，我们会以自觉的方式去重复。通常我们会把它们写在记事本上，以便需要的时候查找。这种简单的重复，被心理学家称为"维护性自动重复"。

很少情况下，我们重复有关信息是为了更好地将其巩固在长期记忆中。因为直觉告诉我们，简单的重复对长期记忆并不十分有效。所以，我们通常不仅重复需要记住的东西，同时还要对其进行深入分析。这种形式的重复被称为"加工性自动重复"。

例如，为了记住澳大利亚塔斯马尼亚的一种哺乳动物鸭嘴兽的名字，我们可以多次重复。但是如果我们看过鸭嘴兽的图片——它拥有鸭子的典型嘴巴、有蹼的脚掌和扁平的尾巴——将更容易想起它的名字。

已经有许多实验验证了第二种方式更有效，因为我们在重复的同时进行了分析，对信息进行了思维组合、心理成像或深刻的感觉体验……

⊙ **适量地重复**

即使拥有出色的记忆力，也要注意应分步骤进行学习，特别是需要长期记住某些东西时。以下是一个关于重复影响记忆效果的例子。

乌鸦先生，在一棵树上休息……

为什么，在拉封丹的寓言《乌鸦和狐狸》中，我们对前面的诗句比对后面的诗句记忆更深刻？原因很简单：我们最先用心学习了第一个诗句，然后是第二个诗句……总是在重复第一个诗句后，再进入第二个诗句，然后总是重复前两个诗句后，再进入第三个诗句，如此这样继续下去。当我们学到最后一个诗句时，第一个诗句已经被重复了至少十几次。因而，留在我们记忆最深处的还是第一句，而最后一句我们通常无法想起——即使我们可能在听到或者重新阅读它的时候辨认出来：

乌鸦先生羞愧不已，

对天发誓，今后再也不会上当受骗了，

但为时已晚。

**即使极富激情也需要重复**

上面的例子还显示出另一点，但极少有人会注意到，那就是对一条信息的每一次回忆都构成了一次新的学习。因此，在一个令我们着迷的领域，表面上我们似乎从来都没有努力学习过，而事实上，在许多场合我们对知识进行了重复和深化。例如，孩子们常能认识那些名字生僻的动物，因为他们总是能遇到这些动物——它们常在电影中、电视上、书中出现或者以玩具的形式出现。

⊙ **如果重复得更多，是否能更好地记住**

如果重复得更多，是否就能更好地记住呢？不是，因为增加学习的长度或者重复的次数，不足以获得良好的效果。必须选择适当的学习节奏，最好分几个时段而不是一次性实现（尤其是学习复杂的知识），每个时段之间需要一定的间隔，而不是在极短的时间间隔内连续学习。如果我们希望为生活而非为考试而学习，那么更应该注意这些。

### 学习和遗忘法则

我们能否更精确地指出最适用的节奏？某些研究人员，比如加拿大心理学家约翰·安德逊，试图通过数学函数描绘出学习和遗忘的过程，并衡量投入学习或者遗忘所需的时间。根据获知过程画出的曲线图常常是持续而快速的，开始时飞跃进展，之后是缓慢的巩固过程。根据遗忘过程画出的曲线图也表明先忘记一大部分，之后遗忘的就越来越少了。

但是，正如我们所知道的那样，面对同样的任务每个人的学习节奏不同，而同一个人对不同的任务学习节奏也不一样。因此，每个人应该找出适合自己的节奏。

## 8. 记忆的工作原理

### ⊙编码

对学习内容进行分析有助于记忆，但是应该遵循什么原则来优化这种分析呢？为了回答这个问题，心理学家设计了一些实验来实践不同的编码方式。

### 形状、声音和语义

当我们在大脑中"操纵"一条信息时，会进行不同类型的分析——书写（NO：是小写还是大写）、发音（"湍"与"惴"是念同样的音吗）或者语义（溜须拍马：比喻谄媚奉承）。

心理学家所做的各种实验表明，最后一种处理方式——自问词汇的意思，而非发音或者书写形式——有助于更好地记忆，这一过程经过了一个更为深入的分析。因此，这通常是我们学习时最经常的自发性处理方式。由此可见，在记忆领域也一样，"最好不要只相信表面"。

### 联系自我进行记忆

如果成功地在信息与自我之间建立联系，很有可能改善我们的记忆能力。为了记住像"过滤器"这样普通的词，可以联想自己曾经弄坏了一个过滤器，另一个借给了邻居，在一个月前我们买了第三个。这一过程叫做"自我参考"，能最大限度地调动我们的精神重心，从而强化词汇在长期记忆中的痕迹。

### 根据目标调整编码

我们是否必须不惜任何代价地弄清楚一个词的意思，或者将其与我们的个人生活联系在一起? 事实上,我们还需要考虑到信息的不同类型。如果需要记住的是一篇散文,最好把注意力集中在它所要表达的意思上。但是,如果要背诵一首诗歌,最好注意诗句的节奏及韵律,这些才是易化记忆的有用线索。至于诗歌的意思,在回忆的时候它将帮助重组诗歌的主题。

## ⊙储存

信息不是以把东西放在仓库或商店里的方式存储在大脑中,因此信息的记忆需要被"巩固"。我们时刻面临着遗忘的挑战,因此必须要"强化"记忆痕迹,以增加信息被长期保存的机会。反复学习有助于巩固知识,并延长记忆。

## ⊙重新提取

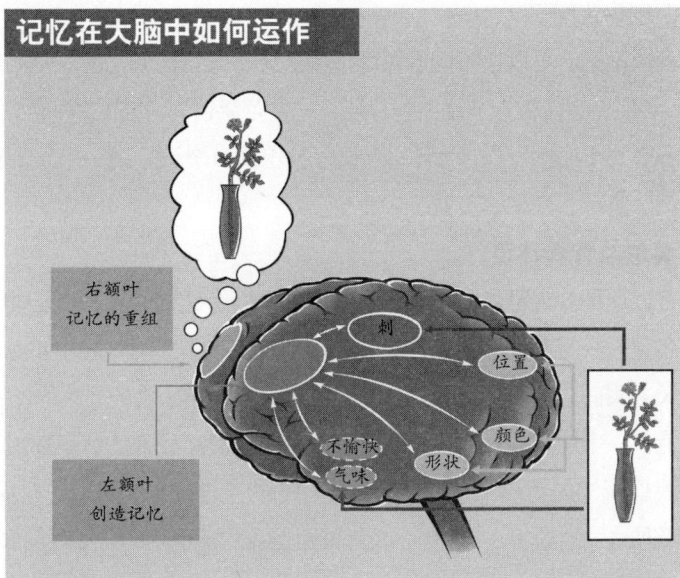

**记忆在大脑中如何运作**

右额叶
记忆的重组

刺
位置
颜色
不愉快
气味
形状

左额叶
创造记忆

◉ 事物或场景的不同方面被保存在特定的大脑区域,记忆痕迹之间通过神经元网络相互连接。为了回忆起某一事物或场景,大脑将通过右额叶重新激活相关的神经元网络。

当然,记忆是为了以后的再利用。有时候,我们能毫不费力地想起一些事情。而有些时候,话就在嘴边,但是我们需要一个线索才能够回想起来。事实上,存在3种方式来"找回"记忆。

自由回忆

这种回忆是最困难的。在日常生活中，常以开放式问题的方式出现，例如"你昨天晚上吃了什么"。而在关于记忆障碍的会诊时，医生或者心理学家会询问被测试者："请告诉我你刚才所学的 4 个词。"

借助线索易化回忆

这种回忆可以依赖于某种辅助条件来减少可能的答案。比如，在上面的第一个问题中加入一条普通的信息，"那是一种主要原料为苹果的甜点"。在第二种情况下，医生和心理学家也给出了线索："它有可能涉及一棵树、一种鸟、一种乐器或是一种水果。"

通过识别易化回忆

在这种情况下，可以在不同的可能性中选择答案。比如，第一个问题会变成"涉及一个苹果夹心蛋糕、黄油面包片还是一盒苹果酱"。在第二种情况下，医生和心理学家将给出提示："在以下 8 个词中找出那 4 个词，鹳、李子、铃鼓、山毛榉、乌鸦、竖琴、桦树、菠萝。"

⊙**不要忽略背景环境**

谁没有过这种令人难堪的经历：在路上遇到一个认识的人，但是却怎么也想不起他的名字……直到在"习惯性"的环境中重新见到他的时候才知道，原来他是我们每天去买面包的面包店的售货员，或者是我们常去看的牙医的助手。

事实上，一个信息的所有元素还包括我们记忆时所依靠的背景环境，它们常常在不为我们所知的情况下被记住了，正如一些生理现象（饥饿、口渴、快乐、兴奋、呼吸加快、心跳等），还有一些背景则是我们能识别的，如时间和地点。

潜入水中学习

1975 年，英国心理学家邓肯·戈顿和艾伦·巴德雷做了一个实验，要求一个大学俱乐部的潜水员分成两组学习 40 个词，第一组潜入水中学习，第二组坐在沙滩上学习。然后要求每一组的一部分成员在水中回忆，另一部分成员在沙滩上回忆。结果，第一组在水中回忆的人平均记住 11 ~ 12 个词，而在沙滩上回忆的人平均记住 8 ~ 9 个词；第二组在沙滩上回忆的人大约能记住 14 个词汇，而在水中回忆的人平均记住 8 ~ 9 个词。

也就是说，面对同等的要求，当回忆和学习的背景环境相同时效果更好。通过对饮用酒精或者吸食大麻的人的观测，也证实了这一结论。

"令人难忘的演出……"

如何使演出令人难以忘怀？美国心理学家杰罗姆·瑟赫斯特考察了城市大剧院的演出，他询问了 25 年里的观众对 284 场演出的记忆。结果发现，被记得最牢的是一个歌手或者乐队指挥的名字。一个 4 人专家评委组给出的解释是，这些人在公众中特别"引人注目"。有感情才能有特征——初次表演或第一次和爱人约会的地方——我们才能将日期或地点记得更牢。

另一方面我们发现，人们能够更好地记住具有积极意义的词（快乐、幸福等），除非一个人具有阴暗的情绪或者患有抑郁症，描述不愉悦东西的词（害怕、恐怖等）则更容易被记住。

记忆的"回归"

"2003 年 8 月到达萨那希时，我想起 2000 年夏季的一些经历。"重新进入我们获得信息的背景，回忆会变得更容易。这种记忆的"回归"可能是自觉的或者是不自觉的。有时候，学习时背景环境的独一性足以使得大量细节重新涌现出来：你住所附近新开的一家意大利餐厅的一份佳肴，就有可能引发出曾经在意大利的一次旅行的回忆。

相反，有时候由于背景环境的改变，我们无法想起一些事：在考试的时候，我们无法想起一些课程细节，而这些我们却在家里复习过了，并且已经很好地掌握了。

为了解释这种现象，心理学家提出特殊的编码原则：如果学习和回忆的背景环境相同，那么我们的记忆更有效。例如，当我们想找回某个记忆时，有时候"往回走"是很有用的，也就是在脑海中重新经历当时的过程。

## 9. 对信息进行选择和分析

注意力、动机、重复……所有这些都很重要，但还不足以提升我们的记忆潜能。因为，记忆不以某种自动的方式（比如，照相机或者录音机的方式）照原样储存信息。面对每一刻传来的多种信息，我们的大脑进行选择后只记住了其中的一部分。因此，良好的记忆力依赖大脑强大的组织能力来消减信息的复杂性和数量，以便进行分析，并与其他信息建立联系。

### ⊙寻找逻辑关系

每个人都知道，把一个10位数分成一对一对（10-35-79-11-13）比一个一个（1-0-3-5-7-9-1-1-1-3）或者作为一个整体（1035791113）来记忆要容易。除了这样简单的组合，有时候在一些数字中还存在一定的数学逻辑关系。例如，在 10-42-53-64-75 这组数中，后4对数具有一个共同的特征：把每组的第一个数字减去2就得到第二个数字（如4-2=2）；它也符合另一个递进规律，每组中的两个数字分别加1则得到下一对中的第一个数字和第二个数字（例如4+1=5，2+1=3）。

在其他情况下，也需要将信息进行分类。例如，在面对一张购物单时，我们首先根据商店，然后再根据经过商店的顺序——面包店（面包）、食品店（番茄酱）、邮局（邮票）——重组所要购买的物品。

### ⊙建立联系

布料和纽扣——醋和树木——灯和椅子，我们更容易记住哪对词？毫无疑问是第一对，因为这两个词之间存在强烈的组合关系。对信息进行组合是思维的主要手段，同样也有助于记忆。

通常组合是自发进行的，尤其适用于记忆反义词或同近义词。例如，区分"凸"和"凹"这两个字的意思，我们只需要记住其中一个字的意思就够了，因为它们的意思是相反的。以组合的方法，我们还可以尝试记忆电话号码、亲人或朋友的生日，或者记忆历史日期。例如，某个朋友的生日是8月4日，就可以联系到1789年8月4日法国大革命开

## -- 一张图片胜过 1000 个单词 --

最早验证视觉想象如何作用于记忆的是英国人类学家弗兰西斯·高尔顿。高尔顿是查尔斯·达尔文的堂弟，他为人类做出了一些意义重大的贡献，包括著名的优生学、现代气象图技术和指纹鉴定的导入。当高尔顿开始对视觉想象产生兴趣后，他做了一项关于100人的问卷调查，请被调查者运用心理成像法来回忆他们早餐时的细节。

结果很有意思：或许是俗语所断言的——一张图片胜过 1000 个单词。高尔顿发现能够回忆自己经历的人，通过构建心理图像形成了丰富的描述性叙述；那些回忆较少的人仅形成了模糊的印象；而那些记忆空白的人根本没有任何印象。通过这个简单却有说服力的实验，高尔顿推测视觉想象对于记忆是非常重要的；而那些拥有最好记忆力的人能够恢复大量储存于大脑中的印象和感情。

始，废除特权的那一天。

### ⊙心理成像

为了确认是否锁好了住宅大门，我们会有意识地回想在出门前自己正在做什么。在找眼镜时，我们经常在脑海中重现它可能被放置的地方。

心理成像不仅有助于回忆，在学习过程中也扮演着关键角色。借助于这种能力，在手头没有实际图示时，我们可以在脑海中想象一条路线，构思一个曲线图或者图表……由此可以解决许多问题，甚至可能有重大的科学发现。阿尔伯特·爱因斯坦说自己曾想象骑着一束光线，并因此对光的速度产生了兴趣。实验显示，当我们构建一幅心理图像让一些词处于某个场景中时，记忆效果比只是简单的重复要好两倍。

在日常生活中，可以通过心理成像记住人名、地名、新词汇，甚至一门外语词汇。为十字或者白色这样的名词构建一幅心理图像非常容易，而其他的词可能要求更多的想象力。与广为流传的观点相反，心理图像并不一定要拥有"奇怪"的特征。

## 10. 双重编码

大脑由两个半球组成，它们各自以不同的方式发挥作用，同时又相互协作。

### ⊙"我把钥匙放在哪了？"

这个日常生活中常见的问题能调动大量的记忆资源。一次内省就足以说明这一点。我们"看见"钥匙，感觉它就在手中，并在锁眼里"转动"，我们尽力回想当时的环境背景和准确时间，以及和别人的谈话，有时同时进行的其他事情会干扰我们对放置钥匙的常规记忆。

用神经心理学家的话来说，对这样的任务我们既需要情景记忆，也需要语义的、程序性的记忆。尽管所有回想起来的信息——视觉的、口头的、语义的、行为的等——都与"钥匙"有关，但它们是在大脑的不同区域里被处理的。借助神经元环路，这些联系才得以在两个脑半球中被激活。

### ⊙脑半球的分工和协作

大脑半球的专业化致使语言发展的最主要部分与左脑半球相连。当我们学习

## ─ 大脑的可塑性 ─

我们对大脑功能的许多认识都来源于对疾病的研究。受损的大脑区域可以帮助我们对引起大脑损伤的功能障碍进行研究。在脑病例中，患者最初多进行颞瓣（海马脑回中）内部双边切除，以根治难医的癫痫，使病人手术后不记得新近的事情。

相反，当两个脑半球中的一边受伤或者被切除，另一边通常能够以近乎正常的方式保证日常生活所需的大部分功能。除非进行精确的测试，才能体现出某些能力的缺失。

或者回忆语义信息时，例如一组词或者一首诗歌，由左脑半球的记忆系统负责。而当信息具有视觉的或空间的属性时，右脑半球将参与进来。例如，当我们记忆一条路线或者辨认一张面孔时，每个脑半球处理信息的编码方式不同。

视觉信息和口头信息

语言在我们的精神活动中扮演着一个如此关键的角色，以至口头分析可能参与像记忆路线或者面孔这样的任务。功能核磁共振图像技术使我们可以看到在执行给定任务时大脑的活动区域，通常右海马脑回负责通过视觉辨认面孔，而左海马脑回用于搜寻对应的人名。为了确定名字和面孔的对应关系，

活动是双边的。

然而，应该注意两个脑半球也有其相对独立性。在大脑一边受损的情况下，另一边脑半球几乎仍可以保证正常的记忆功能。

分析处理和总体处理

另外，根据某些经验，"口头"和"非口头"的区别并不总是足以解释两个脑半球各自扮演的特殊角色，它们的专门化可能并不只是与信息的属性有关，而且还与信息如何被处理有关。左脑半球可能负责分析和暂时的处理，以逻辑的方式或者根据表达的意思将信息分类。而右脑半球可能进行一个总体处理以建立空间关系，或者根据形态和感情的指示将信息分类。

无论如何，我们的精神活动经常要求两个脑半球同时参与。依赖于双重编码的记忆会更有效，因此，阅读是最好的学习方法之一。

⊙语言：左脑半球负责管理，右脑半球负责补充

几乎所有的右撇子和大多数的左撇子，都是由左脑半球掌控与语言相关的精神活动。但是，右脑半球也能够记忆简短的词汇，特别是有着具体意思能引起强烈的视觉图像或者负载着感情的词。一个词或者一句话的表面意思由左脑半球负

责，而对其隐喻意的分析则需要右脑半球的参与。

### ⊙空间：右脑半球负责管理，左脑半球负责补充

空间管理更多地依赖于右脑半球。当我们在空间中定位，或者学习一条新的路线、辨认一个标志时，比如一栋楼房，将由右海马脑回及其相邻区域负责掌控。同时，右脑半球也记录了一些口头编码："在第三个红绿灯后向右拐……"

其实，每个脑半球都可能与一些特殊的定位方式有关。在一个不太熟悉的环境中，或者面对一条复杂的路线，我们倾向于自己设定一些路标默想出一张路线图，这些"路标"会刺激右海马脑回。另一方面，对线路的整体处理和设计则需要依靠左海马脑回。但是，这种任务的分工可能不只是人类特有的，因为这种任务的分工也能在鸡的身上被观察到！

## 11. 储存信息

记忆是一个关键的心理过程。没有它我们将无法学习，无法有效工作，甚至无法保留我们之前习得的任何知识。几个世纪以来，存在很多关于记忆是如何运行的理论。近年来，人们对人类记忆有大量的研究。我们现在知道，记忆不是一个被动的信息接收过程，而是一个对信息进行演绎、对事件进行重组的主动过程。

记忆使我们回忆起生日、假期和其他有意义的事情。这些事情可能发生在几小时、几天、几个月甚至是很多年以前。正如达特茅斯大学著名的认知神经科学家迈克尔·加扎尼加所述："除了此时此刻，生活中的每一件事都是记忆。"没有记忆，我们不能进行对话，不能辨认出朋友的脸，不能记住约会，不能理解新思想，不能学习和工作，甚至无法学会走路。英国小说家简·奥斯汀（1775～1817年）恰当地总结了记忆的这种神秘特性："记忆的功能、失效与不均衡，似乎比我们智力的其他部分更加难以言传。"

古希腊哲学家柏拉图（约公元前427～前347年）是最先提出记忆理论的思想家之一。他认为，记忆就像一块蜡制便笺薄。印象在便笺薄上被编码，进而储存在那，这样我们便可以在一段时间后返回或者提取它们。另一些古代哲学家把记忆比作大型鸟笼中的鸟或图书馆里的书。他们指出，提取已经被存储的信息是有困难的，就像在大型鸟笼中抓住那只鸟或者在图书馆找到那本书那样难。现

代理论家如乌尔里克·内塞尔、史蒂夫·切奇、伊丽莎白·若甫图斯和艾拉·海曼开始认识到，记忆是一个选择和解读的过程，涉及大量的加工（如感知），而不仅仅是消极的信息存储。这些心理学家所做的实验表明，记忆可以重组、整合先前的编码时的观念、期待和信息（包括误导性信息）。例如，切奇向从没去过医院急诊室的孩子反复询问在他们生活中有没有发生过类似的事件。开始，孩子们准确地报告他们没有去过急诊室，但在第三次实验后（自从其中一个小孩说他的手被捕鼠器夹着并被送往医院后），孩子们开始说他们去过，还能提供详细的故事。这一实验被称为捕鼠器实验。这些孩子并没有被给予错误的信息，但被反复提问，这导致他们开始用想象创造记忆。

作家兼哲学家 C.S. 路易斯的论述表明，我们的记忆远不够完善。这是因为它不可能记住我们所经历过的每一件事。为了在这个世界有效地生存，我们需要记住其中一些事情，当然还有一些事情无须记住。我们能记住的那些事情似乎是取决于它们在功能上的重要性。在人类进化的进程中，人们可能通过记住那些发出威胁信号（如一个潜在食肉动物的出现）或奖励信号（如一个可能食物来源的发现）的信息而得以生存下来的。我们的记忆就像筛子或过滤器这样的装置一样工作，这些装置保证我们记住的不是每一件事。我们也能利用所学到和记住的信息来选择、解释，并将一件事与另一件事联系起来。记忆的这一特质使很多当代研究者把它看作一项积极而不是消极的东西。

## ⊙记忆的逻辑

任何一套有效的记忆系统（无论它是合成器，还是声音混合器、录像机、电脑中的硬盘，甚至简单文具柜）都需要做好 3 件事。它必须能够：

| 编码 | → | 储存 | → | 提取 |
|------|---|------|---|------|

◉ 任何有效的记忆系统都需要完成这 3 项功能：编码即获得信息，储存即保留信息，最后能提取即存取信息。

编码（接收）信息；

在长期记忆的情况下，经过较长的时间后能够很好地储存或保留信息；

提取（能够存取）已被储存的信息。

以比较常见的文件柜为例，你把文件放在某一个文件夹里，它就一直保存在

## -- 拥有完美记忆的人 --

人们经常渴望拥有一个完美的记忆，但无法忘记也有其明显的弊端。下面的研究就表明了这一点。心理学家亚历山大·鲁利亚在《记忆大师的心灵》(1968 年) 一书中报道了一个案例。在 20 世纪 20 年代，Shereshevskii (简称为 S) 是一名记者，他的编辑注意到 S 非常善于记住指令。不管 S 收到的简报有多复杂，他无须做笔记就能逐字逐句地复述出来。S 认为这很自然，但是他的编辑劝说他去鲁利亚那儿测试一下。鲁利亚设计了一套更加复杂的记忆任务，包括超过 100 位的数字序列、毫无意义的音节组合、未知语言的诗歌、复杂的数字和复杂的科学公式。S 能正确地复述出这些记忆任务，并能倒背如流。他甚至还能在几年后回忆起这些信息。

他的秘诀看上去是双重的。他不费多大力气就能创造出大量的视觉形象，他还有联觉 (联觉意味着某种刺激会激起不同寻常的感官体验) 的能力。一种特别的声音会唤起特定的嗅觉，或者某一个单词可能唤起一种特别的颜色。甚至是，对于其他人来说枯燥无趣的信息，在 S 看来都是可以产生出生动鲜活的感官体验，不仅是在视觉方面，听觉、触觉和嗅觉上也是如此。

不幸地是，他的才能意味着 S 是按事实的原样记住每件事。对于 S 来说，新的信息 (如无聊的流言) 引起了一系列不可控制的使人分心的联系。最后，S 甚至连日常会话都难以把握，更不要说作为一名记者来工作了。他被迫成为一名专业的研究记忆术者，在舞台上表演他的特技。然而，他变得越来越不快乐，因为他的记忆被越来越多的无效信息搅乱了。

那。当你需要它的时候，你会很容易找到这个文件。但是如果你没有一个好的查找系统，你可能不容易找到想要的文件。因此，记忆包括提取信息的能力，也包括接收和储存信息的能力。

如果我们的记忆要有效地运行，那么编码、储存和提取这 3 个组成部分就必须共同运行好。

如果当信息呈现给我们时却没有注意到它们，我们可能不能对它们进行有效编码，甚至根本就不能编码。如果我们没有有

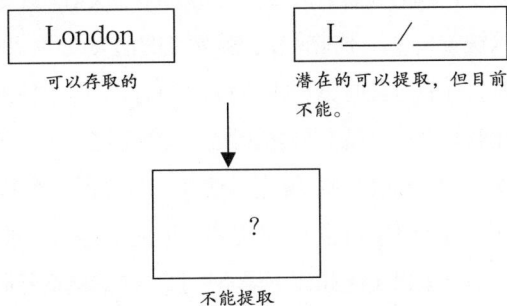

| London |
|---|
| 可以存取的 |

| L___/___ |
|---|
| 潜在的可以提取，但目前不能。 |

?

不能提取

◉ 当存储的信息不能提取时，"舌尖现象"就出现了。如："英国的首都是哪儿？"答案可能在潜意识中知道，但一时无法说出。

效地编码信息，就只能说我们把它们忘记了。对提取信息而言，可利用性和可存取性之间，常常会有一个重要的差别。例如，有时我们不能很快地想起某个人的名字，但感觉到它好像就在嘴边，呼之即出。我们可能知道这个名字的第一个字，但是我们无法说出完整的名字。这就是"舌尖现象"。我们知道我们已经把信息储存在某个地方。在理论上，我们也可能使信息之为信息的那部分知识潜在地具有可利用性，但它目前却不可存取——我们无法想起它。

记忆失败可归因于编码、储存和存取这3个要素中一个或更多部分出现障碍。在"舌尖现象"例子中，就是恢复部分的功能趋于失效。因此，对于有效记忆来说，这3个要素都是必要的，只有1个要素是不够的。

## ⊙记忆的程序

柏拉图和他的同时代人把对大脑的思考建立在他们自己个人的印象基础之上。然而，当代的研究者通过操作严格、高度控制的实验研究，搜集到关于人们记忆工作方式的客观信息。实验结果往往与过去所推崇的"常识"相抵触。

过去100年的主要发现之一，是记忆有不同的类型。我们现在知道，记忆有不同的种类：感观储存、短期（工作或者初始）记忆和长期（次级）记忆。长期记忆也有不同的类型，如外显记忆与内隐记忆、情景记忆、语义记忆和程序记忆。

感官储存看上去是在潜意识层面上运行。它从感官中获取信息，并保持1秒钟，在这一刻我们决定如何处理。例如，如果你在鸡尾酒会上听到有人谈话提到你的名字，你的注意力会自动地转向那个谈话。在感觉记忆中，我们所忽略的东西会很快被丢失，不能恢复：就如光的消失或声音的逝去。当你没有注意某个人说话时，你有时能听见那些话的某个片段，但1秒钟后，它就会消失。

注意某件事，就会将之转换成工作记忆。工作记忆有一个有限的容量，大概是在7±2个项目的范围内。例如，当你拨一个新的电话号码时，这个储存就被使用。你的工作记忆一旦饱和，旧的信息就会被新输入的信息所取代。不太重要的信息条目（比如你不得不拨一次的电话号码）保存在工作记忆中，被使用，再被丢弃。这个过程被使用于有意识处理的每件事——即你当前所思考的。继续处理信息就意味着将之转换成好似无限量的长期记忆。更重要的信息，就如你离开时不得不记住的新的电话号码，（长期记忆）被放置在长期记忆库。而这正是本章关注的焦点。

以前人们相信工作记忆是一个消极的过程。但是我们现在知道，它不仅仅只是保存信息。根据工作记忆的模态模型，人们可以在 4 ~ 5 个记忆槽中储存信息的同时进行并行信息处理，这一点已被心理学家普遍接受。此外，工作记忆还能进行其他的认知活动。

⊙ **工作记忆**

有一个证据表明，短期记忆至少由 3 个部分组成。1986 年，心理学家艾伦·巴德利公布了一个短期记忆模式，它由发音回路、视觉空间初步加工系统和中枢执行系统 3 个部分组成。

发音回路由两部分组成：内声和内耳。内声重复被储存的信息（隐蔽语音），直到你已经注意到它，而内耳收到听觉表达。随后，该回路退出，中枢执行系统重新启动它（像一个交通指挥员）。大脑成像表明，当人们在用工作记忆储存信息时，通常大脑处理语音或听觉信号的两个区域是积极活跃的。如果外部的噪音干扰了你的耳朵，或者你的语音系统受到了妨碍（因说话或者咀嚼而占用发音所需的肌肉），它就无法被用作隐蔽语音，你的记忆性能就会下降，因为发音回路被妨碍了。

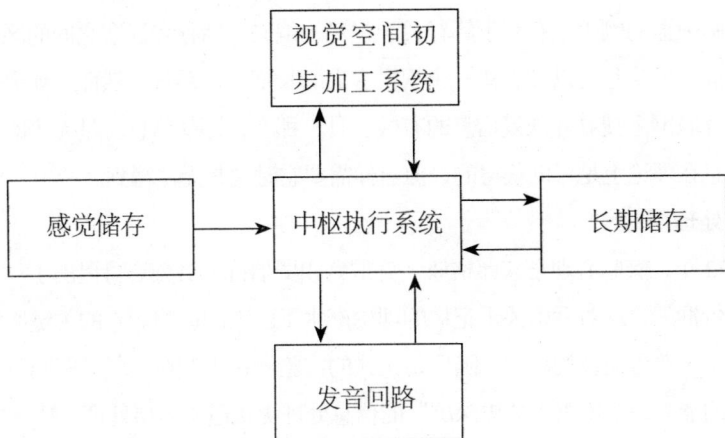

⊙ 巴德利的工作记忆模型认为，工作记忆包括 3 个组成部分：储存发音信息的发音回路、负责储存图像的视觉空间初步加工系统，以及控制注意和策略的中枢执行系统。

视觉空间初步加工系统为短暂储存和处理图像提供了一个媒介。从一些研究中我们可以推断出它的存在，而这些研究表明在同一空间并发的任务会互相干扰。如果你试图同时进行两个非语言的任务（比如，拍拍你的头和摸摸你的肚子），视觉空间初步加工系统可能会因延伸过长而不能有效运行。中枢执行系统的一项功能就是将视觉空间初步加工系统与发音回路联结起来。

中枢执行系统也被认为是用来控制工作记忆的注意和策略。它可能也与发音回路和视觉空间初步加工系统的协调有关，如果后两者同时保持活跃状态的话。在大脑的额叶受到损害后，病人经常很难做出计划和决定。他们能够进行机械的常规的运动，但不能被中断或修正。巴德利将这称为执行失调综合征，因为中枢执行系统受到了损害。

工作记忆可能相当于电脑中的随机存取内存，电脑当前执行的工作（根据它的处理来源）占据着内存。硬盘就像长期记忆，当电脑被关闭时，你输入的那些信息仍存储下来，并可能被无限期地保留下来。关闭电源就像进入睡眠。当你在良好的晚间睡眠后醒来时，你仍然可以获得储存在长期记忆中的信息，比如你是谁，在你过去生涯中的一个特别事件的日子里发生了什么事。然而，你通常无法记起入睡前在工作记忆中最后的想法，因为那些信息常常没有被转换成长期记忆。

电脑硬盘的例子也有利于解释关于记忆的编码、储存和提取之间的区别。互联网上庞大的信息可以被看作一个规模宏大的长期记忆系统。然而，如果你没有找到从互联网上搜寻并恢复信息的有效工具，那么，那些信息就是无用的。虽然这些信息在理论上是可以获得的，但当你需要它时它却无法得到。

⊙**处理层级**

1972年，实验心理学家弗格斯·克雷克和罗伯特·洛克哈特提出了"处理层级"分析框架，这对后来关于记忆的理论产生了巨大的影响。它的关键原理模仿了马塞尔·普鲁斯特的思想。随后，正式的实验测试人们在一段时间间隔之后记起事物的能力，实验表明"更深层"的信息处理更优越于表层处理。

克雷克和洛克哈特指出，（记忆）材料的精细能提高我们记忆项目的能力。这是什么意思呢？假如要求你研究一串单词，然后测试你对它们的记忆。通常，如果你解释词汇表上每个词语，并赋予每个单词个性化的联系，你将会记住更多的单词——这一技巧被称为材料精细化。如果给每个单词提供一个韵律或给每个字母一个数字反映它在字母表中的位置，那么你记住的单词将更少。因为在语义学的范围内，这是更表层的任务。语义学是关于语言意义的研究。

根据"处理层级"理论，如果一个特定的操作或程序产生更好的记忆成绩，是因为处理中的深层编码在起作用。相反，如果一个操作或程序呈现出低劣的记忆成绩，它可能被归因于更为表层的处理。

为了充分论证"处理层级"理论，心理学家们需要设计出一种测量记忆处理深浅、不依赖随后记忆成绩的方法。然而，还是在克雷克和洛克哈特进行了更进一步的实验后，这一模式才被当今的心理学家普遍接受。这些实验表明，学习和记住信息的意图完全是无意义的——深层处理是必要的。

拿电脑打比方，记忆的"软件"是它的功能和程序运行部分。记忆也能运行于另一层级——"硬件"，即在记忆工作方式之下的中枢神经系统。深藏在我们大脑中的记忆被归类为大脑的一部分，称为海马。海马扮演一个守卫的角色，决定信息是否足够重要而需要放入长期储库。海马也可以被称为新记忆的"印刷机"，重要的记忆被海马"打印"，并被无限期地归档到大脑皮质。大脑最外部的折叠层容纳了几十亿个神经细胞的丛状物，电子和化学冲击波使它保留信息。大脑皮质被看作重要记忆信息的图书馆。

### ⊙巴特雷特传统

心理学家弗雷德里克·巴特雷特（1886～1969 年）举例论证了记忆研究的第二大传统。在他的《记忆》（1932 年）一书中，巴特雷特攻击了艾宾浩斯传统。他认为，无意义音节的研究并不会告诉我们多少关于真实世界中人们记忆的运作方式。艾宾浩斯使用无意义音节并努力排除他的测试材料的意义，而巴特雷特关注那些在相对自然的环境下被记下来的有意义的材料（或者那些我们试图赋予意义的材料）。

在巴特雷特的一些研究中，要求被试者读一个故事。然后，要求被试者回忆那个故事。巴特雷特发现被试者是以他们自己的方法回忆的，同时也发现了一些普遍的倾向：

（1）故事趋向更短。

（2）故事变得清晰紧凑。因为被试者会通过改变不熟悉的材料以适应他们的先验理念和文化期待来使这些材料变得有意义。

（3）被试者做出的改变与他们初次听到故事时的反应和情感是相匹配的。

巴特雷特认为，从某种程度上讲，人们所记住的东西是由他们对原始事件的情感和个人努力（投资）所驱动的。记忆系统保留了"一些突出的细节"，而剩余部分则是对原始事件的精细化或重构。巴特雷特把这些看作记忆本质"重构"，而不是"再现"。换句话说，我们不是再现原始事件或故事，而是基于我们现存的精神状况进行重构。例如，假想两个支持不同国家（如加拿大和美国）的人，会如何报道他们刚刚看过的这两个国家之间的体育赛事（如曲棍球或网球比赛）。对于在赛场上发生的客观事实，加拿大支持者将很可能以与美国支持者根本不同的方式报道赛事。

巴特雷特观点的核心（即人们试图赋予自己对世界观察以意义，并且这将影响到他们对事件的记忆）对在实验室中运用抽象而无意义的材料进行的实验可能并不那么重要。然而，根据巴特雷特的观点，这种"理解意义后的努力"是人们在现实世界中记忆或遗忘方式的最突出的特征之一。

### ⊙组织和误差

20 世纪六七十年代，研究者们进行研究以发现象棋手记忆棋盘上棋子位置的能力究竟有多好。研究表明，优秀的象棋手只需要瞥上 5 秒，就能记住棋盘上 95% 的棋子位置。而较差的象棋手只能记住 40% 的棋子位置，他需要经过 8 次努力才能达到 95% 的准确率。这些发现表明：优秀的象棋手享有的优势应归因于他们能够把棋盘看作一个有组织的整体，而不是单个棋子的集合。

有些实验要求专业桥牌手回忆手中的桥牌，要求电子专家回忆电路图，这些实验产生了相似的结果。在每个实验中，专家都能把材料组成一套有条理、有意义的模式，这导致了他们记忆能力的显著提高。经研究发现，在提取（记忆）时（以提供线索的方式），经过组织的信息能够帮助回忆，而这些研究也揭示出学习时组织信息的好处。在实验室里，研究者将学习相对无结构化材料的记忆与学习时将材料赋予某种结构后的回忆进行对比。例如，当你努力记住一个无规则的单词列表时，如果你把正在学习的单词表归类，如蔬菜或家具，你会发现记住它们更加容易。当人们被要求回忆那些在编码时被组织的名单时，他们的表现实际上要比记住无规则名单更好。

学习时赋予信息以有意义的结构能够提高被试者的记忆效果，但它也会带来信息歪曲。我们知道记忆绝对不是确实可靠的。大多数人对日常生活和环境方面的记忆不够好。如果一条信息在日常生活中是无用的，那么，我们可能不会很成功地记住它。例如，你知道你口袋中钱币上的头像是面向左还是面向右吗？一般来说，尽管人们几乎每天都在用它们，但许多人不能正确地回答这个问题。一些人可能认为，我们不必要为了每天有效地使用钱而记住头像是面向哪个方向。但是，我们应该正确观察和记住不同寻常的事件（如犯罪）。

（记忆）误差可能是由许多因素引起的。如漫不经心，它将造成编码不完全；最初的误解，它将造成误差的侵入。它们是那些使你最初理解的部分，而不是你正努力记住的部分。这些误差经常是不易察觉到的，因为这些重构就像准确的记忆一样会被详细生动和自信地回忆起来。催眠术或者产生记忆的药物也不会产生更加准确的记忆。

⊙**记忆与犯罪**

法律界、警察和新闻媒体仍然相当重视目击者的证据。目击者也许会提供犯罪事件的一些细节和证据，但研究者根据认真的实验和对记忆运行方式的研究，认为目击者的这些细节和证据不完全可靠。目击者对犯罪情况的描述也取决于他们的感情投资和个人观念。例如，也许他们对罪犯（或者受害者）更为同情。

在一起犯罪事件中，许多因素会共同作用使目击者的描述显得不可靠，同时会使目击者的记忆模糊不清或者发生扭曲，进而导致他们做出不准确的描述：

（1）当人们承受巨大压力时，他们注意的范围会变窄，从而导致他们的感觉发生偏差。

（2）当人们面临暴力或者身陷暴力时，他们的记忆有不准确的倾向。

（3）犯罪现场的武器会分散人们对犯罪者的注意。

（4）尽管与犯罪现场的其他信息相比，人们更容易记住罪犯的相貌，但人们尤其会在服装的识别上发生偏差。和罪犯穿相似衣服的人经常会被错误地认为是罪犯。

（5）即使人们与其他种族人群交流很多，他们识别其他种族面貌的能力还是比较差。这种现象与种族歧视无关。

## --《记忆的七宗罪恶》--

2001 年，丹尼尔·L.沙克特在他的《记忆的七宗罪恶》一书中指出，记忆故障是由 7 个基本侵犯或者说是"罪恶"造成的。

**瞬时性**  记忆经过一定时间后就会弱化或消失。这意味着尽管我们能记住早期做过的一些事情，也许经过几个月后，我们会忘掉大部分细节。

**心不在焉**  注意和记忆之间的中断要么意味着我们没有把该信息放在第一位，要么意味着我们的注意集中在其他地方，根本没有注意该信息。

**阻塞**  我们也许会努力回忆某些信息，但却回忆不起来。"舌尖现象"就是这种现象的一个实例。

**归因错误**  我们经常会弄错记忆的来源。例如，我们经常会把从报纸上得知的信息误以为是朋友传播的信息。

**暗示性**  错误的记忆经常是由主导性的提问、评论或者暗示引起的。

**偏差**  我们已有的知识和观点对我们对过去事物的记忆会产生重大的影响。结果，我们会无意识地扭曲过去的事件或者按照我们已有的观点来学习材料。

**持久性**  我们想从大脑中抹去那些令人不快的信息或者事件，但总是挥之不去。这包括工作中的令人尴尬的错误和产生严重的心理创伤的经历。

扭曲记忆的另一个重要原因是使用主导性提问，即假定或暗示发生了某件事情。"你看见这个男人强奸这个女人了吗？"就是主导性提问的一个例子，该提问假定了强奸已经发生。与"你看见一个男人强奸这个女人了吗？"这个提问相比，上面的提问让人们更加坚信强奸发生了。

如果你在十字路口目击了一起交通事故，当后来有人问你汽车是在这棵树前面还是后面停下来时，即使开始你的记忆中根本没有树，你结果很可能会"插入"或者"增加"一棵树到你的现场记忆中。一旦这棵树插入后，树就好像是记忆的一部分，进而很难区别真正的记忆和后来引入的内容。这个提问就导致了偏差。

这些研究传递的重要信息是：记忆不是一个消极的过程。它既是一个"自上而下"的过程，也是一个"自下而上"的过程。人们不仅接收信息然后储存在记忆中，他们还会赋予信息以意义，塑造信息，让信息与他们的世界观相一致。这表明，记忆是一个积极的过程。

### ⊙大脑损伤

研究人员非常感兴趣的一个研究领域是研究由正常衰老引起的记忆变化是否

## -- 健忘的 N.A--

N.A 是一个被充分研究的患者，他是在遭受一次非同寻常的脑损伤后患上健忘症的。"我正在伏案工作……我的室友走进来并且取下墙上的一把小钝头剑。他像切拉诺·德贝杰拉克那样在我后面挥舞着剑……我突然感到背上被轻敲了一下……我转过身来……同时他就刺中了我。刚好刺进我的左鼻孔，进而向上刺中了大脑筛区。"

下面是心理学家韦恩·威克尔格伦和 N.A 之间谈话的一个节选。韦恩·威克尔格伦是在麻省理工学院的一个房间里见到 N.A 的。N.A 听到韦恩·威克尔格伦来了后，问道：

"威克尔格伦，这不是一个德国名字吗？"

威克尔格伦答道："不是。"

"是爱尔兰名字？"

"不是。"

"斯堪的那维亚名字？"

"是的，是斯堪的那维亚名字。"

在经过 5 分钟的谈话后，威克尔格伦离开了房间。5 分钟后，他又回到房间。N.A 盯着威克尔格伦，就好像从未见过他一样，双方互相介绍。谈话又像刚才一模一样。

N.A 保留了语言能力，他能理解别人跟他说的话，也能做出合情合理的反应。他的短期记忆让他能够记住谈话中正在说的内容，但经过一段时间后就丧失了保留新信息的能力。也就是说，他丧失了将新信息储存到长期记忆中的能力。这是健忘症的重要特征之一。

真的是大脑损伤的征兆。例如，"轻度认知损伤"被归为介于正常衰老和完全性老年痴呆症之间的一类。很多被诊断为轻度认知损伤的人在 5 年内就演变成完全性老年痴呆症。

记忆功能障碍是老年痴呆症的早期典型特征。最为常见的老年痴呆症——阿尔茨海默氏病就是如此。在该病的患病初期，仅仅只有记忆受到影响，很快其他功能也会受到损伤，如感知、语言和执行（前脑叶）功能。与其他患有更具选择性健忘症的人不同，阿尔茨海默氏病患者在进行外显记忆和内隐记忆的测试时，都具有痴呆的表现。

"遗忘综合征"是记忆损伤最为纯粹的例子，它也涉及某种形式的具体脑损伤。这些损伤通常会涉及前脑的两个关键区域——海马和间脑。这些患者表现出严重的顺行性遗忘和一定程度的逆行性遗忘。顺行性遗忘是指记忆信息丧失发生在大脑损伤之后，而逆行性遗忘是指记忆信息丧失发生在大脑损伤之前。

一般来说，健忘症患者拥有正常的智力、语言能力和瞬时记忆广度，他们只是长期记忆受到损害。对这种损害本质的理解目前仍有争论，有些理论家认为是对情境记忆的选择性丧失，其他人则认为丧失了包括陈述性记忆在内的范围广泛的记忆。外显记忆指的是对事实、事件或者能够回忆并有意识表达的陈述的记忆。比较而言，健忘症对现存的内隐记忆（程序性记忆）的影响甚微。患者也可以形成新的程序性记忆（即以前没学会的技巧或者习惯），如杂耍或者骑独轮车。换句话说，健忘症患者能正常地（或者非常接近正常地）执行广泛的内隐记忆任务，无论这些任务是否需要新的或是老的技巧。

健忘症患者也许学不会新信息（经过一段时间就会忘记），尽管他们能够背诵他们注意范围内的信息；他们也许能够保留儿时的记忆，却几乎无法获取新记忆；他们也许能够报时，却不知是哪一年；他们也许很快就能学会像打字这样的新技巧，却否认使用了键盘。不同层级健忘症的表现特征不同，这取决了大脑损伤的具体部位。看起来，是健忘症患者长期记忆的"出版社"（位于人脑的海马或者间脑）而不是其"图书馆"（位于大脑皮质）受到了损伤，因为记忆（书籍）保存在图书馆里。不同类型的健忘症表现特征不同，这取决于大脑损伤的位置。

记忆在日常生活中发挥着非常重要的作用，丧失记忆后非常碍事，也会对照顾者形成巨大的压力。有的患者会不断重复问相同的问题，是因为他们不记得以前已经问过或者完成了这项任务。外部辅助物（如个人电脑笔记本）是有帮助的，但记忆不像肌肉一样可以通过训练机器来改善。

记忆损伤很少单独发生，因而通过临床实践和研究对患者的记忆障碍进行系统评估尤为重要。一种最为常见的记忆损伤叫做科萨科夫综合征，该病通常还会影响除记忆之外的其他心理机能。因此，建议要对记忆丧失患者的其他心理能力（如感知、注意、智力及语言和脑前叶功能）进行评估。

⊙ **心理损伤**

并非所有的记忆障碍都是由疾病或伤害引起的。一些心理学家认为，有些记忆障碍是由心理或者情感因素引起的，而不是由神经性大脑伤害引起的。有这样一些例子，当患者进入一种与记忆部分或全部分离的分离性状态（分离性状态的例子之一是神游状态），在该状态下，人们完全丧失了个人身份和与之伴随的记忆。他们经常意识不到任何问题，而且还采用新的身份。这一神游状态只有当患者在突发事件后几天、几个月甚至几年"苏醒"时才会变得明显起来。

由一些心理学家定义的分离性状态形式是多重人格障碍，这种情况下，不同人格处理个人过去生活的不同方面。这可以保护个人免受潜在危害记忆的伤害，也能与犯罪相联系。

1977 年，洛杉矶发生了一起山腰绞杀手的案件。肯尼斯·比安琪被指控强奸并杀害了多名妇女，尽管证据确凿，但他拒不认罪，而且声称对谋杀一无所知。比安琪在催眠状态下，另一个以斯蒂夫为名字出现的人格声称对强奸和谋杀负责。解除催眠时，比安琪声称对斯蒂夫和催眠师之间的对话一无所知。如果两个或者两个以上的人格存在于一个人身上，将会产生法律问题，即哪一个将会被指控有罪呢？在本案中，裁决不利于比安琪，因为法庭没有采用他拥有两个人格的说法。

至于对比安琪的审判，心理学家指出，比安琪的其他人格出现在开庭中，而在此过程中，催眠师向比安琪暗示他的另一个部分将会出现。催眠作用可能是因为比安琪按照测试师的指令做，从而暗示，另一个人格可能存在。比安琪也利用这一次机会为自己辩护。而且，警方认为，比安琪对心理疾病，特别是对多重人格病例的基本了解也许为他令人信服的反应提供了基础。

所谓的多重人格障碍因其具有戏剧性已经成为媒体感兴趣的话题，许多描述这种案例的书也出版了。《三面夏娃》和《一级恐惧》就是基于这一障碍的两部电影。在《一级恐惧》这部电影中，一个被指控犯有谋杀罪的男子成功地假装患有多重人格障碍逃过了罪责。

在现实生活中，人们可以伪装记忆丧失，要检测出这种伪装仍是一个挑战。伪装就意味着其表演水平比正常情况要低。人们有意识地这么做也许是为了获得经济上的奖赏，也许是为了引起照顾者的注意，否则，这种动机就处于更深层的无意识水平。

# 记忆的类型

## 1. 记忆库

我们的大脑有单独的部分处理来自不同感官和不同时间段的信息，并能分辨不同事件的重要程度。某个朋友的生日、某个商务约谈的方法，以及某个购物清单，都会被存储在记忆的不同部分。

记忆力最简单的分类与记忆时效或记忆的持续时间有关。例如，短时记忆和长时记忆。短时记忆也可使用瞬时记忆（通过感官获取信息，使信息在神经系统里的相应部位保留下来的一种时间很短的记忆）和工作记忆等术语。瞬时记忆持续时间不足 1 秒。例如，电影就是利用人的视觉暂留这种瞬时记忆特性，把本来是分离的、静止的画面呈现在脑子里，成为连续的动作。记住一个即将要在键盘上敲的足够长的单词时，短时间足已。工作记忆也被称作短时记忆，它能持续足够长的时间，例如，拨一串刚才你所看到的电话号码或在一次买卖中一口说出应当被找多少钱。短时记忆能保留信息将近 20 秒，如果该信息被暗示或有意识地被重述的话，保留时间会更长。例如，你对泊车的地点的短时记忆，持续时间会比 20 秒长，因为醒目的标志像重复的暗示在不断提醒你。在长时记忆中被编码的信息可以被保留一生。一位能清晰地记着自己与配偶相遇日期的 90 岁的老人，她对此事似乎发生在昨天的鲜活记忆，显示了长时记忆的持久性和能力。

另一种关于记忆的简单分类法是通过它被编码和读取的方式——自觉或本能的。同样，记忆既是外在型（也被称作公开型）的——可通过有意识的努力达到，也是暗示型（也被称作未公开型）的——可以有机或自动地达到。外在记忆功能，比如学习拼写、命令、注意力、注视和练习回忆。大多学校规定的学习内容都是外在型的。暗示型记忆功能，比如学习生火，从另一个角度说也代表了许多最初的记忆能帮人类保护自己，确保我们人类作为一个物种延存至今。

### ⊙ 时间的推移

随着时间的推移，你的有意识体验会着重停留在当时和当地。不管你刚刚的有意识体验是什么，都会被推移到记忆系统的另外一个部分，或被抛弃。你现在的短时记忆关注的是阅读。但是你还记得昨天晚上去看过一部电影，而这是你对某个生活片段的特殊记忆（对某人生活中事件的记忆叫作自传式记忆）。你可能还记得电影中的男主角是谁。一个月后，你还会记得自己看过这部电影，但可能记得的只是一个故事大概。一年以后，你可能会在租了一部电影光碟，并开始播放后，记起自己已经看过这部电影了。

当时："我昨天晚上看了奥尔森·威尔斯主演的《第三人》。"

六个月以后："我看过《第三人》，主演是，啊，他叫什么来着？"

一年以后："我可能曾经看过《第三人》。"

#### ⊙记忆库的种类

外部记忆主要有两类存储库。

#### 语义性记忆库

它存储的是综合的世界知识。它有点像大脑中一本不断增长的百科全书。任何种类与事实有关的知识本质上都是语义性的，包括事实（如法国的首都是巴黎）以及更多关于世界的基本知识（如知更鸟是鸟）。

#### 经历性记忆库

它存储的是更加个性化的有关片段和事件的记忆：我们昨天晚上做了什么或者为 18 岁生日庆典做了什么、暑假去了什么地方，等等。

## 2. 为了记忆而记忆

一直以来，超常的记忆力都吸引着人们的注意。这样的例子不少，罗马作家普林尼（公元前 23 ~ 公元 79 年）在他的《博物志》里曾记载波斯国王居鲁士能记住所有士兵的名字，数学家约翰·冯·诺伊拥有"照片式"记忆能力，2004 年的奥林匹克记忆冠军鲁迪格·加马拥有超乎想象的记忆力。

#### ⊙专业性记忆

通常，出色的记忆力会让人肃然起敬。面对一个学识渊博的行家，我们总是钦佩不已。但不可否认的是，这样的赞赏有时候也带着不相信的惊讶，尤其是当某些东西在我们看来似乎不"值得"记住时。例如，听到一小段音乐就能说出作曲者，根据发动机的噪音就能分辨出不同时期的汽车类型等。有一点我们非常清楚，漫长的职业生涯有时候能带来超乎寻常的专业性记忆。

### ⊙脑力田径运动

日本官员黑地阿齐·托莫友日花了许多休息时间强记数字 π，1987 年他成功地复述出小数点后 40000 位数字，但这个纪录在之后被另一个日本人以 42195 位数字打破。1999 年马来西亚人西姆·伯罕复述出小数点后的 67053 位数，仅出现 15 处错误。

许多数字狂热者之所以醉心于"脑力田径运动"，是仅仅出于兴趣，或是期望在世界纪录中占有一席之地，或是为了赢得一个冠军？在他们身上，天生的才能好像并不必要，强有力的积极性就足够了。在很大程度上，好的成绩实际上归功于从古代开始就为人们所知的记忆法的巧妙运用，就像地点法。许多著名记忆冠军和众多记忆"奇才"都毫不犹豫地公开自己的作品、成绩或者组织培训班，以满足盲目追求改善记忆力的公众的需求。

## —— 脑力田径运动项目 ——

1991 年 10 月 26 日，第一个国际记忆冠军在伦敦诞生。今天，为数众多的年度国家级和国际级记忆竞赛不断地被组织。其中，2003 年在不同项目中保持世界纪录的有英国人、德国人、奥地利人和丹麦人。脑力田径运动项目主要有以下几种：

**数字**　4 道题，5 分钟内记住 1000 个数字，然后按原顺序在 15 分钟内复述出来。

**单词**　2 道题，15 分钟内记住 400 个词，然后在 30 分钟内按原顺序重组出来；用 15 分钟学习一首没有韵律的诗歌，然后背诵出来。

**卡片游戏（扑克）**　2 道题，每道 5 分钟，重组被打乱的出牌顺序。

**日期**　在 1000～2099 年之间联系一些事件或者名人设置 80 个日期，在 5 分钟内记忆，然后说出每一事件对应的正确日期。

**人名和面孔**　15 分钟内记住 99 个人的名字和他们的照片，然后在 30 分钟内将人名和照片重组出来。

一个记忆冠军称，记忆日期的世界纪录是 60 个。英国的安迪·贝尔成功地记住了 100 张扑克，并且毫无错误地回答出以下问题："在第 65 个游戏中的第 32 张牌是什么？"

### ⊙维尼阿曼的例子

然而，一些人似乎比另一些人更有记忆天分。所罗门·维尼阿曼·T 是研究"天才记忆"最好的专家之一。1920～1950 年间，俄国神经心理学家亚历山大·卢里亚一直对他进行跟踪研究。在短短几分钟里，维尼阿曼就能记住一长串单词或数字（有时多达 400 个），并且能在几年之后完整地复述出来。除了特殊的天赋外，他还利用了一些记忆策略，比如把每个词同一条臆想的路线结合在一起，第一个词和窗户联系在一起、第二个词和门联系在一起、第三个词和栅栏联系在一起，等等。有时他也会忘记，那是因为他把臆想的形态与颜色搞混了，例如放在白墙前的白色鸡蛋。实际上，维尼阿曼运用了联想，就是说他把每个词的形式或发音都转换成了不可磨灭的"形象"。这个奇人永远保存着对这些词的记忆。为了忘记它们，他必须有意识地努力把它们清除掉，他想象着将这些词列在一块黑板上，然后把它们擦去或者在它们上面盖上一层不透明的薄膜。当卢里亚发现他时，他只是一个没多大天分的播报员，之后他凭借自己超常的记忆力成为一个知名艺人。

# 3. 短时记忆

了解短时记忆最简单的办法是把它当成存在于我们意识中的信息；它是对我们最近所经历的一些事情的记忆。短时记忆是一个工具，我们用它来记住电话号码，以便有足够长的时间去拨打电话，或者记住去一个不熟悉的地方该怎么走。

## ⊙记忆过滤

我们通过感官将信息摄入大脑。我们的意识只允许我们需要的信息通过——其他的就被过滤掉了。可能现在你就坐在客厅里，关心的只是你在读的书。暂停一下，并感受一下实际在你身边发生的事情——也许是你的伙伴翻报纸的声音、烧香肠的香味、隔壁孩子玩耍的声音，或者是你的电脑一直不断的"嗡嗡"的背景音。

现在让你的注意力重新回到书上来，渐渐地，那些声音又会变得无关，于是也就不会让你分心，你的短时记忆又集中到了阅读上。这种过滤是记忆系统中至关重要的一部分，因为它让你的思维避免因为无关的信息而负载过度。

## ⊙短时记忆的容量

短时记忆的容量是有限的，大约七个空间，或者叫"意元"。例如，你可能记得住七个人的姓名，可一旦有更多的姓名，你就会开始遗忘。要使某样东西保持在你的短时记忆中，你就必须对它进行加工（有时也称之为加工记忆）。例如，如果你查到了一个电话号码，你就必须将它自我复述，以便能记住足够长的时间来拨打，这被称为再现。仅仅几分钟后，你意识中的这个电话号码就会被其他新进入的信息所代替。

### ⊙ 对信息进行编码

信息以几种方式进行编码后进入我们的短时记忆。

形码：我们试着将人名生成图像或想象他戴着一顶帽子。这种形象在几分钟后会开始淡去，除非我们使之保持活跃。

声码：这是一项最普通的技巧，用于使信息在我们的短时记忆中保持活跃。它包含重复信息，如姓名或数字。

意码：在这里我们运用了某些有意义的联系，例如思考一个有着同样名字的熟人。

---

#### -- 重复、重组、建立联系以便更好地记忆 --

为了突破短期记忆的局限，我们发展了一些有效的策略。

以大声说出或者默念的方式重复信息。

打电话时，对方在作自我介绍，你可以不断默念他的姓名直到能够在通讯录上写下来。

当所要记忆的元素超过 5 个时，可以采用重组的方式。

例如，将电话号码分为 2 个一组或 4 个一组，将更容易记住。

58 81 58 42　　　　　　　5881 5857

在想要记住的信息与已经知道的信息之间建立联系。

比如，在记忆数字 417893 时可以先找出 1789，法国大革命开始的时间。

---

### ⊙ 注意力

短时记忆是短暂的而且容易被打断。所以，注意力是能否让有关事情保持在脑海中的一个重要因素。它可能只有在你被分心时出现，让你感到你在"有意识地"进行记忆。下面是两个普通的例子：

电话号码

你在地址簿里查了一个电话号码。可正当你要拨这个号码时，你听到有人从前门进来了。你可能就需要再查一下这个号码。这是因为你正在活跃的记忆被打断而暂时失去了注意力。

"我到这儿来干什么？"

你正在厨房里整理一些文件并想到要一个订书机。当你走向书房取订书机时，你开始思考那天晚上的晚饭你可以做什么。当你走进书房时，突然发现自己想不起来为什么去那里了。很简单，你只是又一次分心了。

### ⊙潜意识记忆

有些信息可能在我们不知道的情况下通过了过滤而进入记忆。在 20 世纪 60 年代，电视广告制作者们提出了潜意识广告这样一个聪明的理念。例如，某个产品的图片、某个特定品牌的衣物清洗剂，会在电视屏幕上非常短暂地"闪现"。它可能在任何时候出现，甚至出现在一部电影的播出中间。它出现的时间很短，以至于我们不可能有意识地注意到我们看到了什么，但是，我们的记忆已经下意识地储存了这幅图片。

当下一次我们走进超市时，就会对这个品牌的衣物清洗剂有似曾相识的感觉，就会将它同其他产品区别开来，从而使商家达到了促销的目的。有关方面开始担心这项技术可能被用于（可能实际上正在被用于）对人洗脑，因此该项技术被认定为非法。

## 4. 长期记忆

长期记忆能够帮助我们回忆或者再认出那些在几分钟、几个小时或者几年前获得的信息。它包括：情景记忆——储存的是那些构成你的自传的一系列生活事件；程序性记忆——储存的是那些使你能够从事机械运动（例如骑自行车）的信息；语义记忆——你的关于这个世界的知识的宝库。

当你使用那些为了某个特定任务而被永久储存的信息时，就会发生信息从长时记忆到短时记忆的转移。举例来说：当你要做一道几天前被详尽地解释过烹调方法的菜时，要做到记住配料和说明而不看任何笔记，就必须对它特别感兴趣，并且有很强的动机。

为了使信息不仅停留于短期记忆中，就有必要把信息传递到另一个更持久的系统中。长期记忆具有我们认为几乎无限的能力，它能够在一段时间后重组信息—— 一次会面、一个数学公式，或是游泳的动作——从几个小时到几天、几年，甚至有时长达几十年。

### ⊙两种不同的记忆方式

极少有人埋怨说忘了如何爬楼梯、如何从一个椅子上站起来或者如何刷牙。日常生活中对记忆的抱怨大多数是关于无法想起某个人的名字、某个字，或者一件近期发生的事。在个人经历方面，一个具有遗忘障碍的人将面临更大的困难。为了更好地解释这一现象，心理学家安戴尔·图勒温和拉里·斯里赫定义了两种不同的记忆方式。

**陈述性记忆**

"你去年去过哪个城市？""谁是现在的农业部部长？""《英雄》的作者叫什么名字？""恺撒是在哪一年死的？"对这些问题，我们可以用一个词或者一句话来回答。当然，我们也可以写出答案，在某些情况下还可以画张图或是在一张照片、卡片上指出来。但答案通常都是基于对曾经经历过的或者学过的东西有意识地回忆，并且能够通过口头的方式表述出来。这就是为什么称其为陈述性记忆的原因，也可以用"精确记忆"这一术语。

**非陈述性记忆**

操纵电视遥控器、使用厨房用具、骑自行车、系鞋带或者仅仅是走路，这些行为都不需要我们有意识地回忆相关的姿势或动作。即使我们可能记得当初学习这些行为时的情景，但更多时候我们只能以非常简单的方式对这些行为进行描述，并且倾向于演示示范。为了解释自由泳时腿的动作，游泳教练更多地会进行动作示范，而不是用长篇大论来解释。出于这个原因，这种记忆形式被称为非陈述性记忆或者隐性记忆。

### ⊙从生活事件到日常例行公事

1993年4月11日我们去过纽约，《罗密欧与朱丽叶》的作者是莎士比亚，骑自行车的方法……所有这些例子都体现了对行为的记忆，但只有第一个例子是唯一真实发生过的，其他的例子似乎和个人特殊经历无关。并且，即使我们在日常用语中应用"学习骑自行车"这种表述，但当我们涉及"学习"这个词的时候，更多会联想到在学校学到某种知识，而非某种体育活动。那么是否对不同的事物存在不同的记忆呢？

研究人员对某些记忆障碍的研究证实了我们的假设。比如，某些健忘症患者只忘记了个人新近的经历、以前学过的文化知识，或者某些特殊的行为方式。由

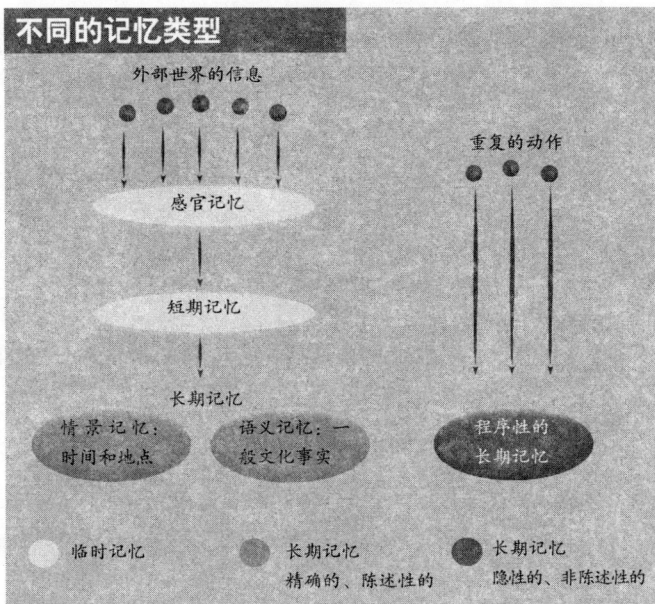

**不同的记忆类型**

外部世界的信息

感官记忆

短期记忆

长期记忆

情景记忆：
时间和地点

语义记忆：一
般文化事实

重复的动作

程序性的
长期记忆

临时记忆　　　　长期记忆　　　　　长期记忆
　　　　　　　精确的、陈述性的　　隐性的、非陈述性的

⊙ 为了描述记忆的类型，心理学家设计了一个空间模型，如同一
张房屋节构图，每个房间代表一种记忆类型。

此，科学家将记忆分成3种类型：对发生在特定时间和地点的事件的情景记忆，用来储存一般知识的语义记忆，以及为了完成一些重复性行为或者标准化动作的程序性记忆。

⊙**情景记忆**

情景记忆对应着我们在一个确定的时间和地点的特殊经历，上个星期我们看过的电影，或者去年夏季我们做过的事。这些经历构成了情景记忆的一大部分。

一个记忆的诞生

当我们记忆这些情景时，不仅记住了事件本身，还记住了当时的环境背景。例如，在我们回忆与朋友一起吃的晚餐时，我们还记得当时的灯光、声音、气味、味道等。同时，这些要素也在我们的记忆中留下了以后回忆的线索。在回忆时，我们就可以在以往的经历中定位："星期五晚上，我去大剧院看了一场极好的表演《图兰朵》，陪同的有小贝尔纳、安娜·玛丽、吉尔伯特、丹尼尔和雅克。"当然，对这样一个事件的记忆也保存有情感的因素。正如伏尔泰观察到的那样："所有触动内心的，都刻印在记忆中。"

记忆就这样保存着事件的主要方面，然而背景线索并不位于大脑的一个确定区域。因此，记忆的程序一点也不像以前描述的那样：在一个"仓库"里储存着记忆，每一个都有其特定位置，当我们需要的时候就"去那儿找"。

事件的不同方面存在于不同的大脑区域

我们在记忆时大脑是什么样子的？比如，在7月的一个早上我们看见花瓶里插着的玫瑰时。首先，对这个场景的感知需要我们不同的感官共同参与：嗅觉感知玫瑰的香味，视觉记录它的形状、颜色和在花瓶中的位置以及花瓶在房间中的位置。接着，形成各种记忆痕迹。有关玫瑰花香的记忆将存留在大脑的嗅觉区域。如果我们被玫瑰花刺扎了一下，感受到的疼痛记忆将保存在大脑的另一个区域。关于地点和时间的信息则被存储在大脑的前部……

大脑各个区域间连接的建立归功于神经元网络，每次记忆一条信息时神经元网络都会被激活。而在回忆时，右额叶会从神经元网络中的不同记忆痕迹出发，进行对场景的重组。

寻找遗失的记忆

有时候寻找遗失的记忆过程需要很长的时间并且很困难，因为必须要重新激活与之相连的全部神经元网络。但有时一个线索就足以唤回全部记忆。正如《追忆逝水年华》中所描写的，一小块浸入茶水中的玛德兰娜蛋糕唤醒了故事叙事者在贡布雷的整个童年世界，因为雷欧妮阿姨曾在给他一块相同的蛋糕之前把蛋糕浸入椴花茶中。

另一方面，分散储存使得记忆更稳固——大脑部分区域受损极少会造成一个人的全部记忆消失。但是，随着时间的推移，某些记忆痕迹的功用改变或者消除了，于是回忆变得很困难。

⊙语义记忆

大脑中其他被储存的信息普遍发生在学习的环境背景下，即一般的常识，比如《罗密欧与朱丽叶》的作者是谁，意大利的首都是哪……我们从多种渠道获得这些知识，如果这些知识只具有一般的性质，那么当时的学习背景会逐渐从我们记忆中消失。例如，我们很少能想起第一次听到"莎士比亚"或者"罗马"这些词的地点和时间。

有时候，关于时间和地点的记忆痕迹可以帮助我们找到一时遗忘了的东西：

我们想起在一本什么样的杂志上读过，要找的东西就在某一页的上方。

什么样的信息储存在语义记忆中

语义记忆存储的不仅是某种类型的百科知识，或一般知识性的问题，还储存了个体在一段时间内的生活事实。借助语义记忆，我们可以给物体命名并将其归类（锤子、螺丝刀、锯子属于工具类），或者给某个种类列举例子（属于昆虫的有蚂蚁、瓢虫、蜜蜂等）。同理，当我们需要记忆一系列混乱无序的词时，我们可以先将其分类，这样就能更容易记住了。

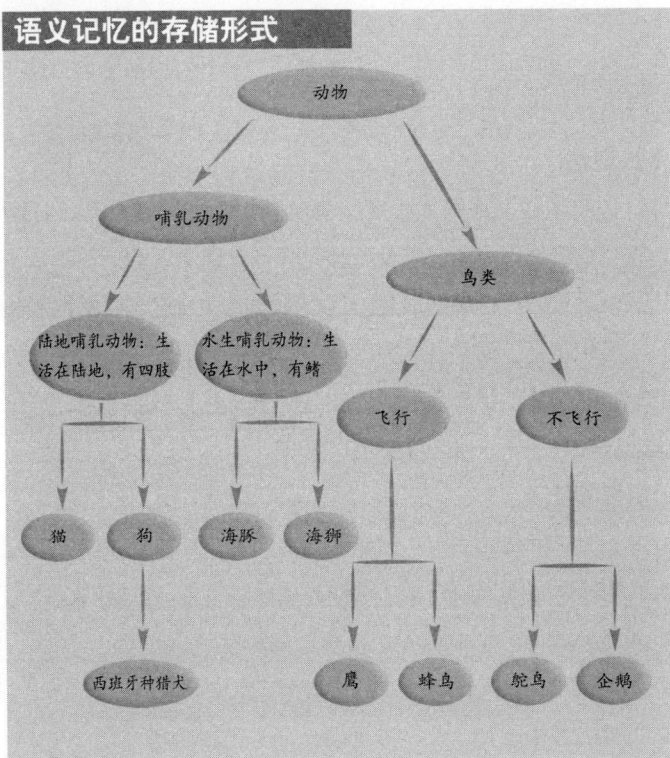

**语义记忆的存储形式**

动物

哺乳动物　　　　　鸟类

陆地哺乳动物：生活在陆地，有四肢　　水生哺乳动物：生活在水中，有鳍　　飞行　　不飞行

猫　狗　　海豚　海狮

西班牙种猎犬　　鹰　蜂鸟　　鸵鸟　企鹅

◉ 在语义记忆中信息是以树形图的形式存储的，每一个类属都存在一个代表性例子，例如海豚是水生哺乳动物的代表。

对知识的良好组织

事实上，语义记忆中储存的知识相互联系着，按照逻辑与用途的不同形成复杂的网络（参见前图）。例如当我们想起"大象"这个词时，其他的概念（大象的颜色、形态或者与它相关的历史）也同时处于活跃状态："大象身躯庞大，它是灰色的，有两个大耳朵、一个长鼻子和两根大牙，重量可达到6吨，拥有闻名于世的记忆力。公元前3世纪，汉尼拔骑着大象穿越了阿尔卑斯山……"

实用性知识的组织形式不尽相同。特别是在日常生活中，当涉及一系列规范性的连续动作时，例如准备早餐、购物、组织聚会等。根据早已建立好的内在逻辑顺序，这些日常规律性的活动一旦开始，接下来的各个步骤便接踵而来，而不需要"图示"或者"脚本"。为了准备早餐，只需要开始第一个动作——在咖啡机里倒入水，这之后就不再需要任何注意力了，接下来的动作会自动执行，我们可以在这段时间去想别的事情。

### ⊙ 程序性记忆

第三种记忆类型通常在很大程度上脱离意识，如骑自行车、打网球、弹钢琴、进行心算、正确使用母语，以及玩扑克牌等，这类活动一般都基于潜意识的记忆，所以很难对其进行详细的描述。这类活动的学习过程通常很漫长，需要经过无数次的练习和重复，而一旦掌握就很难忘记。但某些复杂的活动仍需要坚持实践：一个钢琴家如果不经常练习，他的演奏水平就有可能下降；一位高水平运动员如果缺乏常规的训练，他的成绩也将滑坡。

### 例行公事性的任务

在日常生活中"自动性动作"扮演着重要角色，让我们可以完成复杂的例行事务，而大脑却保持空闲去面对无法预知的状况。例如，开车时，我们并不十分注意控制方向盘、油门、指示灯等，直到发生特殊情况——一个孩子试图横穿马路——才需要我们动用所有的注意力并结束"自动驾驶"。

### 按照我们的习惯和偏好

潜意识的程序也是我们许多习惯和偏好的根源。我们能够记住一系列同等商品的价格，可以在比较某种商品时作为参考，比如哪家超级市场里的苹果更便宜。当我们不能够直接地应用这些程序时，比如由于货币的改变或者临时居住在外国，我们则显得特别的不相信自己的判断。尽管早在2002年初就开始推广欧元了，可是许多法国人仍然继续用法郎进行"思考"，特别是对非日常用品，比如房子或者汽车。

典型的适应状况

在吃完一种特殊的食物（例如牡蛎）后，我们生病了，从此只要看一眼这种食物就可能恶心。在俄国生理学家巴甫洛夫的实验中，铃声一响起，那条已把铃声刺激同下一餐的来临结合起来的狗就开始流口水。在人类身上也能发现类似动物的这种典型的适应状况，这类适应状况有时候与由于特殊原因引起的害怕或快乐感有关。例如，如果我们曾被野兔咬伤，即使身处距离事故很远的地方，但是周围的树木或者气味与之相似，我们都可能会心跳加剧。

## 测试你的程序性记忆

### 阅读镜子里的文字

皮克威克先生感觉到有些焦虑，他发现两个朋友常常缺席，并且想起整个早上，他们的行为都非常神秘。

尝试尽可能快地在镜子里读出上面这段文字。

### 在镜子中的图画

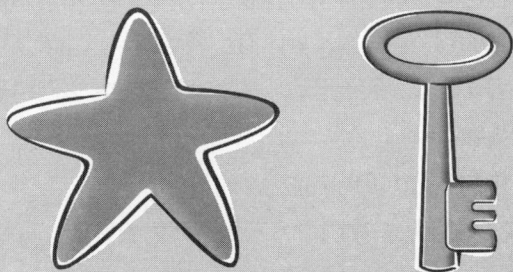

把你的书对着镜子，尽可能快地用笔把镜子中的这两个图画在一张纸上。

借助程序性记忆，我们能毫无困难地进行阅读或者绘画。但当我们不按常规的方式进行时，困难就出现了，例如阅读镜子中的文字。

诱饵效应

我们也会无意识地记住一些信息（比如对话者领带的颜色），在以后某个需要的时刻，这些信息能够帮助我们更快或者更容易地回想起当时的情景，但是这些信息与我们有意识记住的信息具有不同的确定程度（"你的领带好像是红色的"）。

为了描述这一现象，科学家们提出诱饵效应。例如，一个填字游戏的答案是一条定义（比如生产、出售豪华家具），突然我们想到了一个在完全不同的背景下出现过的正确答案（"细木工"）或者类似的答案（"木工"）。有时候，答案是通过我们的潜意识记忆让我们兜了"一圈"：我们以为自己找到答案了，事实上，答案是通过我们以前读过的一篇文章而得到的，只不过我们早已忘记自己曾经读过那篇文章。

### ⊙长时记忆

如果某个短时记忆重要到有必要保持得久一些，它就要被存储到长时记忆中。为了对长时记忆是如何工作的有个概念，想象一下某个记忆从前门进来，穿过走廊（短时记忆），然后来到一个房间被分类和存储。这个"记忆存储库"非常大，它有着许多相互连接的房间，以及几乎是无限的容量。

**记忆的再现**

记忆的存储虽然不如图书馆那么整齐，但也是有组织的。当我们想要再现信息时，就需要搜索它。有时我们发现马上就能找到，有时则需要较长的时间。

偶尔，你可能根本找不到你想找的。这部分是因为你学的越多，那么在你想要再现信息的竞争就更大。好比有一袋玻璃球，如果其中只有几个玻璃球，相互之间就很容易区分。袋子里的球越多，就越难将它们相互区分。

**再现失败**

有时我们会无法再现确定已知的信息。

"舌尖"现象——你确信自己知道问题的答案，可就是不能完完全全地将它说出来。

编码错误——有时我们对我们想要在以后再现的信息没有进行很好的编码。你认为自己已经理解了某件事情，可当你想要给别人解释这件事情时，却发现自己并没有想象中理解得那么好，也就是说还有距离。

## 5. 自传性记忆

对于大多数人而言，"记忆"一词最先能让我们想起的是个人世界，我们自主地保留着对自己实际经历过的事件的记忆。然而，简单观察一下就会发现，这种记忆不仅仅由一系列实际发生过的事件组成。

### ⊙自主与不自主记忆

当我们回忆过去时（例如很久前与朋友的一次晚餐），经常需要几秒钟的时间才能想起细节。事实上，我们先要经过一般性的回忆进行确认，比如是在生命中的哪个时期发生了这一情景（我们是学生的时候），然后上溯到同一类属的事件（在这个时期与朋友的聚餐）。就这样以精神努力为代价，我们找回当时的片段。这个过程有时非常艰难漫长，需要集中注意力有意识地进行记忆重组。一些记忆可能被扭曲，而承载着深厚感情的（我结婚的那一天）往事就能够快速地被想起。

对许多往事的回忆都是由一些同时出现的特殊迹象引发的：一种气味、一种味道、一段旋律、一个词语，或者一种想法、感情或思想状态。在马塞尔·普鲁斯特的小说《追忆逝水年华》中有许多这类的描述：玛德兰娜蛋糕放入一杯茶水中、从佩塞皮埃医生的汽车中观看马丁维尔的钟楼、香榭丽舍大街一个公共洗手间的气味、勺子与餐碟碰撞的声音……作者用了"自主"和"不自主"这两个术语来区分不同的记忆重组方式。

### ⊙情景记忆和语义记忆之间的差别

情景记忆使我们能在脑海里重温某些情景，有时伴随着发生在特定时间和空间里的细节（我在学校的第一节课）。这些记忆再现通常由心理图像引起，但是我们也能找出和当时有关的感情或情绪。

在语义记忆中，关于我们自己的信息（周围人的名字、我们的爱好等）和一般事件的信息（我们在乡下过的周末、在学校的生活等）是以互补形式存储的。因此，重溯一般性事件其实是为了找回拥有共同特点的特殊事件。不容忽视的是，情景记忆和语义记忆之间存在着相互过渡和转化。

### 演员的视角与观察者的视角

受情感重大影响的事物带着大量细节被持久地保存在我们的记忆中，这些情感的印记以强烈的再现感为特征，即表现为确切意识状态的再现。在这种情形下，我们倾向于依靠记忆中所保存的和最初事件相同的观点来重现片段。这种"演员的视角"被认为结合了片段记忆，而"观察者的视角"（就像我们看电影那样）则更多地体现出语义记忆。

### 年龄与自传性记忆

一般来说,情景记忆历时越久,就越难以被忠实地保存,但是也存在许多例外。在 3 ~ 4 岁前,记忆是罕有的(儿童记忆缺失)。10 ~ 30 岁之间构筑的记忆能保持得较为生动,40 岁后这些记忆将在回忆中占相当大的比例,心理学家称之为"记忆重生的顶峰"。因此,人生的这个阶段对构筑我们个人的特征是具有重大意义的。衰老对我们重温特殊事件(情景方面)是不利的,却不影响我们回忆一般性事件或者个人资料(语义方面),比如周围人的名字。

承载着深厚感情的事件通常能被很好地保存,然而,太强烈的感情有时会导致相反的效果。例如,抑郁有时候会引起情景记忆的衰退。

## 年龄与自传性记忆

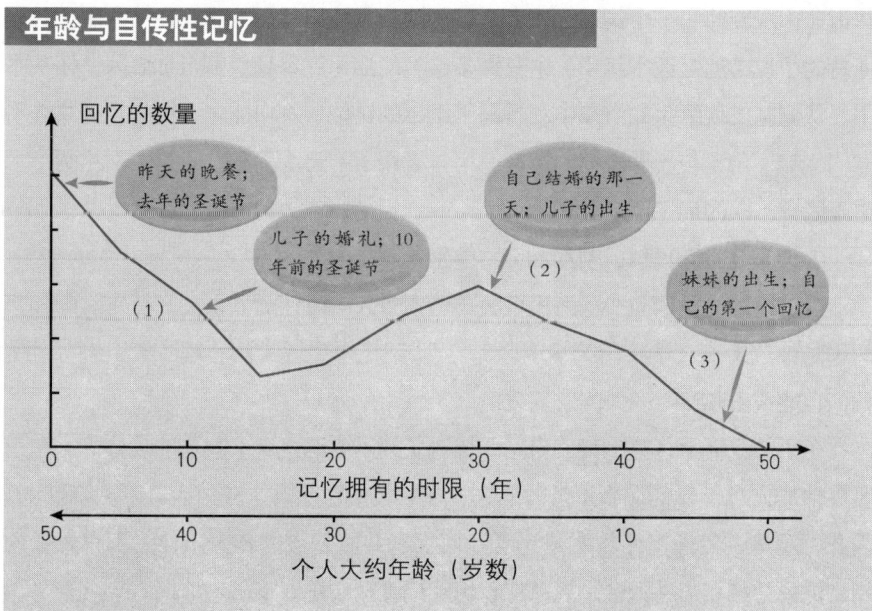

这个曲线展示了一个人在 50 年里,其自传性记忆随时间推移的变化趋势。可以看出,随着时间的推移,记忆的数量在减少(1),在 10 ~ 30 岁之间编织了最多的记忆(2),而在 3 ~ 4 岁前个人记忆几乎缺失(3)。

### 近事遗忘症

自传性记忆可能遭遇的主要障碍是近事遗忘症(一种由突然的脑部损伤引起的对既得信息的遗忘),这种病症可能影响识别能力。情景记忆的缺失是这种病症的表现之一,但语义记忆通常不受影响。一些解剖学和临床数据以及功能图像显示，在回忆自传性的情景时，额叶和颞叶右前部的连接处扮演着重要角色。

### ⊙如何评估自传性记忆

可以通过多种方式来测试自传性记忆受损或者保存的能力，最常用的诊断方式是关于不同生活阶段的问卷调查。除了最近的 12 个月，童年到 17 岁，18 ~ 30 岁，30 岁以上，最近的 5 年，都被认为是特殊的时期。医生或者心理学家详细地询问被测试者在每个生活阶段发生的特殊事件（例如一次印象深刻的相遇），并且让他们说出具体的时间和地点，然后将结果与其他家庭成员提供的信息做比较。

其他测试方法还有向被测试者展示一系列的词（街道、婴儿、猫等），然后要求他们说出第一次接触这些词的情景，并确定具体时间；又或者评估他们表述一系列情景的能力。测试较少用个人线索（照片或者家庭轶事）来引发回忆，但是得到的结果与其他的测试方法几乎无差别。

## 6. 前瞻性记忆和元记忆

当回忆过去的生活情景时，思维似乎自然地转向过去。然而，在回溯性记忆之外，还应该具备前瞻性记忆，它对我们的生活来说也是必需的，因为它能使我们想起在未来应该履行的行为。

### ⊙记住将要做的事

"不要忘记带面包回来"，"要记得去寄这封信"，"中午不要忘记吃药"……查看日程簿是用来减轻记忆压力的最广泛方法。为了确保其有效性，前瞻性记忆存储的信息应该表现为：要履行的行为和应该实现的时间，以及应该开始的最佳时间。前瞻性记忆的有效性只有在想起的那一刻才被确定，因此，在记忆时动机和背景是首要的。一旦我们拥有一个填得满满的日程表，就要时不时想着去翻看。

每个人都对不时会忘记做一些事情而感到负疚，而且这还令人非常沮丧。这种类型的记忆的好处是易于改善。只要稍微有点条理，再加上一些简单策略的帮助，就可以提高这方面的记忆。有时，生活似乎被许多小事所占据，"有条理"可以帮助你理清思路，以便处理更为有趣的事情。

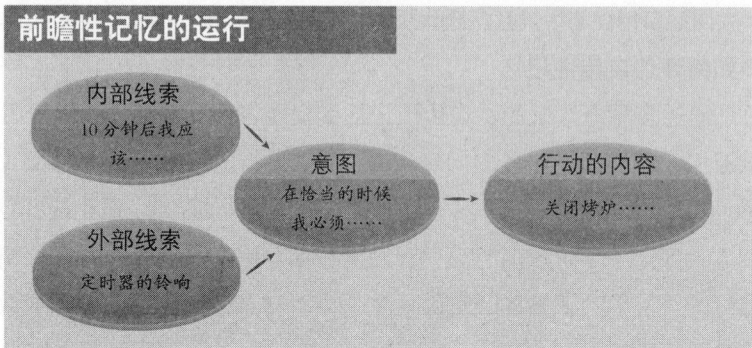

**前瞻性记忆的运行**

内部线索
10分钟后我应该……

意图
在恰当的时候我必须……

行动的内容
关闭烤炉……

外部线索
定时器的铃响

⊙ 前瞻性记忆存储的信息应该表现为：要履行的行为和应该实现的时间，以及开始的最佳时间。

### 为什么我把手巾打了个结？

这个象征性的"结"表明线索的重要性与直接关联性。事实上，所有记忆都通过线索被异化了，这些线索或者来自于外部环境，或者是由我们自己创造的（明天我应该……）。如果需要找回的记忆缺乏外部线索，那我们将更多地依赖内部线索。

经过面包店这样的简单事实，可以帮助我们建立有效的外部线索来使自己想起应该买面包。当所要实现的是一系列相互联系的行为中的一部分时，记忆重现通常是比较容易的。例如，当我们已经花了许多时间调制正在烤的面包时，很少会忘记在恰当的时候关闭烤箱。然而，买蛋糕是一个相对孤立的行为，因此我们极有可能忘记。

我们可以利用某些工具或者自己创造一些线索，比如做饭时使用定时器，又比如在手帕上打个结。一定要选择好辅助工具，因为这些工具不仅要具备时间提醒功能，还要让我们知道该做什么。这种情况下，在手帕上打个结表达的内容就不那么详细和明确了。

#### ⊙元记忆

所谓元记忆是指对记忆过程和内容本身的了解和控制。换句话说，元记忆是有关记忆的知识。个体对自己的记忆功能、局限性、困难以及所使用的策略等的了解程度就代表了他的元记忆水平。以下是元记忆参与记忆的3个阶段。

（1）学习：知道怎样学好某条信息。

（2）储存：知道自己认识某条信息。

（3）重组：知道如何重新找回某条信息。

**达利出生于哪一天？**

对于"达利出生于哪一天"这个问题，可能大部分的人会回答"我不知道"，并且不会在脑海中去寻找答案。是元记忆给了我们一个确定度，去判断是否有机会找到某条信息，或者想起过去和即将发生的事。没有元记忆，我们将一直处在徒劳的寻找中。

当我们评估自己拥有的文化知识时，元记忆就开始工作了。它总是参与我们的决定，包括最实用的那些。在使用新洗衣机前是否应该阅读说明书？在女儿去学校前是否应先在地图上查看下路线？在填写字谜时是否有必要查阅字典？为了理解一篇文章，是否最好从浏览图表开始……

对策略的恰当评估能使我们的记忆更有效率，并且能改善我们获知和回忆的能力。

**一种脆弱的记忆**

儿童的元记忆很模糊，他们总是被教育不要忘记一切。事实上人们高估了孩子的记忆能力。事实上，直到 7 岁左右，随着年龄的增长，孩子们的记忆力才会伴随着判断力的增强而加强。而另一方面，从某个年龄段开始，我们越来越难以正确判断自己记忆力的极限。当然这也因人而异。

如果说回溯性记忆把我们带回过去，前瞻性记忆把我们带去未来，那么元记忆则告诉我们目前的记忆能力。

# 7. 终极记忆

许多人不重视与特殊记忆相关的一些奇异的特性，如被科学家发现的增强记忆，只是一些普通记忆达到极限值。以表现为根本出发点的记忆术研究者们一定会证明我们记忆的伟大潜力。但是有的人怀疑他们的能力是耸人听闻的，只是为了达到娱乐的目的。众所周知，图像记忆是把更加准确清晰的印象像抓拍一样快速记忆到脑海中。异常清晰表明记忆确实可靠的意思。但是任何人的记忆都不是可靠无误的，所以即使人们脑海中的一个图像和人们最初的记忆一部分相一致，也有发生错误的趋势。失真和省略经常发生，但是通常短期记忆就不会有这种情况。

然而，一些人确实证明了这种超乎寻常的记忆能力。拥有终极记忆能力的人往往会夸大他们的一个或多个感官感觉。例如，脑海中清晰的图像就意味着视觉感官中的真实画面。另一些记忆天才都拥有特别的听觉、嗅觉、味觉或者综合感官能力。据估计，50万人中有一人具有天生的共感官能力，而且他的感官能力会不知不觉地交错在一起。就这样，他们把词汇、声音、实物与颜色、味觉、形状联系到一起进行终极记忆。

会终极记忆的人最有可能自觉或不自觉地运用记忆术。尽管大约5% ~ 10%的儿童在童年时有这种特殊记忆，但是当他们长大之后就失去了这种能力。

## 8. 感官记忆

外部世界带给我们的感觉信息构成了我们的记忆，我们的5种感官——视觉、听觉、触觉、嗅觉和味觉是记忆的主要入口。但是，通过感官感知而记忆的东西绝不能和相片或者录音磁带相比。感觉信息在大脑深处被分析，然后彼此之间建立联系，在与其他信息比较后，被烙上感情的、形态的（地点）和时间的（日期）印迹。一般来说，这些程序在每个人身上都是一样的，但是每个人的感官能力似乎并不相同。

### ⊙感官的专业化与缺失

受雇于赌场的能够过目不忘的人、拥有绝妙耳朵的音乐家、拥有特别敏感的鼻子的香水调剂师等，我们都知道或听说过这种拥有超常视觉、听觉或者嗅觉的人，他们某方面的感觉能力强于一般人，然而能用触觉或味觉创造价值的人就较少见了。一些理发师说，他们一拿起剪刀就知道那是不是自己的私人剪刀。

同时，一种超乎寻常的技能似乎总是与另一种感觉方式的缺失联系在一起。例如，天生失明的人成功地发展了在空间、听觉和触觉记忆方面比视力正常的人更高的技能。但是失去一种感知方式和本身缺乏是不一样的，比如用布莱叶盲文进行触摸式阅读，大脑视觉区无疑也参与了某些语言能力的管理。

接下来，我们将简单介绍视觉、听觉、味觉与记忆的关系。

### ⊙视觉记忆

英国作家卢迪亚·吉卜林（1865 ~ 1936年）在他的小说《吉姆》中，详细描写了少年英雄吉姆如何坚持不懈地记忆放在桌子上的物品，然后再找出缺少的东西的过程。经过不断的训练，吉姆获得了一种超常的技能，他能够记住所有看过的细节。

### 图像记忆

在一个实验中，研究人员向志愿者展示了 2500 多张幻灯片，每 10 秒钟换一张。然后，将每张幻灯片与一张新的幻灯片混合在一起，要求被测试者指出熟悉的那张，即他们之前看过的那张。结果非常令人吃惊：几天后，90% 以上的图片被认出；几个星期后，仍然有很大比例的图片被认出。之后再用 10000 张幻灯片做类似的实验，同样确认了视觉识别不同寻常的效率。

### 如此熟悉的活动

观看是我们非常熟悉的一项大脑活动，以至我们有时候忘记视觉在记忆过程中扮演着重要角色。信息进入大脑被处理和存储后，就不再依赖语言了。为了解释视觉记忆的运作过程，神经心理学家将视觉记忆（或视觉－空间记忆）同行为记忆进行了比较。视觉记忆能让我们在头脑里"操纵"抽象的图案或路线，而行为记忆则是依靠语言来理解话语的内容和各种视觉信息。

事实上，重要的是不要混淆了视觉信息与视觉记忆。视觉记忆大多数都是按照双重编码的原则来处理词语、图案、照片或者真实的事物等视觉信息。在大量实验中，神经心理学家揭示了双重编码的优点，这种编码方式能将形象信息（形态、尺寸、布局）与动作信息组合在一起。

### 自闭症患者的记忆：对细节敏锐的感知

人们有时用"照片式"记忆来引出自闭症患者典型的精确记忆。

自闭症是一种发育缺陷，会阻碍患

## —— 面孔失认症 ——

面孔失认症是一种极为罕见的病症，会令病患周围的人非常困扰。患者失去了辨认熟悉面孔的能力，虽然他们可以毫无困难地回想起熟悉的人的名字及其相关信息。不过，他们能够通过声音、走路方式、体态，甚至某些面部特征，比如大胡子或者特别的发型，辨认出熟悉的人。

这种奇异的病症是因为大脑右半球损伤而造成的，因为在大脑右半球存储着面部辨认的记忆单位。例如，患者无法再认出自己家畜群中的牛，鸟类学家无法通过视觉辨认出不同的鸟类，然而却能通过声者与社会的互动、对外界情感的反应和与他人的沟通。但这种严重的功能障碍有时却伴随着非凡的音乐记忆能力或"照片式"记忆能力，后一种记忆能力使患者能用复杂的图像表述出记忆里的少量细节，或者毫无困难地进行大量的计算，就像电影《雨人》中达斯汀·霍夫曼所饰演的人物那样。

为了解释这种自发而非凡的能力，神经心理学家提出"表面的记忆"。这种记忆并非想要脱离图像的整体感觉或整体形态，而是试图结合更重要的细节来创造"心理图像"。面对一幅画时，大多数人都是在集中注意力于总体形态后，再试图把握其中的细节，而自闭症患者在没有总体视觉的引领下将同等对待所有细节。因此，在处理信息的第一步，自闭症患者表现得更好，而正常人"消耗"的精力是为了获得更整体或更多的感官信息，以此简化记忆。有些研究人员还认为，自闭症患者越是与世隔绝，越是容易出现运作记忆障碍。

记忆面孔

在图像记忆方面我们是天生的行家，但是我们中有些人在某一特定方面表现出更高的能力，如记忆面孔、建筑物、风景等。这种能力有时候是训练的结果，正如吉卜林的小说中描绘的那样，但是好像真的存在一种"天赋"，比如在过目不忘的人身上。

我们越是能从几千张脸中毫无困难地认出熟悉的那张，越是难以用言语对其进行描述。在描述时，我们通常会提取整体特征，眼睛、胡子、眉毛、痣等，在辨认面孔时语言似乎扮演着次要角色。辨认面孔的能力很早就在儿童身上得到发展，研究表明 6 ~ 9 个月大的儿童比成年人更容易记住周围人的面孔。

⊙听觉记忆

"如果钢琴演奏家想演奏《瓦尔基里骑士曲》或者《特里斯坦》前奏曲，威尔杜汉夫人称道，不是因为这些音乐使她不高兴，而是因为它们给她留下的印象太深刻了。'您关心我有偏头痛吗？您知道每次他演奏同样的东西时都一样。我知道等待我的是什么！'"（马塞尔·普鲁斯特，《在斯万家那边》）

情绪——理解音乐的关键

情绪与音乐之间的关系是复杂的。一方面，听一段音乐或进行一次与音乐有关的实践（如唱歌或演奏乐器）会引起一些感觉（比如兴奋或放松），我们根据当时的情绪来阐释这些感觉，并且从此以后我们会把这些感觉与听到的或自己演奏的音乐联系起来。

另一方面，在精神层面，我们大多数人都能够预测一段音乐接下来的部分，"我知道这段之后，铜管将进入交响乐中"或者"节奏将加快，声音将变得

演奏小提琴不仅需要听觉记忆，还需要触觉和视觉记忆的参与。

更高"。然而，这种才能似乎并不来源于我们受到的音乐教育，而是来自我们从管弦乐中自发得到的"感觉"。

事实上，一段著名的乐曲产生的"震撼"很大程度依赖于我们的精神活动。神经心理学家观察到，某些患者的听力感知（对一段旋律、节奏、音色等）虽然保持完好，但他们失去了听音乐的快乐感。患者自己解释说，他们"不再能理解"不同乐器之间的音乐关系，并且他们也不能再"预知"一段音乐将如何演进。

### 不同的倾听方式

每个人的音乐才能都不同，一些人似乎比另一些人更有天分去记住一段旋律或者辨认音色。如何解释这些不同？研究人员从对音乐家的观察中发现，他们是以不同常人的方式听，更确切地说是他们"看"所听到的音符，音符对他们来说就相当于"字"。医学图像通过对大脑刺激的研究证明了这些假设。医学刺激利用的是视觉或语言资料。

即使周围存在干扰噪音，职业的或者业余的音乐家都能成功地在意识中保留旋律，而其他人则做不到。在任何情况下，音乐家们都能毫无困难地进行记忆，除非他们同时听到另一段相似的旋律。

### 记忆和音乐曲目库

得益于我们储存在语义记忆中的理论知识，当我们听到一段旋律或者一个作品时，就会感到熟悉，甚至能够确认其曲名、作曲家或者演奏者。对于那些长期演奏同一种乐器的人来说，曲目库是随着日积月累的实践构筑的。

### 语言和旋律是两种不同的听觉记忆吗

对旋律的记忆是否比对语言的记忆更持久？专注于歌词和旋律之间关系的神经心理学研究表明，对歌曲的记忆实际上与这两个方面紧密结合，尽管对旋律的记忆在时间上更持久。大脑受损的音乐家能够继续从事音乐活动，但从此再也不能理解歌词或话语。因此，语言和旋律可能以独立的方式保存在长期记忆中。

如果一段音乐在记忆中能保存很久，那毫无疑问它依靠了与语言信息相关的编码，特别是情感信息。某种声音（亲属的声音、环境里的声音、旋律）与某种情感（是否快乐）联系在一起，会对巩固记忆大有帮助。另外，这样的声音现象不需要以有意识的方式被感知也能永久地被储存，而"普通的"听觉信息（如要记下的电话号码）需要意识的参与，因为它们依赖运作记忆。

## ⊙ 嗅觉记忆

《追忆逝水年华》中写道：每次在贡布雷游览时，"我总不免怀着难以启齿的艳羡，沉溺在花布床罩间那股甜腻腻的、乏味的、难以消受的、烂水果一般的气味之中"。

### 气味，记忆的"要塞"

马塞尔·普鲁斯特的这段文字，总结了嗅觉记忆的许多特征。

持久性：多年后仍能精确地描述出最初的气味感觉；

幸福的基调：与情景之间的联系；

联觉的特质：能让各种感觉相互联系。

气味是记忆的"要塞"，特别是当记忆痕迹产生于孩童时。我们每个人在成人后，都有突然想起一件极为久远的事的经历，有时候通过一种香水气味、一个房间或者一个在柜子底下找到的毛绒玩具而引发。

### 幸福的记忆

大多数的嗅觉记忆都是幸福的，唤起曾经"垂涎欲滴"的生活事件。哲学家加斯顿·巴舍拉（1884～1962年）曾说，当记忆"呼吸"的时候，所有的气味都是美好的。

事实上，通过对500多个学生的问卷调查得出的结论是，他们的嗅觉记忆大多数时候是愉快的，无论在所记忆的内容方面，还是在与之相关的情景方面。在儿童身上，常常是重新想起假期、旅游、大自然（大海、山、乡村等）以及家人

（父母和祖父母的气味、家庭聚餐、家人的房间等）。

奇怪的是，在一些情况下，也有人把公认为难闻的气味与快乐的经历联系在一起。例如，粪坑的气味让人想起在农场度过的一个假期，氯气让人想起游泳池的游戏。

正如这些联系所展现的，我们在记忆的同时刺激了所有感觉和感情的背景，多个大脑区域参与了嗅觉信息的处理——丘脑、淋巴系统等——烙下了气味的感情价值，聚集了各种感觉信息，因此这些记忆从来都不是纯粹嗅觉的记忆。

**嗅觉记忆与其他感觉**

嗅觉记忆总是处于其他感觉的中心。例如，在吃饭或喝饮料的时候，如果没有通过鼻后腔的嗅觉信息，就会失去许多其他的感知能力。

同时，其他感觉反过来也会对嗅觉产生影响。例如，医院的气味会引起难以消化的感觉。一个护士这么描述病人的组织坏死给她留下的印象，"一小块一小块地吞噬着肌体"。另一个护士回忆说，让人难以忍受的气味"注入"了她的衣服和皮肤里。

事实上，似乎很难想象出某种嗅觉记忆，因为它并不以具体的形式同时出现在我们的记忆与身体的某个部位中。但是，嗅觉的特性确实在记忆过程中发挥了很大的功用。

# 第二章
# 记忆术概述

## 记忆术简史

### 1. 记忆术简史

已知的最早的记忆术可以上溯到古希腊时期，它在古代修辞学（辩术）中扮演着关键角色。更确切地说，记忆术至今已使用了 2000 多年，在 6 世纪开始缓慢衰落前，对西方文化艺术方面的作品和行为都产生了深远的影响。

#### ⊙日常常用的记忆术

大约在公元前 400 年前，古希腊一个撰写条约的抄写员极力推荐有助于记忆的 3 条原则：集中注意力、重复、与已有的知识建立联系。例如，为了记住"勇气"一词的概念，可以在脑海中构想战神阿瑞斯或者特洛伊战争英雄阿喀琉斯的图像。

#### 组合记忆法

约编撰于公元前 86～前 82 年的《献给海伦留姆》提出把伴随着所有思维的"天生"记忆同"人造"记忆区别开来，后者通过组合加工可以更好地把想法或词语固定在脑海中，从而强化前者。演说家、政治家或者律师经过长期锻炼，可以不求助于任何笔记即席演讲（脱稿演说），并且在任何时候都不会忘记自己的观点，比如在参议院或者诉讼中的一段讨论中断时。像西塞罗这样伟大的演说家，可以在几小时内不求助任何辅助工具不停地演说。

组合法不仅便于记忆观点，还适用于对词汇和文学作品的记忆，甚至倒着背一段演说或者一首诗歌。

地点与图像记忆法

"地点记忆法"最早是由古希腊诗人西蒙尼·德·瑟奥斯提出的。这种方法首先要在脑海中创建一条记忆路线，例如散步时的休息处或一幢房子的构成元素（门、厅、柱子）等，然后在每个"地点"放置一幅与需要记住的想法或词语相关的图像。

记忆的空间支持思想对我们来说并不陌生。例如，我们很容易想象一条关于自己熟悉的房间或者城市的路径，并且

## -- 地点记忆法的发明 --

公元前477年，希腊诗人西蒙尼·德·瑟奥斯发明了"地点记忆法"。在斯科帕斯组织的一次宴会上，西蒙尼本应该只背诵一首主人要求的诗歌，但是他还用赞美诗歌颂了一对双胞胎神卡斯特和波吕丢克斯。为此斯科帕斯非常不高兴，仅付给他一半的钱，并建议他去求双胞胎神付给他另一半。过了一会儿，有人告诉西蒙尼有两个年轻人在宴会大厅外等他，于是诗人走了出去，但是没有看见任何人。

就在西蒙尼出去的时候，宴会大厅的天花板坍塌了，其他客人都丧生了。有人说，作为对赞美诗的感谢，卡斯特和波吕丢克斯救了西蒙尼。

不幸的是，遇难者的残骸已变得无法辨认，他们的家人根本无法将遇难者搬走。最后凭借优秀的视觉记忆，西蒙尼回忆起每一位宾客就座的确切位置。据说这就是最早的地点记忆法。

知道如何辨别不同的地点和找出与之相关的特征（一幅挂在墙上的画）；我们能自觉地运用空间的比喻（首先……）来引发一系列的联想。

我们借助图像识别星群——大熊座、公牛座、狮子座等。正如历史学家所说的那样，这些图像不是由某些早期人类凭空幻想出来的，而是为了让人们更好地掌握夜空中星星的位置。诗人西蒙尼的故事也许是个杜撰的传说，但地点记忆法却最终成为我们永不忘记的记忆术。

## ⊙服务于基督教的记忆术

公元1世纪，基督教的兴起将记忆术引入了宗教领域，从此，它就开始被用于精神救赎。

不要忘记上帝：沉思与祷告

记忆术的应用首先出现在最初的修道士身上，普通信徒履行完家庭与社会

职责后就从现实生活中退隐，致力于祷告和经文的记忆。在祈祷或者冥想的时候，精神游离的可能性是很大的，有时候思想会落在日常活动而非上帝身上。借助记忆术有助于集中思想，心理成像法能够阻止我们"糟糕的好奇"。与此同时，通过构建心理图像也便于记住《圣经》中有难度的片断，更好地掌握基督教的教义。

### 记忆术和基督教艺术

在宗教生活中，心理成像法占据了重要的位置。它不仅给祈祷或者冥想，也给所有基督教艺术（文学、绘画、建筑等）提供了灵感。美国女研究员玛丽·卡瑞特斯追溯了整个中世纪的记忆术历史，她发现心理成像法是当时思想的重要工具。

事实上，记忆被认为是把知识归于己有的最佳方式。这不只是涉及用心强记，最终的目标是"掌握"或者"吸收"知识，正如今天我们对一个学校科目所做的那样。人类的记忆能力是极其巨大的，伟大的理论家托马斯·阿甘（1225～1274年）能够先在脑海中构想作品的主要内容，也就是说不求助于笔记或者手迹，之后再同时让4个秘书来记录他述说的内容。

上图是18世纪弗雷德里克二世创作的《猎鹰训练术》中的一页。封面上大量的彩色插图除了装饰作用外，还有着帮助记忆的功用。

### 记忆书

中世纪的一些作家具有高超的"熟记"本领，他们能够像在书中或图书馆中查找资料那样，在自己的脑海中"检索"知识。

在古代的手迹中，词汇或者句子之间并不是相互断开的。如果以不同的方式断句，一首用拉丁文写就的著名诗歌读起来就像一首希腊文的诗歌。引入标点符号是为了断开一篇文章，使其成为容易记忆的小单位。中世纪的手迹或者章节，起首的字都以色彩或图案装饰，目的是帮助读者记忆文字内容。起始字母周围的点缀图案概括或暗示了文章内容，是用来引导背诵的。在书页的空白处，我们有时候能找到一幅有助记忆的隐喻插图，这也是用来提醒阅读或者祈祷的。

### ⊙ 所谓的记忆术

从中世纪末开始，甚至在印刷术出现之前，在大学教育中有过一次背诵与其他口头记忆形式的衰退，越来越多的学生使用手抄本和书籍来学习。一些人文学者，比如伊拉斯谟（1469～1536年）和梅兰希顿（1497～1560年），甚至公开标榜自己对记忆术的怀疑，他们极力鼓励用"学习、秩序和应用"来代替地点和图像记忆法，并禁止学生使用所谓的记忆术。中世纪作家曾采用一系列的评论与批注来阐明宗教文章，宗教改革者则认为没有这个必要，那些文章在他们看来只读一遍就能理解。

在蒙田（1533～1592年）的散文中，他说得更犀利："我们只为填充记忆而工作，而让理解和知识保持虚空。"渐渐地，记忆术变成了既得知识的"机械性再生产"，同推理和想象完全对立。直到19世纪，修辞的原则和记忆术才继续被讲授，但是越来越不受重视，这可能源于福楼拜在他的小说《布瓦尔与佩居谢》（1881年）中给了地点记忆法致命的一击：两个相依为命的主人公有着同样的名字，他们试图利用记忆术去记住事情发生的时间、制定他们沉醉其中的无数未完成的目标，但最终他们都失败了。为了简化记忆，他们将住所的每件东西都假想成一个不同的事物，整个村子失去了原来的意义，苹果树是家谱树，灌木丛代表战斗，他们生活的世界全都变成了记号。他们在墙上找到大量消逝了的东西，看完就毁掉，却不知它们何时会再现……

## 2. 从简单的窍门到记忆策略

记忆术的悠久历史体现了记忆力的重要性，这一重要性已被我们认识到。然而，这些方法至今仍有效吗？简单的窍门和神经心理学发展的策略之间是否存在区别？

### ⊙ "记忆不是肌肉！"

有些人想知道是否存在对记忆的训练，对这样的问题，专家们经常给出这样的回答：我们能够从中得到什么？

对于我们中的大多数人而言，遗忘或者记忆"空洞"只以点状方式突然降临。自然的衰老会导致我们记忆力的下降，随着生命的演进，我们发现遗忘变得更频繁，而学习进度变得更缓慢，并且必须投入更多的努力。是否可以减缓记忆力衰退的进程，一直保持良好的记忆力？

## 记忆是一个复杂的行为

记忆力不只是一种记录的能力，更是一种能够过滤的能力，因此我们会有所遗忘。记忆过程通常是复杂的，在进行信息处理时会调动不同的记忆形式，各种记忆形式之间的协作会随着不同的行为而不断改变。诚然，由于不断重复同一件事情，我们总能一次比一次做得更好，但是这种方式并不完全适用于别的方面。一个深受周围人喜爱的法文歌曲业余爱好者能够轻易引述诗句，却总是忘记亲朋好友的生日；一位拼字大师不管遇到什么样的字谜，都能以极快的速度解答出来，却会因为每星期至少三次想不起某个名人的名字而发愁；一个网球迷能记住所有大型世界巡回赛的日期，却从来都记不住法国大革命爆发的时间……

事实上，关于自己的事我们往往记得比较好，而其他方面就要费点劲了。经常玩拼字游戏或者背诵诗歌并不能让我们更容易记住把车停哪儿了或者饭后吃药。对于这类情况，记忆术或许能提供一定的帮助。

健康的生活方式和对某一活动强烈的动机都有助于记忆"保持好的状态"，但要保证从各种活动中获得乐趣。

## 对多种情况适用的法则

如果不停地重复，我们将会极少忘记某人的名字、一次约会或者放钥匙的地方，但这是个繁重且令人生厌的方法。幸运的是，存在几条简单且绝对实用的法则可以加速学习过程，使记忆变得更容易。它们不仅适用于日常生活中大量简单的记忆任务，如果配合合理的方法，还可用来学习和记忆复杂的知识。

这些法则都是广为人知的，我们几乎无时无刻不在以自觉的或潜意识的方式应用着它们，尤其在我们的专业技术领域。

为了防止记忆衰退和健忘，只要目的明确，并付出必要的努力将这些法则付诸实践，那就足够了。面对一项全新的或者复杂的活动（比如以前从没接触过的会计），在没有找到最合适的方法前需要经过更多的摸索。

### ⊙记忆术提供的策略

记忆术提供的策略虽然有些局限，但在某些方面还是非常有效的，其中大部分策略都被教育界借鉴过，而这并非偶然。

在学校的运用

当必须以正确的顺序复述一段诗文、一个关键句子，或者一个提纲中具有抽象特征的信息时，就急需求助记忆术了。在考试时翻书或询问他人都是被禁止的，再加上巨大的心理压力，很可能引起记忆"空洞"，这时也需要运用记忆术。

在日常生活中的运用

记忆术在学业之外的领域的应用就更加局限了。因为，我们能够记住的信息不能太多和太复杂，而且节奏也不能太快。

但是，日常生活的一些情况中，记忆术还是可以发挥作用的。例如，密码（银行卡的、通行证的、电子邮箱的）和信息口令可能被设置成一系列不存在任何逻辑关系或特殊意义的数据，而且，我们也不能把它们写下来，否则有暴露的危险。这种情况下，应该在第一时间找出适用的策略简化对数据的记忆，那么以后，特别是在一段时间没使用之后，回想起来就会比较容易。

记忆术也能帮助我们在极短的时间内记住少量的信息，例如当我们手头没有纸或笔，不能立即写下电话号码和地址时，在记忆元素之间建立联系比简单机械地重复更有效。

⊙ **记忆术的长处与短处**

心理成像或双关语都可以作为技巧用来记忆不常见的专有名词，或对应名字与面孔。在脑海中创造一个与词汇的发音或意义相关的图像，同样有助于记忆外语词汇。

一切皆有可能

最优秀的记忆术在理论上适用于每个人。积极与恒心足以使你正确回想起游戏中所有卡片的顺序，或记住整本字典。然而，想要更灵活地运用记忆技巧就需要进行训练，并对记忆术抱有兴趣。令人惊奇的是，即使是擅长记忆术的行家里手，在面对一些不太特别的材料时（尤其是教学

### -- 马路步行记忆游戏 --

你自己试试，就当是做游戏。4 岁的小孩都能学会和使用这些简单的技巧。游戏是这样的：一个人先从眼前驶过的汽车中选一个车牌号，并用记忆法将其记住。其他人也同时记住这个号码。其中一个人描述这串数字的编码，接下来一个人重复前一个人所描述的东西。每个人都得复述，直到轮到第一个人说完整串数字为止。

这个游戏是测验长期记忆的。你能依然想起你几个小时或几天前所形成的联想吗？如果还能，那你就能有效地记忆数字。

方面）也似乎更乐意用其他的记忆方法。

### 记忆术是最好的方式吗

事实上，记忆术存在一些在我们看来"不太聪明的"程序，因为记忆术的运用似乎依赖一个符合信息本身的逻辑。例如，为了记忆哺乳动物的生物学分类，我们可以死记硬背或者利用记忆术。但是，我们也可以先写下来，在理解分类所依据的标准后，再进行记忆。这种方法看起来似乎更好，而前一种方法则给人留下"不太聪明"的印象，因为没有很好地理解课程而不得不在考试前一天死记硬背。然而，这两种方法的基本原则非常相像，都是将新信息与已掌握的信息联系起来。但是，前一种方法是任意地创造联系，就像地点记忆法所做的那样，相互建立联系的信息之间可以毫不相干；而第二种方法则需要利用既得的知识去建立更有逻辑性的联系。

## ⊙量体裁衣的策略

策略一词最初的意思为"将领的艺术"，即规划与领导战争的行动。依此类推，我们可以定义记忆的策略为计划与引导学习、储存和重组信息的艺术。

20世纪70年代后期的大量调查研究表明：能够辅助我们完成各种学习任务的记忆术在学校中被使用得最多。由于不同的记忆术策略适合于不同种类材料的记忆恢复，我们不能"以不变应万变"，而是必须要决定哪种策略更适合你，哪种策略对于你正在进行的学习任务会最有效果。

### 适用于具体的情况

我们所使用的策略越是恰当，记忆将越有效率，即越持久和完整。为了记住一小时后应该给朋友打个电话，最好是在电话机旁边放一张便签，而不是在手绢上打个结。后一种方式的不便之处在于无法清晰地指明必须要做的事情。为了不在一个陌生的城市迷路，我们会试图在脑海里构建一张地图，但是步行、开车或坐公共汽车所默记的地图并不相同。

### 适用于自己

好的策略应该适用于自己，应该考虑到自己已知的信息，将已掌握的知识转移到一个新的领域，或者正相反，防止两个不同领域互相干涉。例如，法国人在学习英语时会碰到许多两种语言共有的词汇，这就需要特别注意"假朋友"，因为有些词的书写完全一样或者相近，但意思却完全不同。

再者，好的策略还需符合自己的个性。一个健谈的人可能更偏爱通过对话学习外语，即使最初会犯许多错误；一个喜欢阅读的人则可能通过阅读原版小说学习外语；而一个比较内向的人更倾向于在正规的教学培训和埋头专研语法书或者练习教材后，再实践自己的知识。因此，每个人都有自己的学习"风格"和动机。

以上两点，前一点与个体精神活动的特殊性有关，后一点则与个体的兴趣和意图有关，可见并不存在发展记忆策略的笼统的"秘诀"，但是一切都遵循几条主要原则。

## 3. 记忆策略的主要原则

长期记忆几乎拥有无限储存信息的能力。但是，在需要的时候对信息进行重组则依赖于我们"处理"信息的方式——这些方式不仅可以巩固记忆痕迹，还能易化对信息的重组。

现在我们知道，通过感觉器官所察觉到的一切，都由视觉记忆、听觉记忆、嗅觉记忆和味觉记忆的快速过渡中转到长期记忆中。这种临时记忆只能够在极短的时间内（一般为 20 ~ 30 秒，最多 90 秒）记住有限的信息量（平均 7 个），并且这种记忆极易受一些因素影响，比如干扰噪音。除了注意力的因素外，情感也在记忆过程中扮演着重要的角色。

为了能够以有限的方法处理多样的信息，记忆系统不仅需要对信息进行筛选，还要以有利于存储和重组的方式组织信息。

### ⊙组织信息
没有什么比学习"没头没尾"的东西更难的了。当我们每次遇到不协调的信息时，都会先尝试把握其意思或者逻辑，再与已知信息建立联系。一旦联系建立了，记忆也就变得简单多了。

### 重新组合信息
为记住一系列的东西，最常见的方法就是改变原来的排列顺序建立总体连贯性。比如，在准备采购单时，尝试根据商场或柜台的位置重新组织物品，以避免不必要的往返和遗漏。

还有一个方法就是减少东西的数量，通过重新分组形成更简单的组合结构。

例如在记忆手机号码时，最好是分3对数字进行记忆，而不是记忆11个孤立的数字。如果你是一个电影爱好者，想清楚地记住"詹姆斯·邦德"的所有影片，可以根据扮演007的演员来将影片分类，从而简化记忆任务。

与已掌握的知识联系起来

在语义记忆中存在着一个复杂的联系网，使我们能很快处理所有新信息。比如，我们能直接辨认出一条新信息，很可能是因为先前有过什么征兆，或者我们将它与别的信息进行了比较。再比如，在树林里散步时，我们能认出路边的蘑菇，这是因为之前我们学过如何辨认蘑菇，就算不知道它的具体名称，也至少知

## 测试组织良好的优越性

### 在无序中组织

记忆下面这些词，然后合上书。几分钟后，在一张纸上尽可能多地写下你记住的词。然后，进入下一个测试。

直升飞机　　小艇　　　飞机　　　　汽车

轻舟　　　　大车　　　自行车　　　热气球

货轮　　　　独木舟　　悬挂式滑翔机　摩托车

### 尽可能合理地组织

记忆下面表格中的词，然后合上书。几分钟后，在一张纸上尽可能多地写下你记住的词。

| 乐器 | | | | | |
|---|---|---|---|---|---|
| 弦乐器 | | 管乐器 | | 打击乐器 | |
| 拉弦乐器 | 拨弦乐器 | 木质 | 铜质 | 手击 | 棍击 |
| 小提琴 | 吉他 | 长笛 | 小号 | 康茄鼓 | 鼓 |
| 大提琴 | 竖琴 | 单黄管 | 萨克斯风 | 响板 | 定音鼓 |

◉ 许多实验表明，分类法能够将新信息与已知信息联系起来，在回忆的时候提供宝贵的线索。

道它是个蘑菇，是属于蘑菇家族的，可能与牛肝菌有点儿关系。

分类、做笔记与事先计划

对信息进行分类是记忆过程中应遵循的一条原则。在信息之间建立等级联系，或将它们集中到同一类别的知识条目中，是保证成功重组信息的最有效方法之一。知识有条不紊的特征使得由特殊到普通再到另一种特殊的转化变得轻松，而一个杂乱无章的目录哪怕再简单也必须从头进行一次心理浏览，才能找到需要的东西。

上课或开会时最好做些笔记，随后如果能将其整理一下或做个提纲那就更好了。同样，参考提纲或资料表有助于更好地理解课堂内容，这些内容提要可以给我们提供一些线索，能增加完整回想课堂内容的机会。

在实际生活中，比起一大堆便签之类的提醒记号，或者备忘录中无序的约会列表，合理的日程安排能够提高时间利用效率，为自己赢得时间。即使是为假期做准备，日程表也是必不可少的，它能帮助我们有步骤地处理很多方面的事情（住宿、饮食、交通），避免节外生枝。

概括来说，"规划"是为了对信息进行加固、集中、联系、分类、组织、概括，信息不停地被重复和"处理"，可以巩固记忆痕迹从而方便回想。因此，所有好的记忆策略都取决于对信息的规划。

## ⊙联想：建立联系

联想是将你想要记住的东西和你已知的东西之间形成智力联系的过程。尽管许多联想是自动产生的，但是联想的意识创造是将新信息编码的一个极好方法。将一个事物与另一个事物联系起来，更有利于我们记忆。在游览雅典卫城时我们会聊起在巴黎的趣闻轶事，在帕特农神庙前我们会惊呼"传说雅典娜的教堂……"。大多数时候，我们会不经意地做出这样的联想或比较。当我们乍一眼看到什么东西时会想起另一些事物，这些事物之间没有联系，和我们掌握的知识也无关。因此，在记忆时需要有主动激发联想的行为。还有一些客观存在的情况也会激发联想，比如词语的发音或字体等。

与其死记硬背，不如用某种方法将分散的信息联系起来，寻找口头的或可视的逻辑性，或者发挥我们的想象力。

### ⊙构建心理图像

在进行复杂的计算时，比如 4 乘以 18，你是把中间过渡部分（4 乘以 10 等于 40）写在纸上呢，还是在头脑里想象？不确定如何拼写一个单词时，你会想象一下可能的几种写法，然后再决定哪个写法看上去更为熟悉吗？假如有人要你倒着说出一个词，你会先尝试在脑海里浮现出这个词的正常顺序吗？如果答案是肯定的，那么你已经运用了心理成像法，这是最有效的记忆法之一。心理成像能使我们记住较为复杂的信息，也适用于非常多变的状况。

#### 视觉重现

心理图像是对具体视觉感知进行想象后的综合图像。如果有人要你想象一只狗，出现在你脑海中的图像可能涉及多种形态：带有狗的基本特征的图像、你自己养的狗的图像，然后增加或删除一些细节，并添上你想象出来的颜色和动作（比如奔跑）等。你可以将自己想象的狗的模样画下来，拿它同真实的狗（一幅图或者一张照片都可以）比较一下，看看你对于狗的想象是否符合现实。

#### 如何从中受益

在传统学习模式下，心理成像法是很重要的，应用也相当频繁。举个例子，要记住一个城市或一条道路的方位，最好将它们以地图或平面图的形式存放在记忆中。与其放弃统计数据里的一些细节，不如利用图表（几何曲线、分布图等）来牢记各种数据。同理，一份组织图能帮你准确分析事物的结构，一个树形图能更清晰地表明分类逻辑。

在日常生活中，心理成像法有助于想起丢失物品的过程，或者在出门前找到抵达目的地的最短路径。

---

**—— 优化心理成像能力 ——**

面对一个具体的词，我们会以自己对这个事物的概念建立起一个心理图像。比如说，"老鼠"这个词会让我们想起一个小啮齿动物的样子，或者是电脑鼠标。

当涉及到抽象或概念性词语时，就有必要将抽象信息组合起来，使其具体化。因此，"奴隶制"这个概念就可能通过一个脚踝带了铁镣铐的人来表现。

练习一下，请在脑海中构造以下词汇的图像：花瓶、猫、落地灯、汽车、自由、贪吃、博爱、欲望。

做完练习之后，你会发现自己能回忆起大部分词语，因为你

## ⊙ 记得更牢固的有利条件

组织、联想和心理成像是记忆的 3 大策略，还有一些条件能够提高这些策略获取和重组信息的效率。

### 合理划分学习阶段

在复习功课时，1 个小时复习 10 次比 10 小时复习 1 次要有用得多。将学习材料划分为不同的部分，然后依次进行，学习新内容前先回想一下已学的内容，每个部分内部要先从简单且容易理解的入手。

### 进行双重编码

前文提到的许多例子不只调动了唯一的手段——心理成像或对字面意义的分析——而是使用了双重编码。双重编码的效果非常好，要想学得好，最好一边听课一边做笔记，列些提纲或图表等将帮助你更好地掌握课堂内容。

### 从既得知识中获益

我们可以对既有知识进行修改和补充。根据既有知识分配学习任务会更有效，这就是为什么专家们在自己熟悉的领域能更快地掌握新信息的原因。同时，我们也可以从新的学习中获益，梳理和更新既有知识，补充新的细节或建立新的联系。

### 转换视角

如果要为一个工作会议做准备，事先你需要想象不同与会者会如何领会你想要说的内容，预测他们可能会提出的问题，以防临场不知如何作答。

同样，在与银行顾问进行业务会面前或在医疗咨询前，不仅要把你想提的问题记下来，还要考虑对方可能会问你的问题。事前有了充分准备，临场忘记主题的可能性就会降低。

## ⊙ "我想起来了！"

当回忆与学习的背景相似时，信息重组将更容易。因此，要弄清楚你在什么样的背景下才能回想起来。

◉ 当回忆与学习的背景相似时，信息重组将更容易。

如果不得不去地下室找某些东西，可以先在脑海中想象它们所在的位置，那么等到了地下室你就不太容易忘记要找什么了。如果找不到某样东西，那么想想你是从什么时候开始找不到的，回忆所有相关的元素从中找出有用的线索。

想象一下，你出席女儿学期末领取奖学金的仪式。事后，女儿要你给她拍张照片，你却发现相机不见了。在慌乱地寻找前，先尝试在脑海中重现你可能在什么情况下把它丢在哪了：它最后一次在你手里是在什么地方，周围环境如何，你和谁在一起，你们谈论了什么，几点钟，光线如何，当时你闻到了什么气味，听到了什么声音，自我感觉如何……回到你经过的所有地方，想想当时发生了什么，或者站在其他路人的角度想象他们可能看见了什么……

⊙ **练习很重要**

如果不配合以练习，那么再好的记忆策略也将无效。想要改善记忆并非难事，通过训练能使我们形成适合任何情况的习惯性动作。同时，还应该给自己时间以适应不同的记忆策略。注意，每个人都有自己独特的解决方案。

## 练习将词语放入场景中

根据以下提供的 12 个词想象一两个场景，全神贯注地掌握所有的细节后合上书，几分钟后，根据自己想象的场景在纸上写出所记住的词，然后打开书进行对比。

| | | | |
|---|---|---|---|
| 山 | 海 | 太阳 | 夜晚 |
| 雪 | 杉树 | 岩石 | 鱼 |
| 海滩 | 滑雪者 | 阳伞 | 船 |

◎ 心理成像法能使我们记住一系列信息，并且避免在回忆的时候落下某一个。

# 记忆规则

## 1. 我的记忆能提高多少

### ⊙记忆的潜力

当我们探讨提高记忆力时，我们并不像谈论心血管健康问题那样具体或可度量地来讨论。增强记忆力有些像提高高尔夫球技——涉及一些动力学。同样，形成一个极佳的记忆也并不是一个秘密。由于记忆像高尔夫俱乐部一样种类繁多，那么我们也推荐一些种类的记忆方法。这里所介绍的方法为有效运用一系列记忆手段提供了基础，这些记忆手段我们合称为记忆术。然而，就像熟练目标击掷、轻击、击球一样，使用这些规则和训练良好的技能是你成功的保证。运用记忆方法是简单而有趣的事情。只要你使用了这些方法，哪怕是最低限度的运用，就已经是在开始挖掘自己最丰富的记忆潜力了。

一般情况下，人类的记忆容量很难估量。但最近一项关于大脑的研究证明了专家们一直以来所断定的：我们大脑的容量远远超出自己的想象。一些科学家认为普通人的大脑在长期的记忆中可以容纳 1000 万亿比特的信息量。

然而，大脑的结构要求我们储存有意义而非随意的信息。因此，记住一个任意的社会保险号或一个难懂的概念需要一个比记住你喜欢的东西更复杂的策略。普通人一次只能记住 3 ~ 5 比特或块的随机信息，但每部分可能又包括另外 3 ~ 5 块信息——有些像俄罗斯套娃玩偶，每个玩偶都装在更大的一个里面。因此，假如一个社会保险号有 9 位数，当被归纳成次集合时可能很容易就被记住。这种所谓的团块策略，说明了大脑如何被训练得可以更有效地运作——来加工和记住更多的信息。

### ⊙记忆术的作用

本质上，记忆术是记忆的工具。该词的本源可追溯到 1000 年前或更久远些。古希腊人非常崇拜记的力量，以至于一位象征着爱与美化身的女神被命名为摩涅莫辛涅——意思是"不忘的"。那时古希腊和古罗马政治家们想出了许多记忆的策略来帮助记忆大量信息，这些策略使长老院的演讲与辩论在听众中留下深刻的印象。在现代，这个词通常指的是记忆方法。既然我们将记忆理解为包含三个要素——编码、保存、读取——的一个过程，那我们就总结并增加了曾被古代演说家用过的一些记忆法。

### ⊙即使没有很好地编码也能重获信息吗

记忆也许不可能是精确的，更有可能的是你一旦获得信息就会马上识别出来。例如，在一个多重选择的格式中，像一个评论问题中需要的那样单独记忆。另一方面，如果没有很好地编码、保存信息，没有采用策略性的记忆方法，那就没有恢复信息的希望。但是这三个过程中的每一个都能提高你成功的概率。事实上，每一种提高记忆力的系统、规则、记忆过程、策略、种类、观念或洞察力，都与这三种关键的记忆阶段中的几个或全部有关。

## 2. 编译记忆的原则

### ⊙积极的态度和信念

最重要的编译记忆的原则，是你真正相信自己能够学会和记住你想得到的。这种情况下，你的身体放松并且聚集了所有完成手边工作的能量。积极的态度会产生成倍的效果：它最终改变了你大脑中的化学成分。积极的态度促使多巴胺—— 一种良好的神经递质产生。就像一台从地基循环取水的抽水泵，乐观促生了多巴胺，多巴胺反过来又提升了乐观情绪。第二，积极的态度有助于产生更多的去甲肾上腺素和另一种神经递质，这种神经递质为你提供了作用于动机的生理能量。第三，建设性的思考可以刺激大脑前叶，有助于长期计划和判断。总之，积极的状态远胜过"盲目乐观的效果"，它实际上刺激了你用来学习的大脑。

### ⊙准确的观察

我们大脑中的大部分信息都是无意识的。伊利诺伊州立大学的埃曼纽尔·唐琴博士认为，我们加工处理超过99%的信息都是无意识的。为了避免被无数的感官琐事所轰炸，人类的大脑学着有意识地只关注那些被认为是重要的信息。我们尤其关注那些威胁到我们生存的事物。当我们每分钟随机感知数以百万的信息量时，我们确定要记忆的信息必须有意识地被提示给记忆系统。这里动机在起作用。为了确保准确的编译被引入信息，你必须下意识地集中注意力。不管你是否真的感兴趣，积极主动地集中注意力能更好地储存和恢复记忆。

你观察、听到和思考的事物越多，记忆的可溯源就越深。注意闻一下是否有些气味存在，如果有就在心里默默记住。听一些平时不容易注意的事物——背景噪音的变化或音量的增减。写下那些特别有意思或重要的信息；绘制图画、图标或标出数字来说明一个要点；检查你确认的感知是否准确。闭上眼睛想象你所听到的。在脑海中回想这些信息并用你自己的语言重新组织。你潜心感受得越多，初始记忆的编码就会越强。

### ⊙ 考虑背景因素

编译记忆的另一个关键因素是考虑背景。背景意味着更宽泛的模式——输入的意义、环境、原因。当我们第一次关注大幅图画时，所有的细节问题更关键，知道了图画是怎样组合在一起后我们就可能理解和记住信息。例如，想一个拼图玩具，通常的方法是通过比较方框中的图片来确定邻近的部分。换句话说，整体为理解部分提供了必要的背景。想象一下学习一项新的运动，比如，你亲自打了比赛并且得分了之后才会记住"标准杆数"或"转向架"这些高尔夫中的专业术语。同样，当你一遍遍试着

⊙ 当我们第一次观看图画时，细节更重要。比如，教人打高尔夫球，得分会使他们对"标准杆数"产生一个更好的背景理解。

击球到 400 码远时你才能确切地领会到这一距离的实际意义。

### ⊙ B.E.M 原则

缩写词 B.E.M 表示开始、结尾和中间。你接收信息时很可能按这一顺序来记忆。换句话说，更容易记住的是开始时接收的信息；接下来是结尾接收的信息；最后记住的才是中间部分。

为什么会这样？研究者推测在接收信息的开始和结尾时存在着一个关注偏见。开始时固有的新奇因素和结尾时感情释放在我们大脑中酝酿产生了化学变化。这些化学变化加上学习使之更容易记忆。因而，如果你想记住中间部分的信息，就应当运用一个记忆方法并且给予这部分特别的关注，以确保对它们进行更

牢固的编码。

### ⊙ 主动学习

通过一个练习的形式我们可以更好地理解主动学习的概念。因此，思考下面两组序列：一组数字和一组字母，花几秒钟来记忆每一组。

1492177618121900191719631970

NASANBCTVLIPCIAACLU

一般来说，大多数人记忆这些抽象的数据都很费时，除非他们运用记忆术——我们就打算运用它来记忆。这次，我们将它们分成三四个一组再浏览一遍，使之在某种程度上让你印象更深刻。用视觉图像或联想的方法将数据中的小块相互联系在一起完成记忆过程。例如，你可以引用历史中一个著名的数据（哥伦布开辟欧洲新航线的时间）"1492"将开头4个数字联系在一起；然后，你通过另一种相关想象把它与接下来的一组数字联系起来（这一回是关于《独立宣言》）。在这里，虽然是为了易懂提供的两组显而易见的例子，但事实上，你的确可以运用这种联想记忆法记住任意次序的字母或数字。

你刚才所做的实际上就是"主动学习"。当一个人处理信息或用它做实验，或者被要求来解决一个与之相关的问题时，他可以通过多种记忆方法来编译信息——视觉、听觉和知觉的——以此增加恢复记忆的机会。加工处理新的信息可以在你大脑中产生更多联想并且巩固已有的联想。这里有一些用于塑造记忆肌肉的可靠而真实的策略：

（1）讨论新的知识。

（2）阅读新的知识。

（3）观看一部相关的电影。

（4）将信息转化为符号——具体的或抽象的。

（5）运用新术语和概念做一个填字游戏。

（6）写一个主题故事。

（7）绘制相关的图画。

（8）分组讨论新的学识。

（9）在头脑中描述新学的知识。

（10）编一些相关韵律和歌曲。

（11）将身体运动与新学识联系起来。

## ⊙分块

正如前面所述的主动学习的例子，复杂的题目或一长串信息元可以分成易掌握的块来理解和记忆。例如，电话号码、信用卡、社会保险号总是被分成 2 ~ 4 个数字一组以便于记忆。有意识的大脑一次一般只能处理 5 比特的信息量，而这一数量又与学习者的年龄和已有的学识有关。一般说来，1 ~ 3 岁的婴幼儿一次只能记住一条信息；3 ~ 7 岁的孩子可以记住两块信息（或根据指导一步步来）；7 ~ 16 岁的孩子能记住三块信息；大于 16 岁的则通常可以掌握四块或者更多信息。

不管你的年龄有多大，将抽象的信息分成易掌握的团块能够增强你的记忆。这里还是前面主动学习练习中用过的两组相同的数据，只是这次我们把它们分成团块。当然，没有正确与不正确的团块次序之说；唯一重要的是它们对你是否有用。我们已经使用了一些简单例子来说明，接下来的方法将教你怎样对那些提示不怎么明显的信息进行联想。

我们现在将上文中那个主动学习的例子分成下面的团块，以便更有效地进行记忆编码处理。

1492.1776.1812.1900.1917.1963.1970

NASA.NBCTV.LIP.CIA.ACLU

## ⊙加入情感

不论何时，一个人情感的加入，都在很大程度上可能形成对事件更深刻的印象。激动、幽默、庆祝、猜疑、恐惧、惊奇，或者任何其他强烈的情感都能刺激肾上腺素的产生，同时也刺激着扁桃核结构。举个例子，如果你作为贵宾出席一场令人惊诧的聚会，那么你会感觉到情感对记忆的影响力。在这样一个时刻，这个活动会因肾上腺素的释放，大脑情感中心和扁桃核结构的刺激而变得记忆犹新，从而也促进了编码和恢复记忆。

恐惧为长期记忆中某种情感的根深蒂固提供了典型例子。你 4 岁时，有人恃强凌弱从你身后鬼鬼祟祟冒出来，将一条蛇猛推到你脸上并大声恐吓，这种经历在事情发生的那一刻留下了深刻的烙印。为什么？因为强烈的恐惧感刺激产生了肾上腺素——使身体免受畏惧和惊吓的生存反应。因此，生物化学认为这种情况是重要的。一条蛇或以后类似的刺激物在你余生中可能触发相同的自动反应——无意识的,如果不是有意识的话。如果这导致了令人讨厌的恐惧症,(在治疗中)这种强烈的编码将被重新组织。然而,由于恐惧感使人印象深刻的特性,我们通常要推荐一个资深医生来治疗。

#### ⊙寻求反馈

"你看到了吗?"无论何种情况,当我们见到一些不寻常的事物时,我们的反应或者是不相信,或者是和别人核实。这是一个聪明的策略。你要确保自己的所想、所见、所闻是真实的。寻求反馈是一个自然且基本的学习手段,它有助于我们在形成不准确的记忆之前将假象减小到最低点。反馈的过程有助于增强我们的感知,从而增加记忆事物或刺激物的可能性。反馈来源于多种形式。提问是其中之一。即便答案并不恰当,个人对信息的涉入也能加深编码。

## 3. 增强记忆力的原则

#### ⊙获得充分的睡眠

研究表明,白天学习时间越长,夜里做梦可能就会越多。我们做梦的时间,即所谓的快速眼动睡眠,可能是学习的一个巩固期。快速眼动睡眠占据我们整个休息时间的 25%;也有人认为它对睡眠是重要的。这个假定有事实支持:大脑皮层的一部分被认为在长期记忆过程中起关键作用,而其在快速眼动睡眠期间是非常活跃的。其他的研究表明,快速眼动睡眠中老鼠大脑的活跃方式与白天学习期间大脑的模式相似。亚利桑那大学做白鼠研究的布鲁斯·麦克诺顿博士认为,在睡眠过程中,海马体仍然处理着脑皮层传送来的信息。关键的"停工期"通常在睡眠最后的 1/3 时间(早晨 3 ~ 6 点)出现,它可以使好记忆与差记忆呈现出差别。

#### ⊙进行间歇学习

大脑的设计并不是为了永不停息的学习。加工处理期是为了在脑中建立更好的连接和唤起。这就是间歇过程中可以进行最成功学习的原因——学习、休息、学习、休息。研究表明,应依照学习材料的复杂性与学习者的年龄,每学习 10 ~ 15 分钟之后应确定一定的停工期,而这种有效的规则对于增强记忆是至关重要的。

⊙ **让信息变得重要**

维持记忆的另一个重要因素是人对信息重要性的划定。有关这个原则的一个很好的例子，是那些总是忘记写作业的学生，但他们却记得自己最喜欢棒球队中每个队员的击球率。想想每天对我们进行狂轰滥炸的电视广告，你会记得多少？你又能记住多少时时响起的电话号码？可能你什么也不记得——也就是说，除非你正在专门查找一条广告，那么你会刻意记住它。回想上次你被介绍给你真正喜欢的人时，你是不是不止一次询问他的姓名？信息对你越重要，你越可能记住它。

⊙ **运用信息**

练习一直是最好的老师与教练。重复能够增强记忆。当大脑吸收了新的信息时，细胞间就产生了一种关联。这种关联在每次使用时都会得到加强。初始学习之后复习 10 分钟可以巩固新的知识，48 小时后再复习一遍，7 天后再来一次。这种循环确保一种牢固的联系。看照片是另外一种增强记忆的方法。大学时的一些记忆是否已消失？通过留言簿里泛黄的纸张和幽默的留言，我们可以回忆起那些面孔、名字以及共同的冒险经历。

⊙ **牢固地储存信息**

有人错误地认为大脑是身体里唯一的记忆存储和恢复中心。实际上，我们需要不同的记忆存储设备。便条、名单、电脑、档案、朋友、特意放置的物品和日历都可成为支持我们记忆的工具。它们中的每一个都有着同一目的：为帮助记忆恢复提供"牢固的副本"。依靠这些外部的记忆设备，我们很少会产生错误的回忆。把我们忙碌生活中的重要记忆放在每一个地方是加强记忆的策略性方法，即使是仅仅写下想要记住的事也能加强你的记忆。

⊙ **养成习惯**

大多数人都有许多，甚至成百上千种习惯让我们记住生活的责任与义务。当然，大多数人都是无意识地养成这些习惯的。这些习惯可能是把我们的桌历翻到一周中恰当的一天，把便条粘在醒目的地方，标记出我们要记得带去学校或工作的东西，等等。这里的策略是有意识地在生活中养成习惯以减轻记忆的负担。比如，当你走进屋子时总是把钥匙放在同一地方，它更适宜放在靠近门的地方。一旦意识到自己的习惯，你就可以利用它们把要记住的信息联系起来。例如，你可能把自己要记得带去工作的书与钥匙放在一起，在你例行其事的时候，就不需要刻意去记忆。

# 记忆术在学习中的应用

## 1. 记忆术在教育中的作用

### ⊙记忆策略能够帮助我获得学业的成功吗

在学校里，我们要完成多种学习目标，要解决多项议程，这常常都需要与自己的时间竞赛。首先，有一些是你希望学到的知识，因为你对它们感到好奇，并且认为学习这个科目很有意义；其次，有一些是你的老师希望传授给你的课程；再次，有一些是社会体制要求你掌握的知识，还有一些是父母期望你学习的课程。另外，一个学生必须知道他们将会被测试哪方面的知识或技能。一些测试是衡量你的知识水平，另外一些测试很可能是检测你的技能水平。有些课程可能会让你进行个案分析，其他的课程则需要你知道一些公式。有的测验可以使你提高即兴思考的能力和提升创造力，有的测试则可以指导你学习的方向。无论这些课程目标和检测方法多么不同——无论是一篇短文考试、多项选择、数学等式、口语表达，或是个案研究，它们在某一些方面都是相同的，即每一种考察方法都需要知识，而这些知识的学习都需要依靠你的记忆力。

为了确保你可以获得必备的知识，无论课程任务是什么，我们建议你能够利用所有的记忆工具。就像没有仅用一种工具（如锯）就可以盖房子一样，也不可能仅使用一种记忆方法（如联系法）就可以满足你所有的记忆要求。当你可以很熟练地运用本书所概述的所有记忆术策略，你的记忆力"工具箱"就可以帮助你完成繁重的学习任务。

### ⊙记忆术会削弱教育的地位吗

记忆术策略的学习绝对不会取代教育本身的地位，它仅仅是学习的一个辅助方法。就像计算机一样，记忆术的学习只是提供一种方法，可以使你更快掌握知识。一旦学生们能够有效地使用记忆术，那么就可以把他们的学习时间最大化。美国教育部 1989 年出版的《什么在起作用》总结说："记忆术可以帮助学生更快地记忆更多的信息，而且对这些信息的记忆可以保持很长的时间。"

新泽西州的参议员比尔·布拉德利是美国参议院中最智慧、最善于思考的参议员之一，他非常赞成美国教育部做出的这份总结报告。这位普林斯顿大学的毕业生也是一名记忆力方面的专家。这决不仅仅是巧合。布拉德利的记忆技巧可以使得他只花很少的时间来完成学校的任务，然后利用更多的剩余时间追求他个人的目标。

### ⊙什么记忆策略可以提高我的学习成绩

你能够想起记忆过程包含的三个基本要素是什么吗？下面做一个简单的回顾。这是任何初学者都要坚持的记忆阶段：

编码的阶段（已记录的阶段）

保持或增强的阶段（储存的阶段）

通过联系回想的阶段（回忆的阶段）

成功的学习策略不但能够使你掌握必修课，还可以使你在有限的时间内学习你感兴趣的知识。

## 2. 学习中的成功编码策略

### ⊙保持冷静

用积极的信念为自己打气。相信你可以掌握新事物。提醒自己可以做得到。如果你碰到了挫折，一定不要为此就放弃自己制定任何远大的目标，或是对于自己作为一个学生的能力做出轻率的判断。你可以做一些积极的体育运动，或是改变一下学习的进度。当然，也可以给你自己一些坚定的信心，比如，对自己说，"掌握事物很容易"，"我一定会成功"，"我有很强的记忆力"，等等。

### ⊙学习需要能量

你要非常清楚学校的时间和你学习的时间。每天要有 6 ~ 8 小时充足的睡眠时间。吃一份高蛋白含量的早餐。如果你有咖啡、可可，或是茶等饮品，那就要限制咖啡因的饮用量或是喝脱咖啡因的咖啡。过多的咖啡因会降低你的注意力，导致你犯一些错误。理想的学习状态是警觉而不是兴奋。

### ⊙有目标的人是成绩优秀的人

你要确定你想要学习什么和为什么学习它。回顾一下总体的任务，制定一份计划。写出你的周目标、月目标，或是学期目标。把这些目标分成几个可以衡量的步骤、检测点，或者是你能够经常回顾的目标。如果你制定的目标既可以包括你要学习的内容，也包括你希望学习的知识，这两者之间如果能够达成平衡，那么这就是理想的目标了。这些目标越有竞争力越好。

## ⊙练习

当你学习时，应用之前介绍过的记忆术策略。编码记忆可以是很简单的。思考一下你正在学习的新内容是如何与你已经知道的内容相互联系的。当然，编码记忆也可以稍复杂些，比如，要把你的学习内容与地点或是身体部位联系起来记忆（位置法）。

## ⊙"好好保养"记忆力

你的记忆力有赖于其所必须的营养。在学习时，要确保你的大脑能够通过健康的饮食（如新鲜的水果、蔬菜，全部的谷类食品等）来获得足够的营养物质。你也可以考虑其他的食品来补充营养，以提高你的认知力，增加活力。

## ⊙专心于中间部分的内容

我们知道对人部分材料的记忆顺序是开头、结尾，然后是中间部分。也就是说，在每一个学习阶段，学习内容的开头和结尾部分与中间部分相比，都会更容易被记忆。根据这个原则，你可以有意识地更加注意中间部分的信息，从而抵消中间障碍信息对记忆的不利影响。因为你会很自然地记住材料的开头和结尾，那么对中间部分稍加注意，就可以支撑这个记忆的薄弱环节了。

## ⊙集中注意力

对材料的积极思考能够加深对内容的理解。这样的话，我们就可以问自己一些问题，然后把这些设想形成一个清晰的重点：我们昨天学习的内容和它有什么关联？我们还将要学习什么？为什么学这个而不学那个？或是，这个内容意味着什么？这种问询过程对于编码记忆和增强记忆是至关重要的。在班级里提问，两个人互相检查。如果可能的话，在形成错误的印象之前，立刻作出反馈。

## ⊙让我们来欢庆

当你体验强烈的情绪感受时，那么这种经历就很可能会在你的记忆中留下深刻的印象。兴奋、幽默、欢庆、恐惧、骄傲、焦虑和其他的强烈情绪都会刺激大脑产生一种能有效提高记忆力的荷尔蒙，它可以促使大脑和身体行动，帮助大脑回忆信息。

### ⊙形象的描述

用形象的语言描述图片。在头脑中形成思路，可以保证你是正在理解材料，尤其是有些材料是以口头的方式表述的。思路给你提供了一个形象的图表式的组织模式，帮助你理解你要学习的内容，这种方式有助于你编码记忆、增强记忆和恢复信息。形成思路是很有意思的过程，如果参考下面简单的四个步骤，将使你更加熟练地掌握这个过程。

思路形成的步骤：

（1）准备一叠纸张和一些彩色笔。

（2）你可以在纸上把中心内容写出来，画出来，或是用其他的方法把它们描绘出来。

（3）添加从主要内容中流露出来的其他内容，并且用感知描述它们。用这些次分支内容描述相关的中心意思。

（4）把线条、胡乱的涂画、图表和标记都联系起来，用丰富的细节形成个性化的东西。所有这些都有助于在你头脑中确定概念和观点，有助于刺激你后来对内容的回忆。

## 3. 成功学习中的增强记忆策略

### ⊙甜蜜的梦

研究表明，在逻辑测试和解决问题的测试中，那些睡眠充足但是很少做梦的学生与睡眠充足且经常做梦的学生相比，他们的测试结果很糟糕。这表明不止是睡眠对于记忆过程很重要，做梦对于记忆过程的作用也是非常大的。实际上，如果你白天学习的内容越多，那么你晚上做梦的时间很可能就越长。做梦状态和快速眼动睡眠时间用去了整个睡眠25%以上的时间，这对于我们保持记忆力是至关重要的。刚刚入睡时，快速眼动睡眠用去了我们睡眠时间的一小部分。快到凌晨的时候，我们大部分的睡眠时间都是在做梦。这表明睡眠过程的最后几个小时对于学习的巩固可能是至关重要的。如果你的工作或是学校要求你每天五点钟起床，将会对你的记忆力产生消极的影响。

### ⊙抓住高潮期

大脑的结构决定它不能永不停息地学习，它需要休息。基于大脑机械理论，大脑左右半球之间每隔 90 分钟左右就要交替消耗能量。这种身体节奏或头脑节奏被称为昼夜周期（一个昼夜不停连续运转的周期）。在这种周期的作用下，当左脑处于功能运行高效期时，更多的与左脑有关的任务（如连续学习、理解语言、计算和判断）就会很容易进行。同样，当右脑处在功能运行高效期时，更多的与右脑相关的任务（如富有想象力的学习、空间记忆、辨认面容、想象影像和重新构建歌曲）也会很容易进行。学习过程需要有间歇来处理材料内容。在这段时期里，大脑分析学习内容，并且把它们传送给内部大脑组织，这个过程对于记忆的连通性和恢复记忆也是必要的。你难道不认为进行完 1 万米的长跑后需要休息吗？由于学习是一个生物过程，它会改变大脑的结构（建立新的突触间隙连接，增强原有结构的运转效力），因此，睡眠对于大脑保持最佳运行状态是非常重要的。如果你非常了解你自己大脑的昼夜运作节奏，你就能够在大脑功能运行能量最旺盛的时期最佳地完成你的学习任务，而当大脑处于低效率运行期时，就可以休息放松。

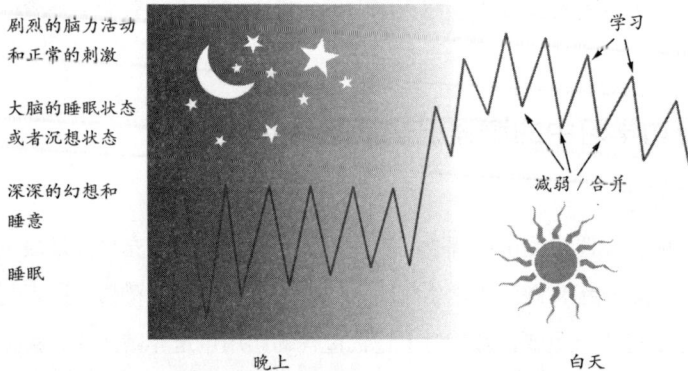

剧烈的脑力活动和正常的刺激

大脑的睡眠状态或者沉想状态

深深的幻想和睡意

睡眠

学习

减弱／合并

晚上　　　　　　白天

⊙ 上图显示了我们一天的昼夜节奏是如何受影响的。在这里，通过不同层次的脑波活动，来描述这个影响。

## ⊙重复

脑细胞与新内容之间的联系可以通过重复这个过程得到加强。为了保证这种强大的联系，新内容应该在学完之后的 10 分钟内复习一遍，48 小时内再重复一遍，如果可能的话，7 天之后再把它重复一遍。如果你不复习那些学过的内容，也许你会在某个时间惊奇地发现，突然间你把它们全部都忘记了，尽管你清楚地记得你学习过那些内容。复习新内容的时候，你可以和其他同学或者其他小组的同学组成一个学习小组，重新读读笔记，或者重读每一页的开始段落和结尾段落。设计一个纵横字谜也是另外一种很有意思很有创造性的复习方法。其他还有一些方法，比如可以看一段有关这个学科的录像，或者利用新概念、新内容编一曲说唱乐等。

### ⊙你的记忆复件在哪里

尽可能使用一些"有难度的版本"或者外部的记忆工具，复制你的记忆。尤其是在你压力很大的时期，当你一度要反复修改很多杂乱的事情的时候，养成随身携带一个日程表或者个人记事本的习惯，并且要非常狂热地喜欢在上面记录一些内容。设计一个软件（如果你使用计算机），一个整理好的资料系统，里面包括你每天的目标，有的时候一些事情也可以引发你的记忆。没有一个人的记忆力是最好最完美的。我们承受的压力越大，信息就越可能没有获得编码而被流失掉。制作你个人的记忆系统复件，就像制作一个计算机的记忆系统复件，可以帮助你记忆或者搞清楚一些问题。

### ⊙一天四十五分钟

人是习惯的奴隶，所以我们能做的最聪明的事情，就是好好利用这种趋向。每天都要留出练习、叙述和复习的时间。有一种趋势很明显，就是你每天短时间的学习（间隔学习）要比你长时间内填鸭式的学习效果好得多。如果完成一个3小时的任务，你要问自己："我要如何花费最少的时间最大限度地利用我的脑子来完成这项任务？"把这项任务分成45分钟的学习阶段，用4天多的时间完成它，这样你的大脑就可以有个"休息期"，而大脑正好需要用这个"休息期"来巩固你已经学过的知识。当然使用这个方法首先要求你要有很强的自制力，但是一旦建立起你自己的常规，那么就可以明显地看到这种学习方式的优势，而且这种学习过程也是在无意识地进行。

### ⊙说什么

你越能熟练地掌握新内容并且形象地描述它（积极的学习），你就越能很好地理解材料。在笔记上写出你的思路，与其他学生组成小组就某一论题进行辩论，或者做做试验，或者根据学习内容编出一个小故事，或者用肢体语言或手势来形象地描述这些内容。你还可以找到一个学习伙伴，每周都可以在一起复习功课。在图书馆里浏览一下有多少关于这门学科的参考书。有很多种方法可以使我们熟练地掌握新内容。就好像你走进了一个知识的"玩具店",你都要亲自看看。或者就像我们观察一个初学走路的小孩子,他在早餐时间会端着一碗粥到处走,做任何可以想象出来的事情,但就是不喝它。

⊙**视觉训练**

慢慢移动你的目光,用一种结构的方法观察图片——从左到右,从上到下,然后再反向观察回来。记录下你所看到的东西。

闭上眼睛,然后尽可能清楚地回忆你观察到的情景:图片的左上角是什么物体? 左下角,中间,右上角,右下角呢?

睁开眼睛重新观察图片。你记忆对了多少? 什么物体或是细节你漏掉了,或是记忆不准确?

最基本的观察方法能够应用到你所希望记忆的任何对象上面。为了训练你的观察技能,你可以随机选择影像或者情景,然后仔细地观察它们。就上面列出的各种问题对自己发问。然后,尽力描述或者刻画你所观察到的。当然,你可以写出或者画出那些情景。如果你能够更多地注意到你身边的事情,能够观察你生活中的每一个细节,那么,当你养成这个习惯后,你的记忆力就会提高,同时,你的创造力和艺术技巧也可以有所提高。

第二篇

# 你也可以拥有超级记忆力

# 第一章

# 伴随一生的记忆

## 最初几年的记忆

胎儿就已经记住了通过母体接收到的一些信息，他们出生后将逐渐发现世界，同时提高学习和记忆的能力。

我们造就了自己的记忆，正如它造就了我们。幼儿时期，是发展大脑和构筑精神心理的时期，也是最具活性的阶段。在生命的最初阶段，记忆已经拥有了可供一生铸造的雏形。

### 1. 从出生前开始

胎儿有着丰富的印象和感觉，并且对母亲在怀孕过程中的感情非常敏感。胎儿记忆的形成和发展是一个复杂的过程，涉及基因、神经内分泌腺（作用于神经系统的激素）、生物化学和感情因素，并以间接的方式通过胎盘和母体承受着外部环境的强烈影响。

#### ⊙胎儿感知什么

胎儿能感知许多的事：母亲有节奏的脉动、摄入的某些食物的味道、由于姿势不好而引起的肌肉收缩，以及在出生后所能够辨别的音乐和声音。当新生儿听到一段在母腹中的最后6个星期反复听过多次的儿歌时，会更用力地吮吸奶嘴。我们也观察到了类似的反应：当新生儿听到母亲的声音时，能将其与其他女人的声音分别开来。在有多种味道可供选择时，新生儿会更偏爱母亲在怀孕时经常吃的食物的味道。因而，婴儿很早就能记得使自己感到舒服和兴奋的东西，以及使他们感觉良好或觉得不舒服的事情。

### ⊙早期沟通

在怀孕期间，对即将出生的胎儿来说非常重要的一点是把他放在关照的中心——腹部按摩有助于孕妇的舒适和父母与孩子之间的早期沟通。在触觉接触中，胎儿在母腹中将以积极的方式移向这些快乐的源头。这些印象随后会变成感觉，并形成记忆草图，胎儿会因此牢记这些生命与交流乐趣的"初体验"。这些初体验将会让孩子一生都保持乐观的心态，在遇到困难时屹立不倒。

⊙ 正是通过母亲的声音和借助简单重复的动作，婴儿发现了世界。

出生是一个真正的"生态搬迁"。为此，母亲在生育孩子时应该有亲属和医生的支持，让孩子在绝对安全之中来到这个世界。这样，父母与孩子的情感联系将被延续，并且这种信赖关系先于其他任何情形被孩子记住了。

⊙ 这个婴儿 16 个月大了，他能够模仿母亲的表情，并且母亲不在身边时他还能继续模仿。这说明他能记住母亲的表情。

### ⊙模仿

婴儿的模仿能力为我们提供了另外一种研究记忆的方法。人们认为，如果婴儿模仿某个动作，就表明婴儿能记住这个动作。在很多项研究中，研究人员在婴儿床前弯下腰，他们对着婴儿噘嘴、吐舌头、眨眼睛。有研究人员报告说，刚出生不到 1 个小时的婴儿就有对噘嘴、吐舌头、眨眼睛做出反应的。但我们并不十分清楚，在这些关于新生儿模仿的研究中，婴儿是否真的在模仿，是否有可能仅仅是实验者离婴儿太近而引起婴儿反射（机械）式的吐舌头、噘嘴等行为。这一想法为以下事实所证实：新生儿并不能对更复杂的行为做出回应，当实验者离开时，新生儿也不再模仿，但 9 ～ 12 个月的婴儿在实验者离开时仍然会继续模仿。发展心理学家皮亚杰认为，后者的模仿清楚地说明，婴儿能够记忆，或者说婴儿能够以心智表征事物。

⊙ **控制行为**

稍微大一些的婴儿可以控制自己的某些行为，因而我们就能对这些行为进行研究。在一项早期的研究中，皮亚杰对自己的儿子进行了实验：儿子当时还是婴儿，他的婴儿床上悬着一个风铃，皮亚杰拿出一根绳子，一头系在儿子的脚趾上，一头系在风铃上，儿子的脚一动，风铃就动起来。皮亚杰解释说，婴儿刚开始动脚不过是一般性的动作，与风铃无关，但婴儿很快就发现脚动和风铃动之间的关系，于是婴儿开始兴致勃勃地踢脚，让风铃也动起来。

现在假设你想检测一只猴子的记忆，你会怎样检测呢？猴子和幼婴都没有语言能力，他们适用同样的检测程序吗？研究表明该问题的答案是肯定的。检测猴子记忆最常用的方法被称为"延宕不匹配样本程序"。实验者先拿某个样本物体（如一个小盒子）给猴婴（或人类的婴儿）看，他们要是抓盒子就给予奖励。然后，实验者拿走盒子，过一会儿再把盒子跟另外一个新物体（如泰迪熊）一起拿给婴儿看，只有婴儿去抓新物体时才能得到奖励。实验者继续进行实验，拿很多不同的新物体跟原先的样本物体一起给婴儿看。婴儿去抓新的物体而不是原先的物体时才能得到奖励。

延宕不匹配样本任务并不容易完成。要完成该任务，婴儿至少得具备 3 种能力：发现并记住规则（总是新物体得到奖励）、为辨认出新物体而记住总是能看到的那个物体、能有意识地伸手去抓物体。通常，猴婴至少要 4 个月大才能掌握这 3 种能力。人类的婴儿比猴婴的发展速度更低些，不到 1 岁的婴儿几乎不能很好地完成这项任务。1 岁大的人类婴儿经过多次尝试才能掌握这些能力。

⊙ **A 非 B**

A 非 B 实验给我们指出了婴儿产生短期记忆的年龄。假如你拿一个物体（比如一个指环）给成年人看，然后把指环藏在一个枕头（枕头 A）下面，成年人一直观看着你的动作，对他来说伸手找到指环一点也不困难，但四五个月大的婴儿就做不到这一点。

现在，假设你已经把指环藏到了枕头 A 下面，你又把它从枕头 A 下面拿出来，塞到它旁边的另一个枕头（枕头 B）下面，这次成年人和婴儿都看着你的动作。成年人立即伸手去枕头 B 下面找到指环，而婴儿即使看到同样的事件发生过程，却向枕头 A 而不是 B 伸出手去（这个实验因此而得名）。婴儿到 8 个月左右大的时候，才能比较稳定地向枕头 B 伸手——而且只能是在物体刚被藏起来时才行。如果从藏物体到找物体之间有段间隔，即使只有 8 秒或 10 秒钟时间，不到 1 岁大的婴儿中也很少有能把手伸向正确的方向去枕头 B 下面去寻找的。

A 非 B 问题为我们提供了一个用来检测记忆的有用实验。婴儿要想找到物体，就必须先记住物体被藏到了什么地方。该实验不仅能检测婴儿的短期记忆，而且还证明记忆的发展与大脑的改变有关。

## 2. 脑的早期发育

出生后最初几个月里，人的脑部发生了非常重要的变化。出生前几个月，人的脑部发育很快，新生儿的头部大约是身体其他部分的 1/4；而成年人的头部与身体其他部分的比例约是 1：10。婴儿的脑部在出生头 2 年持续增长，这就是我们曾经说过的脑细胞增殖现象。脑细胞增殖不仅是脑细胞数量的增多，覆盖脑细胞的保护膜也随之生长，在既存的神经细胞中还产生了大量的相互联系。实际上，2 岁时大脑的潜在联系比人生任何时候都要多。因为许许多多我们后来没有用过的联系最终消失了，这就是我们所知道的神经系统（即神经细胞）修剪。

婴儿的脑相对较大，主要包括 3 个部分（像成年人一样）：脑干（位于颅后窝，像是脊髓的延伸）、小脑（也在颅后窝，在脑干的背后）和大脑（皱巴巴的、灰色的物质，打开头盖骨就可以看到）。

脑干和其他下半部分脑部在胎儿期、婴儿期的发育都比大脑发育快得多。这是因为脑干与呼吸、心跳、消化等生理运动有密切的关系，所以说脑干对人在物理上的生存是至关重要的。而大脑则跟感觉器官的活动、运动和平衡有更密切的关系。大脑最重要的功能是思考和语言。

我们关于脑部和记忆之间关系的知识来自以下 3 种资源：技术进步使我们可以得到脑部活动的实时图片，而且还是电脑放大的；对动物尤其是灵长类动物的脑部进行实验，人们记录了外科手术对动物脑部产生的影响；心理学家对脑部受损的人进行研究。这些研究取得了很多成果，其中一点即证明脑的不同部分分别对应着不同种类的记忆。

不必惊讶于人的记忆似乎与脑的不同部分的发展和功能密切相关。明尼苏达大学发展心理学教授查尔斯·纳尔逊认为，婴儿最初的记忆不能用语言表达，因而被称为内隐记忆，这种记忆主要是靠脑干和小脑等下半部分脑部进行的。正如我们前面看到的那样，脑的下半部分在人出生时的发育程度最高。婴儿快 1 岁时产生了外显记忆，它主要是靠大脑来进行的。

### ⊙年幼儿童的记忆

婴儿出生后没几天就能辨别出妈妈的声音和气味，这一点已经在相关研究中得到证明。婴儿听到妈妈的声音时会迅速地把头转向妈妈声音的方向，其速度要比听到其他人的声音时要快。同样，比起其他味道，婴儿一般都会对妈妈身上的味道做出更为积极的反应。尽管这是关于记忆的明证，可是这些记忆有可能是婴儿出生前而不是出生后产生的。我们知道，在出生前几个月，胎儿的耳朵就已经得到充分的发育并开始发挥作用了。

即使是刚出生还不到一天的婴儿也能学习并记住新事物。让我们回忆前文讲过的适应性研究，实验者不断对出生不到一天的婴儿重复一个词，直到婴儿不再对这个词做出反应为止。第二天，当这些婴儿又听到这个词的时候，他们适应该词的速度要比第一天快得多。这项研究证明人有内隐记忆——不能表述为语言但能影响行为的记忆。

婴儿最初的内隐记忆都很短暂，婴儿不能长时间地记住事物——除非有什么东西能予以提醒。例如，婴儿能很快掌握一股气流和一段音乐之间的关系。一股气流要是吹进了婴儿的眼睛，婴儿会眯起眼睛。如果有很多次气流吹进婴儿的眼睛，而且每一次气流之前都给出某一段音乐，那婴儿很快就学会在刚听到音乐时眯起眼睛，即使不再有气流吹向眼睛，他们仍然会以这样的方式对音乐做出反应。这种简单的学习方式就是条件反射。

有趣的是，在这种最初的学习方式中婴儿已经有了记住事物的迹象。这个例子中的婴儿在实验后继续以眯眼对音乐做出反应，这段时间可能有 6 天，或者更长一些。但是，如果后来没有了提醒物，即音符后不再伴随气流出现，婴儿会很快停止这种反应。

新泽西罗格斯大学的卡罗林·罗伊柯利尔和她的同事们一起开展的研究，也证明了婴儿能够学习并记住事物。他们的研究以皮亚杰对 3 个月婴儿和风铃的实验为蓝本。婴儿学会用脚踢动风铃之后 1 星期，实验者把婴儿放回到婴儿床上，婴儿们很快又开始踢脚了——他们还清楚地记得自己学到的东西。但在跟眯眼反射研究中的表现一样，他们的记忆是很短暂的。如果婴儿学会踢动风铃之后 2 周才被放回到悬挂风铃的婴儿床上，他们的表现会跟从没做过风铃实验的婴儿一样——好像已经不记得自己曾经学到的东西了。

另外一系列实验使用了提醒物，其结果表明婴儿实际上记得踢脚跟风铃动之间的关系。婴儿接受最初训练的 2 周后，实验者把婴儿放回到婴儿床上，但并不把风铃跟婴儿的脚绑起来。与之相反，当婴儿躺在床上时，实验者会轻轻地抖动风铃。1 天后，实验者又把婴儿放回到婴儿床上，这次把婴儿的脚跟风铃系在一起。这次，婴儿踢动风铃的劲头跟 2 周前一样足，这说明婴儿确实记得他们曾学过的东西。

## ⊙儿童记忆的变化

儿童心理学家马里恩·帕尔马特认为，婴儿记忆的发展会经历 3 个阶段。第 1 个阶段是从出生到 3 个月大。正如我们在前面看到的那样，这个阶段的婴儿记忆多由重复出现的成对事物所引发，如妈妈的声音或气味，风铃和踢脚。这些记忆代表一种简单的学习。这一阶段最引人注意的特点是幼婴的记忆通常都很短暂，转瞬即逝，不能像成年人那样记得长久。这一阶段的记忆似乎是神经细胞对新刺激物的反应，一旦熟悉了刺激物就会停止反应。

婴儿记忆发展的第 2 个阶段大约从 3 个月大开始。其标志有二：能辨识出熟悉的事物，以及开始有意识的行为。随着婴儿年龄的增长，他们逐渐熟悉了周围的事物。这样，他们适应（熟悉事物、对事物不再感兴趣的过程）这些熟悉事物的时间就不断缩短。这说明婴儿在学习并记住事物，因此他们可以辨认出比较熟悉的事物。不久，婴儿开始主动去观看、寻找周围的物和人。这表明，不仅婴儿的记忆变得更为持久，婴儿的行为也更多地受到某种目的的指引。反复寻找他们认识的物或人表明这是一种有目的或者说有指向的行为，而不是起初那种偶然的、无目的的行为。

| 阶段 | 特征 |
|------|------|
| **第 1 阶段（从出生到 3 个月大）** | 记忆很短暂，经常只能维持几小时或几天。适应（婴儿不再看向刺激物，或婴儿停止定位反应）证明了该记忆的存在。反复的学习会缩短适应的时间。 |
| **第 2 阶段（大约从 3 个月大开始）** | 婴儿发生明显的长期记忆，因为他们可以辨认出物体和人。婴儿行为的目的性也越来越强。 |
| **第 3 阶段（从 8 个月大开始）** | 婴儿的记忆更为抽象，也更为符号化。婴儿可以对事物加以注意，并有意记住某物。 |

◉ 马里恩·帕尔马特对儿童记忆发展的 3 个阶段进行了详细的说明。第 1 阶段的学习方式非常简单；第 3 阶段的婴儿学着怎样说话，并可以用言语表征自己的记忆。

帕尔马特所说的第 3 个阶段从婴儿 8 个月大开始。这一阶段的婴儿记忆变得更像成年人，更加抽象了，也更加符号化。当然，不久之后婴儿就会学着用言语表达事物。这时的婴儿能对事物加以注意，并努力记住事物。1 星期大的儿童仅有对声音、味道进行短暂记忆，这种记忆跟 1 岁的婴儿记忆有天壤之别。1 岁大的婴儿不仅能记住妈妈、爸爸，甚至家庭宠物等家庭成员，他还能把家庭成员及许多其他事物跟一整套记忆中的感觉、印象甚至词语联系起来。所有这些东西都在婴儿 1 岁时学得。不过，1 岁婴儿的记忆和正常成年人的记忆还是有很大的不同。

## ⊙ 儿童的世界

心理学先驱威廉·詹姆士（1842 ~ 1910 年）曾把婴儿的世界描绘为"纷繁错杂、嗡嗡作响的混沌状态"。他认为婴儿在出生后的几周、几月之内，感觉器官还没有充分发育，因此婴儿既看不清也听不清，任何东西都是模糊的、混乱的。詹姆士至少在某种程度上犯了错误：我们现在清楚地了解了婴儿出生及以后的感觉器官发育情况。但詹姆士在某种程度上又是正确的——婴儿的世界是混乱的，不确定的。比詹姆士稍后的皮亚杰就指出，婴儿似乎意识不到物体的永恒性和真实性。婴儿似乎不明白，即使他们不看着物体、不尝着物体，这些物体还会继续存在下去。皮亚杰说，婴儿的世界是"一个现在的世界"。因此一个 5 个月大的婴儿会伸手去抓他前面桌子上的物体，但这个物体要是被毯子盖住，婴儿就不会去抓它了。

"眼不见，心不想。"皮亚杰以此来解释婴儿物体概念的缺失。所谓物体概念指的是能意识到物体是真实的、持续存在的，即使婴儿感觉不到，这些物体依然存在。皮亚杰认为，幼婴无法想象他们不能直接感觉到的物体，就好像婴儿不记得那些不在身边的物体一样。

其他研究人员并不同意这一观点。他们认为，幼婴不去找被藏起来的物体并不能证明婴儿不懂物体的永恒性，有可能仅仅是因为婴儿没有形成抓住物体的意图。或者，即使他们有抓住物体的意图，但他们还不能很好地协调所有必要的动作——看着物体、向正确的方向伸出手、抓住物体。甚至只是婴儿当时太累。

## 3. 记忆和行为

婴儿能向被藏起来的物体伸出手去，这最起码从某种程度上说明记忆引导着婴儿的行为——婴儿得记住物体在哪里才能伸手去找。

婴儿完成 A 非 B 任务的表现跟 2 个因素密切相关。一是婴儿的年龄。6 个月大的婴儿很少有做对的，而 8 个月大的婴儿很少有出错的，年龄增长伴随着明显的进步。另一个因素是时间间隔。藏物体和找物体之间的间隔时间越长，婴儿就越容易犯错，他们向枕头 A 而不是枕头 B 伸出手去。例如，9 个月大的婴儿在 3 秒或更短的时间间隔内很少会犯 A 非 B 的错误，但时间间隔为 7 秒或更久时，这些婴儿大多都会出错。

正如发展心理学家阿黛尔·戴梦德指出的那样，婴儿在 A 非 B 任务中的表现改进，表明婴儿用目的而非习惯引导自己行为的能力增强了。A 非 B 任务还表明短期记忆的进步，尤其是从把物体藏到 B 处到让婴儿去找物体之间存在时间间隔时更为明显。实验者不断延长间隔时间，直到婴儿犯错，其中年龄较大的婴儿能够坚持较长的时间间隔而不犯错，这有力地证明了这些婴儿的短期记忆要更为持久，同时还证明婴儿的大脑发育得更加成熟了。

我们看到，年幼的婴儿很快就学会辨认妈妈的声音和面容。尽管刚开始时婴儿对新事物的记忆是很短暂的，有时不超过几小时或几天，但他们很快就能学会辨认熟悉的地方和事物。到 2 岁时，他们将学会按类别区分事物：人们和动物们的身份，很多重要东西的位置，成百上千的词语以及各种各样对事物进行分类的复杂规则。

## ⊙偶然的记忆术

学龄前（2～6岁）儿童的学习速度非常惊人，语言学习尤其明显，他们的词汇量得到巨幅增长。这种猛增的势头开始于1岁半，并在整个学龄前阶段继续保持。儿童们通常只要学一两遍就能记住一个词，而且这个时期学会的词儿童将终生牢记和使用。

然而，学龄前儿童的记忆和更大儿童、成年人的记忆之间仍然存在很大的差异。其中最明显的差异是，学龄前儿童不能像年长儿童或成年人那样有意识地、系统性地利用有效的记忆策略——组织、复述和阐释。他们似乎对记忆这回事还所知不多。他们还没有产生要学习、要记忆的念头，也没有领会到某些方法能使记忆变得更容易。

密歇根大学的亨利·威尔曼认为，学龄前儿童使用的策略与其说是有意识的，不如说是偶然的，他称之为偶然的记忆术。记忆术是帮助记忆的原则或诀窍，偶然的记忆术并不是有意识的，所以还称不上真正的策略。学龄前儿童最常用的偶然记忆术之一是对事物倾注更多的注意。

尽管很多学龄前儿童似乎能够运用策略去记忆，但很少有人是出于自发的。例如，威尔曼曾让3岁的儿童把玩具埋进一个大沙盒里，即使实验者问过儿童在走之前还想做点别的什么事，也只有大约1/5的儿童想到做个记号，以便还能找回玩具。实验者对第二组同龄儿童给出尽量记住把玩具藏在哪里的指示，但做记号的儿童只有一半。很显然，即使这组儿童知道自己应该记住玩具地点，也有一半儿童没有使用明显的记忆策略，而且不论有没有记忆指示，这部分儿童的记忆情况都一样。

## ⊙记忆的可靠性

想象一下，一群3～5岁的儿童正在教室里玩耍，忽然有个陌生人闯进教室，他个子很高、红头发、长着胡子、穿着绿色的大外套，陌生人当着孩子们的面偷了老师的包。把同样的事情分别跟一组11岁的儿童、一组处于青春期的少年和一组成年人演练一次。然后让每一组证人都描述这个贼的样子，并且让所有的证人在排列好的一队人里指认盗贼。

你觉得学龄前儿童会有怎样的表现？有多少人能记住盗贼头发的颜色、穿在身上的绿色大外套、他的高个子和胡子？有多少人能自信地指认盗贼？

假如你改变一下程序，队列里没有盗贼，学龄前儿童会摇摇头说"不对，坏蛋不在这"，或者他们会把手指向一个无罪的可怜人。年龄大点的儿童和成年人会做得好些吗？

这些问题很重要，因为学龄前儿童经常目睹犯罪，有时还会不幸地成为被害人。法庭经常让他们回忆什么人在何时、何地做过什么。他们的回忆可靠吗？

有很多研究对这一问题进行了考察，他们大都使用了类似前面胡子男人的实验。结论似乎是明确的：学龄前儿童不如较大儿童和成年人记得准确，也不如他们记得详细。而且他们非常信任警察、法官、律师和政客。他们急于对问题进行令人满意的回答，他们希望跟从别人问题的指引，所以别人经常能让他们"回忆"起从没有发生过的事情。虽然有些孩子明显在抵制误导。在回答一个敏锐的、中立的警察记者提出的问题时，很多儿童都能清楚地回忆起一些重要的事情，但法庭并不总能确定儿童证词的可靠程度。

⊙**较大儿童的记忆**

我们在前文看到，年幼的学龄前儿童通常不会有意识地使用记忆策略来提高记忆能力。有趣的是，当研究人员让 4 岁儿童的母亲帮助他们的孩子学习并记住不同事物（如动画片里的人物或动物园里动物的位置）时，大多数母亲会自然而然使用记忆策略帮助自己的孩子。最常见的策略是简单的复述——对儿童重复然后反过来让儿童对自己重复。不过母亲们也使用别的策略：如果书里的狗叫"斑点"，母亲会指指狗眼睛上方的斑；要是有个洋娃娃叫"麻秆"，母亲会指指洋娃娃像细树枝一样的四肢。

儿童的部分记忆策略可能是从这种社会互动，尤其是跟父母或哥哥姐姐的互动中学到的。随着儿童年龄的增长，他们的记忆能力越来越好，这至少部分是因为他们能越来越多地运用记忆策略。例如，分别给 4 岁、7 岁、11 岁儿童组看图片，给他们的指令是："看这些图片"或"记住这些图片"。4 岁儿童在两种指令下的做法是一样的。但 7 岁和 11 岁儿童在被告知要记住图片时会有意识地使用记忆策略以改进记忆。

这一事实表明，从婴儿到学龄前直到 7 岁，人的记忆是稳步增长的。以后这种增长就没有那么明显了。但在所有年龄点上，不同的儿童的记忆会有不同的表现，他们的分数反映了个人之间的差异。

　　记忆力的提高明显与儿童使用组织、复述等技巧的增多有关。记忆力水平还与儿童对事物的熟悉程度有密切的关系。给儿童看不同场景照片的实验证明，儿童对照片中的场景越熟悉，他们就越能清楚地记得照片中的细节。例如，在某个实验中，实验者给八九岁的儿童看各式各样的足球照片，然后就这些照片对儿童提问。踢球儿童的回答明显比不踢足球儿童的回答要好。同样的，许多国际象棋

## -- 两种不可能的情况 --

　　心理学家设计出一些实验来测量幼婴的记忆。皮亚杰以隐藏物体任务来检测婴儿对物体永恒性和物体真实性的理解程度。婴儿一定记得物体，即使他们看不见这些物体。该任务还要求婴儿能形成并执行自己寻找物体的目标。如果这个任务设计得更简单一些，婴儿的表现会有什么不同吗？我们能从中发现关于婴儿记忆的不同情况吗？伊利诺斯州立大学的心理学教授蕾妮·巴亚热昂及其同事对此做出了肯定的回答。在他们的一项实验中，实验者拿一个结实的隔板在婴儿面前来回地转动。然后，当隔板转到水平位置时，实验者在隔板的必经之路上放了个结实的大盒子。隔板又开始转动了，不过撞到盒子后它就停下，掉头向相反方向转动并重复这种运动。婴儿并没有表现得很惊奇，他们似乎能理解，而且在期待放在挡板道上的盒子让隔板停下。

　　但是，接下来当隔板还在运动的时候，实验者通过一个隐蔽的活动门拿走了盒子，于是在盒子应该在的地方，隔板得以继续转动。这令很多婴儿感到惊奇，他们盯着这种不太可能的情况，似乎想知道到底发生了什么事。

　　在另一个相关实验中，在婴儿的视野范围内，实验者拿一根较长的胡萝卜沿着某一轨道移动，直到胡萝卜消失在一块隔板后。接着，一根较短的胡萝卜也追随着较长胡萝卜的轨迹消失在隔板后。

　　然后实验者换了一块隔板。这次的隔板有窗户，窗户开在隔板的上半部分，所以当胡萝卜从隔板后面经过时，婴儿能看到较长的胡萝卜，短的就看不到了。正如实验者预想的那样，婴儿没看到第二块隔板后较短的胡萝卜，但婴儿并没有露出惊讶的表情。但是，实验者把较长的胡萝卜往下拉了一点，婴儿看不到这个胡萝卜时，都会表现出惊讶，而且时间明显比较久。

　　巴亚热昂的结论是，即使这个年龄的婴儿也理解物体的真实性，明白即使自己看不到物体它也继续存在，他们还明白两个物体不能同时处在同一个位置。

　　这个实验表明，即使很小的婴儿似乎也有关于物体的短期记忆，婴儿理解物体永恒性，还有支配物体在空间中的运动及位置的某些物理规则。但婴儿能去寻找那些被藏起来的物体还得再过几个月，即使有人当着婴儿的面把物体

大师在比赛进行到一半时，只需要观察棋盘片刻就能将所有的棋子易位；和大师比起来，新手们仅能勉强在规定时间内正确地将几个棋子易位。

⊙**增进记忆**

我们看到，记忆是随着更多地使用策略和扩充知识而增进的。举例来说，儿童对历史越了解，就越容易掌握新的历史性事件。

研究表明，提高记忆能力还可以通过教授特殊记忆策略来实现，有时仅仅让孩子意识到这些策略既重要又有效即可。因此，某些学校会设置课程，教授组织材料的一般方法（如怎样阐释心理意象，或是简单一些的如怎样复述信息），以便能牢牢地记住这些知识。

# 在学校的记忆

如何教学？这个问题不断引发激烈的争论。这是一个从传统和现代技术到记忆功能研究的曙光出现的过程。

## 1.“照片式”记忆：一个虚构的神话

科学研究表明感官记忆的确存在，但是它们是短期的，视觉记忆大约为1/4秒。另外，由于生理的特殊性，我们的眼睛只能保证在一个极小的角度内有较高的视觉敏锐度：2° ～ 4° ，即一个由4～5个字母组成的单词大小。也就是说，我们不可能对一页书“拍照片”。

感官记忆也适用于记忆其他的信息，如语义的、图像的。比如说，图像记忆就是借助事物形象（物体、动物或植物）来存储信息的。这种记忆能够以持久的方式存储复杂的信息。美国科学家曾做过一个实验，对于2500张照片，被测试者在一个星期后重新观看的时候，仍能够辨认出其中的90%。但这种记忆并不是所谓的“照片式”记忆。当我们“真的确信”似乎在脑海中看到了课本中的一页时，实际上这并不是一个准确的表述，因为我们看到的只是视觉组合图像，而且我们无法指出一个确定的单词在“这一页”中的准确位置。

听觉记忆是最有效的吗

当比较在短时间内记忆一列字母或单词的能力时，我们会发现通过听要比自已阅读同样的文字记得更好。但是，一旦这个测试被延迟 10 多秒钟，听觉记忆相对视觉记忆的优势（大约 20%）就消失了，听和读的效果就相同了。无论是视觉的，还是听觉的，事实上，信息很快就融合在一个更高级的符号编码中：短期记忆。

## 2. 从短期记忆到专业记忆

### ⊙短期记忆

短期记忆，又称运作记忆，这种记忆好比电脑的记忆，能够暂时记住来自一个永久记忆介质（如硬盘）的信息，或者以键盘、扫描仪等形式输入的信息，并将它们汇聚在一起或者分别进行不同的处理。一些研究人员甚至估计，短期记忆是一切逻辑推理的基础。但这种记忆的容量非常有限，大约一次 7 个元素，也就是说，我们在脑海中一次只能够保存有限数量的信息。由于这种记忆很快就超负荷，对信息只能记住几秒钟，因此对那些重要信息有必要重复记忆。

### ⊙组织的好处

非常幸运的是，短期记忆与不同的专业记忆是联系在一起的：词汇记忆使单词以声音和图画的形式被储存起来，语义记忆保存着经过分类的概念以及图像。这些专业记忆在运作时，短期记忆将参与信息的分组。如在学习"乌鸦""金丝雀""鹰""喜鹊"这些词时，它们将与已经出现在语义记忆中的"鸟类"联系起来，这样通过类属法我们将更容易记住这几个词。这种有效的学习机制正是基于对信息的有效组织。这也是通过概要、阅读笔记或其他形式将所要学习的内容结构化，从而能够更高效地掌握和记忆知识的原因。

## 3. 课堂上的记忆

技术的进步并不总是能够带来更好的教学工具，有时候还是需要使用一些老方法，而非不加分辨地将其取代。更好的解决办法是把新的和旧的方法联系在一起，各取所长。这是一个由心理学家阿兰·里约希为首的法国研究小组对 100 多名学生研究后得出的结论，实验的目的是比较不同学习方法的效率。

### ⊙不同学习方法的实验

语言和图像（不可与听觉与视觉混淆起来）构成了不同的记忆方式。事实上，一方面我们能够分辨出 3 种信息类型，语言、语言和图像、只有图像；另一方面，我们也具有 3 种信息记忆方式，视觉的、听觉的和视听的（结合了前两种方式）。这就有了 7 种可能的组合：视觉上，阅读材料、课本或无声电视纪录片；听觉上，口授课或有声电视纪录片；视听上，借助图像进行的口授课或带字幕的电视纪录片。在这个实验中，被测试者观看的电视纪录片是关于不同主题的，比如阿基米德或人类的听觉感知。

## -- 阅读和电视录像资料 --

有一项实验，对某初中的学生通过不同方式所获得的知识进行考察：阅读材料或课本，借助图像进行的口授课或没有图像的口授课，电视播放的无声纪录片或有声且带字幕的纪录片。结果（根据问卷调查的统计计算出的百分比）显示，阅读材料或课本可以为学习者提供最好的条件，而无声的电视纪录片则不利于默记。

| | 语言知识 | 语言和形象化知识 | 形象化知识 |
|---|---|---|---|
| 视觉直观展示 | 阅读材料：38% | 课本：31% | 无声电视纪录片：0% |
| 视听展示 | 借助图像进行的口授课：27% | 带字幕的电视纪录片：20% | |
| 有声展示 | 口授课：21% | 有声电视纪录片：11% | |

当用图像表现一个熟悉的主题时，阅读材料或参看课本有助于获得好的效果，而无声电视纪录片则没有太高的价值。如何解释这种区别？

正如其他研究表明的，图像只有以语言的形式记录在大脑中才是有效的记忆方式，即心理学家通常所说的"双重编码"（这一术语最早由加拿大心理学家艾伦·拜维奥提出）。事实上，"双重编码"的前提条件是阅读或者利用教科书，通过调节学习节奏来掌握某些术语或专有名词。而电视与阅读不同，观众既不能调节图像的速度，也不能进行退后操作。

因此，为了提高教学效率，应该在图像中伴随字幕，更好的是让学生自己控制学习的节奏，比如用电脑代替电视。

### ⊙回忆的线索

任何学习都是为了能够在今后重组所获得的信息。然而，长期记忆中的大

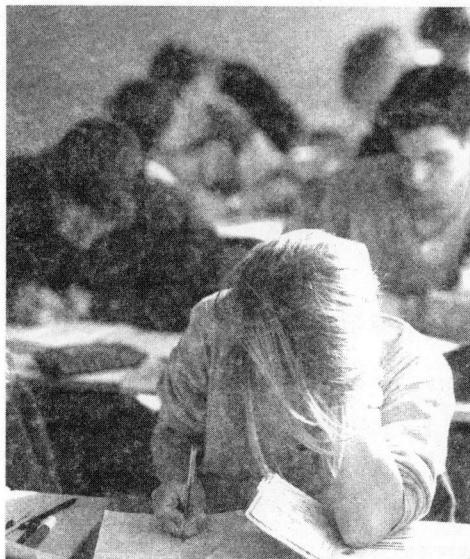

实验证明，让学生自己控制学习的节奏有助于提高教学效率。

部分信息都不能存留在短期记忆里。因此，我们可以利用一些线索。例如，让一组人学习20个词，在回忆的时候提供类属（比如"鸟""鱼""作家"）将有助于最大数量的重组出所学过的词。这样的线索在不同形态下都有效，在教学方面，线索常以关键词或提示图的形式出现。

存在这样一个特殊情况，线索即词汇或图像本身，也就是所谓的重新辨认。重新辨认的成功率是惊人的，被测试者能够准确辨认出所学信息的 70% ~ 90%。在教育学上的应用表现为多项选择调查表，被测试者被要求从几个备选答案中选出正确的答案。

## ⊙ 图表胜于冗长的讲述

图表是学习和重组复杂信息的一种极好的方法。它的优点在于，能在表述的同时进行组织。图表的形式非常广泛，有曲线图、流程图等，其中最为常见的是地图。

阿兰·里约希研究组做过一个实验，让一群学生分 3 场次学习一段 10 分钟的电视资料片。该资料片节选自尼古拉·于洛的纪录片《尼罗河源头的秘密》，内容是关于尼罗河的水域系统。在影片最后，只向被测试者中的一半人展示了一个描绘尼罗河水域系统的图示。之后，所有的人都参加了一个测试，用来考查学生掌握的知识分 3 个级别——从资料片的主题（级别 1）到水域变化的细节（级别 3）。结果，那些看了尼罗河水域系统图示的学生取得了最好的成绩，他们在一开始就成功地抓住了大主题，而那些没有看图示的学生都是逐步抓住主题的。

# 专业领域的记忆

有一些职业似乎需要比别的职业更出色的记忆，但是专业领域的记忆奥秘经常与我们想象的不同。

## 1. 演员和导演

### ⊙玛丽（58岁）的自述

当演员的时候，我从来不提前学习一段文字。我把剧本拿在手里，试图在脑海中勾勒出人物的举止和个性。就这样，剧本变成了一个逻辑空间，处于动作、感觉、情绪的连续性里，在熟悉这个逻辑空间后，我甚至不需要再学习剧本了：它就在那儿，正如一个显而易见的事实，这是一种情感记忆。

◉ 与广为流传的错误观点相反，演员不一定是用心强记的冠军。为了记忆角色，他们更侧重于分析，并且尝试融入所要扮演的人物之中。

当然，当我有唱独角戏的任务时，就必须像在学校一样"用心"强记，但这也是在人物的塑造工作完成之后进行的。而在最后一次表演结束后的第二天，我就忘记了所有的文字。这是脱离人物角色的一种方法！

现在，作为导演，我的记忆原则完全不一样了。我无法记住文本，只能通过想象在空间中建立视觉坐标。我为演员创造动作，然后自己就忘了，但我总会自发地观察事物是否准确地运行着。我记住所有拍摄场景中需要加入灯光、声音的不同时刻，这完全是视觉记忆，同样也是情感的。因为，如果在某个时刻，灯光不像大家期待的那样亮起来就不能产生"共鸣"。

自从我成为导演后，我的日常记忆就不如做演员时那么好了。我认为记忆不会自我维护，我们实践得越多才会记得越好。我唯一从来都没有成功记住的东西就是数字。

### ⊙专家们的分析

和玛丽一样，大部分的演员都承认自己不是靠死记硬背来记住角色的。他们更多的是融入所要诠释的人物中，理解并且重组人物的动机和性格。一旦他们把握住人物的感觉，就将更容易记住台词。美国心理学家海尔格·诺艾斯在仔细研究演员的记忆后提出，演员不是记忆的专家，而是分析的专家。

通常，掌握一段较长的独白要求演员花一定的时间用心背诵。但当涉及经典戏剧的三段式诗文时，语句的韵律和对称配上适当的旋律后，记忆会变得更容易。然而，演员的记忆并不是始终可靠的，他们也有可怕的"记忆空洞"。

玛丽的例子中最有趣的是关于记忆方式过渡的那段描述，即从口语性质的记忆到图像和视觉记忆的过渡。在她当演员的那段时间里口语性质的记忆占主导地位，自从她开始从事导演工作，图像记忆则与演员在布景中的走位有关，于是口语性质的记忆让位给图像记忆。视觉记忆引出了地点和图像记忆法，这是一种需要想象一个虚拟空间的记忆方法。

## 2.儿童精神科医生

### ⊙丹尼尔（45岁）的自述

我每个星期大约要接待25个病人，一些病人一个星期定期来几次，另一些病人一个月来一次。我在询问病人的时候会详细地做笔记，特别是第一次问诊时。我经常在会诊前重新阅读笔记，这样每个病人的面孔和经历会在我的脑海中变得很清晰。我极少会忘记与病人相关的轶事，如果发生了这类事，就意味着我应该在克服遗忘上下功夫了。

相反，如果要去购物，我通常是先写一张详细的购物清单。否则，我总是会忘记买某样东西。我真的有一种把那些要强制性记住的东西遗忘的倾向。

### ⊙学会组织信息

一个外科医生平均每天要接待30多个病人，丹尼尔的情况却很不同，他幸运得多，每个星期只有25个病人，因为精神病会诊的时间很长。在会诊期间，丹尼尔能记住诸多细节可能归因于病人每个星期都来多次。另外，丹尼尔经常做笔记并复习，特别是对新病人。最初高强度地学习，之后有规律地复习，加上良好地组织信息，所有这些因素都有助于高效率记忆。最后，在遗忘的情况下，他会随时准备尽更大的努力。

### ⊙直指问题的关键

对医生记忆的研究有时候会得出表面上矛盾的结论。有一个实验，其目的是研究资历更高的医生是否能更好地记住与诊断相关的信息。然而实验结果却显示，具有中等水平的医生远比他们的新同行记住更多的信息，也比那些经验更丰富的医生记得更多。事实上，经验更丰富的医生似乎直指问题的关键，而较少地注意对诊断不太有用的细节。

## 3. 咖啡店业主

### ⊙雷纳（57岁）的自述

大部分时间，我在脑海里记住所有的东西，并逐一满足顾客的要求。当然，偶尔我也会弄错，端来一杯牛奶咖啡而不是浓咖啡，但我有机会重来一次。我总是和顾客交谈，我们互相开玩笑，大家都很放松……我每天都尽量让自己开心。

当顾客很多的时候，我很幸运能够自觉地依赖于一个习惯。这时，我什么也看不见，把精神完全集中在声音和所发生的一切之上。当我频繁地来到柜台前时，我也有过忘了应该拿什么的经历。但是，冥冥中我听到一个声音对我说道："雷纳，你忘了那个……"

> **—— 分类的高手 ——**
>
> 美国心理学家K.安德斯·埃里克森研究了一个叫J.C.的人，他能完整地复述出20个菜单。而当埃里克森要求学生完成同样的任务时，他们却只能记住几个菜单。J.C.是怎么做到的呢？他首先将菜单重新分组，前餐、肉类、沙拉、甜品等，之后再进行记忆。这确实是一个高效记忆大量数据的好方法，他甚至可以达到对600种不同食物的记忆。

我有很多常客，我完全知道他们点的是什么，但是我总是重新询问他们。他们有权利改变！其中，一些人来只是为了聊天，来找些气氛，还有一些人来这儿工作。这间咖啡厅吸引了许多从事不同职业的人。

### ⊙外界干扰和记忆饱和

为了记住每位顾客的要求，雷纳利用了专家们所称的"运作记忆"，就是说，在一段极短的时间内把信息保存在大脑中。然而，这种短期记忆对各种形式的干扰都非常敏感。如果雷纳在听完一个顾客的要求后，和另一个顾客说话，他就可能会弄错前一位顾客想要的东西。虽然，有时候雷纳可以求助于常客的偏爱和习惯，但当他面对新需求的时候，就有可能出现记忆饱和。因此，为了缓和记忆冲突，有时候他会让顾客用笔写下自己的需求，并且偶尔依赖一个盲人顾客来提醒他……

咖啡店或者餐厅的服务员，几乎都表现出出色的记忆技能。另外，前者很少写下顾客要求的饮品。当饮品的数量不超过 5～6 个时，将在短时间内被保存在运作记忆中。尽管如此，也

为了记住顾客要求的饮品，服务员通常采用类属法。如果是常客，服务员则会借助对顾客的认识和了解。

要当心外界的干扰，在用餐高峰期来自不同餐桌的干扰会妨碍记忆。

### ⊙为牢记而分类

为了记住所有顾客的需求，服务员常借助一些记忆技巧。例如，根据饮品的特征将其分类，顾客分别要的是 3 种无酒精的、2 种含少量酒精的和 1 种高酒精含量的饮料。根据使用杯子的类型分类（形状、大小）也能够帮助服务员：将所有的杯子摆放在柜架上，一个接一个地倒入相应的饮品。

虽然餐厅服务员几乎都写下顾客的点菜需求，但是他们还要记住同一桌的每位顾客点过的菜，以此作为别的顾客的参照。他们一般会按顺时针的顺序询问并记下每一位顾客的要求，这种方法一般都能成功，除非上餐时顾客换了位置。

## 4. 集邮家

### ⊙瑞哈（61 岁）的自述

我从 10 岁左右开始集邮。我母亲曾是邮电总局的接待员，她从我姐姐出生

时就开始集邮。她总是定期购买 4 张相同的邮票，一张留给自己，另外 3 张给我们。她把邮票放在集邮册里，每个星期天下午，给我们讲述邮票上的著名人物、徽章和建筑物的故事。我对此非常感兴趣。

我最早收到的几张邮票中，有一张印着法国总统贝当的肖像，给我留下了最为深刻的印象。那是一张棕色的大邮票，大约宽 4 厘米，长 5 厘米，虽然它已失去邮资功能，但因为上面印有贝当在战后的肖像而弥足珍贵。

今天，我拥有数千张法国邮票和众多的信封，所有这些都完整地保存在我的记忆中。如果不是因为特殊原因，我从来都不会买两张相同的邮票。

我觉得集邮是一种极好的文化活动，能丰富知识。比如我现在对昆虫感兴趣，我就找那些所有表现昆虫的邮票。我总是寻找新的种类来丰富自己的收藏。

### ⊙受局限的记忆力

瑞哈在一个极为有限的领域发展了"百科全书式"的记忆，我们在所有的收藏家身上都能找到这种记忆能力。钱币学家或者葡萄酒工艺学家，在他们的专业领域无意识记忆的效率通常等同于有意识记忆。另外，他们能更快地学习和重组信息。

收藏家能快速做到对藏品的最佳分类，他们会频繁地浏览自己的藏品，并且对新的藏品表现出极高的发现动机。因此，在其专业领域他们能极好地组织记忆，达到常人所不能达到的高度。

# 5. 出租车司机

### ⊙吕西安（56 岁）的自述

14 年前我想成为一名出租车司机时，需要在驾驶学校全日制学习 3 个月与这个职业相关的安全规则，还要记住 50 多条理论路线，特别是巴黎警察局规定的典型路线。

为了帮助记忆，我每个周末都开车出去考察这些路线。考试的那天，我们抽签选择其中的两条路线，被要求背出来并写在纸上。

还有一个测试是需要在一张巴黎市区的空白地图上填上各条路的名称。我自己制作了一张同样的地图，反复练习了十几次。我设想了所有可能出现的类型，并且都用心把它们背了下来。因为我每天都不停地练习，对巴黎的定位成了一种习惯。

对于乘客，有的时候到了目的地我甚至都不知道他们是谁，他们打电话，或者我很累不想说话……但如果是一个重要人物的话，我就能记起来！开车的时候，我经常听收音机，特别是体育频道或者有趣的脱口秀。

### ⊙自我练习的兴趣

吕西安表现出其职业所需的双重记忆能力，借助口头记忆他掌握了交通规则，依靠视觉—空间记忆他记住了各条路线。另外，他非常明白常规练习的好处。随着时间的推移，他对路线越来越熟悉，在开车的时候他还能听乘客说话或者听收音机……

### ⊙一个容量更大的大脑

为了取得全伦敦的出租车营业执照，出租车司机必须记住25000多条路线和一些餐厅、大使馆、医院等的所在位置。这至少需要两年的时间准备，顺利通过笔试部分才有资格参加口试，幸运者将在正确回答10个问题后通过测试。因此，伦敦的出租车司机都是导航专家。由神经学家埃莉诺·玛格赫领导的研究小组研究了他们的大脑：他们的右海马脑回比非职业司机要发达得多。

但是，是否只能是最具有城市导航天分的人才能成为出租车司机呢？埃莉诺·玛格赫指出，出租车司机是在长年累月的驾驶之后才使得右海马脑回如此发达的。

⊙ 记忆一个大城市的主要路线和景点需要很多努力，同时实地训练也是不可缺少的。

经 BBC 调查，伦敦司机俱乐部的一个成员对这个结论感到非常吃惊："我从来都没察觉到我大脑的一部分体积在增加，那其他部分又会是怎样的呢？"

## 6. 没有人的记忆是完美的

某一领域的专业知识会随着实践的增加而逐渐增多，直到达到百科全书的程度。随着这个过程的推进，学习和回忆都变得越来越容易和迅速。

尽管如此，专业领域的记忆也会衰退。就像前面所说的，当记忆负担过重时，咖啡店的业主雷纳有时候也会混淆或者忘记顾客的要求。而当涉及专业之外的领域时，他们也不再具有任何优势：玛丽很难记住数字，丹尼尔需要为购物列一个清单。同样，虽然吕西安和瑞哈发展了百科全书式的记忆，但是只能在特定的职业领域起作用，并且要以经常实践和持续复习为代价。

# 找到影响记忆的因素

## 你并不是电脑

有些人认为大脑就像是超级电脑。他们甚至遐想去除头脑中错误的思维方式，用新的更强劲的代替，这根本是天方夜谭。

大脑并不能和电脑相提并论——不要相信那些谬论，人的人脑既神秘又复杂，需要我们不断锻炼和保持。你的大脑中没有硬盘，这就是大脑与电脑的最大区别。

### 1. 电脑

（1）没有幽默感。

（2）依靠硬盘、软盘、光盘驱动器等存储资料。

（2）没有视觉记忆（但输入照片便能识别）。

（3）没有情感反应。

（4）没有创造力。

（5）只能按照人的指令运行。

（6）不能存储味觉信息。

（7）不能按信息的重要性来排序记忆。

（8）没有从经验中学习的能力。

（9）不能以触觉的方式记忆。

（10）不需要休息。

（11）不需要食物（但是需要电源运行）。

（12）没有感情。

（13）可以记忆存储指定的信息。

（14）只要进行存档，输入的信息都可以记忆。

## 2．人脑

（1）有幽默感（最基本的模式）。

（2）会出错，可能会丢失重要的信息。

（3）可以与别人分享存储的信息。

（4）很强的视觉记忆。

（5）记忆往往能产生创造力。

（6）记忆可以产生相关的信息。

（7）可以记忆嗅觉信息。

（8）可以按信息的重要性排序记忆。

（9）可以吸取经验。

（10）仅用触觉就可以获得复杂的信息。

（11）必须休息，会死亡。

（12）不规律的饮食会影响记忆。

（13）记忆与情感息息相关。

（14）可能会持续回想伤感的往事。

认识到自己并没有电脑那般的超强储存能力是十分必要的，但也不要对自己的记忆听之任之，找到影响记忆力的不良因素，将有助于我们拥有超级记忆力。

# 注意力问题

## 1．注意不够

在讨论编码时，我们强调了专注于你想要记住事物上的重要性。如果你真想记住某些东西，给予足够的注意是第一步。在下面的例子中，就是由于注意力不够而影响到了新信息的编码。

⊙ **实例**

古编辑住的公寓楼中来一位新住户——商学良女士。一天，商女士在邮筒处遇到了古编辑，并向他介绍了自己。古编辑就叫她的名字向她问候并开始友好的交谈。几分钟后，另外一位住户加入他们的谈话时，古编辑却发现他已经想不起来商女士的名字了。

拉拉买了几张昂贵的音乐会门票，并提醒自己到家时把它们从钱包里拿出来，然后放在一个特殊的地方，这样以后她就能很容易找到它们。第二天早上，当她坐在她的车里准备上班时，她想起来她没有把票妥善放好，她在钱包里也没有找到票。她回到她的公寓，发现它们在厨房的桌子上。发现票没有丢，她松了一口气，但是她不明白为什么她记不起来她曾把它们放在了这张桌子上。

这两个事例说明的都是编码时注意力方面的问题。古编辑听到并说出了商女士的名字，但并没有将这些信息转变为能够回忆起来的长期记忆。拉拉心不在焉地将票从钱包中取出来放在桌子上，她没有对她所做的事情给予足够的关注。

对一些细节给予足够的关注能避免遗忘。问问你自己："对我来说什么时候专注是真正重要的？"在这些时候，将注意力放在你对事情的了解上或手边的信息上。

## 2. 分散注意力的事物

另一个在注意力方面有可能发生的问题就是有分散注意力的事物的存在。因为可以保存在你工作记忆中的信息量是非常有限的，任何声音、景象或想法都可能会分散你的注意力，并替代当前存在于你工作记忆中的信息。你一定曾经有过一个或多个下面的这些经历。

⊙ **实例**

你进入厨房想去取剪刀，却忘记了你去干什么。或许，在你去的路上，你在想着信件是否到了。这一个新想法代替了你从厨房拿剪刀的想法。

由于你始终想着要在药店关门之前拿到你的药方，因此，你或许就会将你的伞忘在医生的办公室里。

你正和一位朋友驱车去电影院。他的谈话将你的注意力从注意你们所在的确切位置引开，你忘记了进入左转道，发现时已经太迟了。

不要认为你对这些受挫经历无计可施，尽量认识到工作记忆的局限性，并在可能的时候排除分散注意力的事物。把你的注意力完全集中在可能会发生危险的情况（如开车、做饭和吃药）上尤为重要。例如，当你在一个不熟悉的地方开车，你或许就想让你的乘客在到达之前不要说话。

## 测试你对数字的短期记忆

一个接一个地大声读出下面的数字，以每秒一个数字的速度进行。

一旦熟悉了一个序列，你需要按正确的顺序重复出来，然后继续下面的序列。

当无法毫无错误地重复出两个长度相同的序列时，就达到了你短期记忆的极限。

| 3位数字 | 3 | 7 | 1 | | | | | | |
| --- | --- | --- | --- | --- | --- | --- | --- | --- | --- |
| | 2 | 6 | 9 | | | | | | |
| 4位数字 | 5 | 3 | 7 | 6 | | | | | |
| | 9 | 5 | 2 | 6 | | | | | |
| 5位数字 | 3 | 1 | 4 | 7 | 5 | | | | |
| | 8 | 5 | 3 | 6 | 2 | | | | |
| 6位数字 | 1 | 4 | 2 | 7 | 5 | 9 | | | |
| | 9 | 3 | 8 | 2 | 3 | 7 | | | |
| 7位数字 | 2 | 5 | 1 | 9 | 7 | 4 | 3 | | |
| | 7 | 2 | 9 | 5 | 8 | 1 | 4 | | |
| 8位数字 | 4 | 3 | 7 | 1 | 8 | 2 | 5 | 9 | |
| | 6 | 1 | 4 | 9 | 5 | 2 | 8 | 3 | |
| 9位数字 | 5 | 9 | 3 | 8 | 1 | 7 | 2 | 0 | 6 |
| | 7 | 4 | 8 | 1 | 9 | 0 | 3 | 6 | 2 |

◉ 多项研究表明，短期记忆的平均极限是7个元素。

# 年龄和记忆

## 1. 年龄与记忆的关系

在西方，人们认为随着年龄的增长记忆会衰退。莎士比亚有这样一段话诠释了人的年纪。

"全世界是一个舞台，所有的男男女女都不过是一些演员；他们都有下场的时候，也都有上场的时候。一个人在一生中扮演着好几个角色，他的表演可以分为7个时期。最初是婴孩，在保姆的怀中啼哭呕吐。然后是背着书包、满脸红光的学童，像蜗牛一样慢腾腾地拖着脚步，不情愿地呜咽着上学堂。然后是情人，

记忆错误数（％）

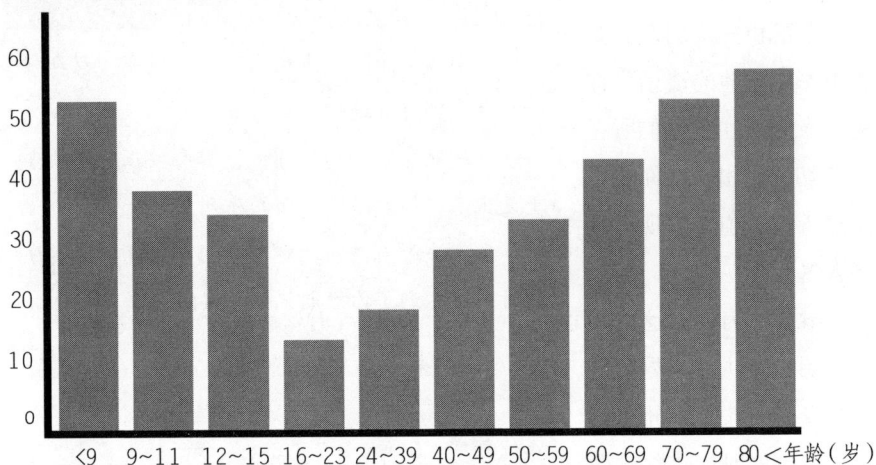

年龄（横向）与记忆错误数（纵向）关系图表。

像炉灶一样叹着气，写了一首悲哀的诗歌咏他恋人的眉毛。然后是一个军人，满口发着古怪的誓言，胡须长得像豹了一样，爱惜名誉，动不动就要打架，在炮口上寻求着泡沫一样的荣名。然后是法官，胖胖圆圆的肚子塞满了阉鸡，凛然的眼光，整洁的胡须，满嘴都是格言和老生常谈。第6个时期变成了精瘦的穿着拖鞋的龙钟老叟，鼻子上架着眼镜，腰边悬着钱袋；他那年轻时候节省下来的长袜子套在他皱瘪的小腿上显得宽大异常；他那朗朗的男子的口音又变成了孩子似的尖声，像是吹着风笛和哨子。终结了这段古怪的多事的历史的最后一场，是孩提时代的再现，全然的遗忘，没有牙齿，没有眼睛，没有口味，没有一切。"

我们要感谢他的陈述，但不是观点。东方人的观点正好相反。老年人因为阅历和智慧的增长，受到人们的尊敬和爱戴。正是由于这个原因，人们愿意做受别人崇拜的事，很多老年人生活得非常积极，在有生之年仍然和同事共同奋战。

在西方，人们有这样一个观点，新的一代不能以父母的方式变老。这一部分是思想态度的问题，一部分是医学发达造成的。它是指，如果你不想失去记忆，你就可以做到。而事实上并非如此。随着年龄的增长，我们的永久记忆也许会得到提高，但是我们的短暂记忆却大不如前。

记忆会随着年龄而变化，这主要取决于大脑发育的不同阶段。大脑中最后发育完全的区域（前叶）却是最先随着年龄开始退化的部分。

上页图表是一张典型的记忆与年龄周期变化曲线图。柱形图表示记忆测试中的错误数比例。可以看出，小孩子和老年人的记忆错误数大致相同。我们的记忆在 16 ~ 23 岁之间处于巅峰状态，然后就开始逐步退化。

大多数人会注意到他们的记忆随着年龄增长而发生的变化。随着身体状况开始下降，我们的大脑状态也开始下降，这是很自然的，而这对于我们的短时记忆有着特别的影响。从图表中可以看出，年长者比年轻人记忆出错的次数更多。状态首先开始变差的似乎是他们的运作记忆和回忆，因为最先开始退化的是大脑中的前叶部分。身体因素也可能起一定的作用。听力和视力的衰退会影响记忆功能，因为它们是有效地摄入信息的障碍。

我们生成策略的效率也会随着年龄的增长而减退。然而，研究显示，如果教会老年人一个策略，他们能非常有效地使用它。

有观点认为，老年人退休后如果能通过做十字填字游戏、猜谜、培养爱好、参加读书俱乐部等来锻炼大脑，就可以防止记忆迅速退化。

## 2. 老年人的记忆力

将近 25% 的老年人与其年轻时的记忆相比没什么变化；5% 的老年人会在 90 岁时达到其记忆力的顶峰，就像 20 世纪英国哲学家伯特兰德·拉塞尔那样。剩下 70% 的老年人的记忆力会有一些变化，其中 10% ~ 20% 的老年人会得一种叫作老龄联想记忆损伤或轻微认知损伤的病。这样，当我们日渐变老、时间感知力迟钝时，大多数人可能不得不面对与年纪变化相应的记忆力变化。当我们日益衰老，我们所经历的生理也会依靠多方面因素，包括锻炼、营养、持续的精神刺激、尝试新鲜事物的意愿和态度等变化。

从 20 世纪 70 年代所做的研究中，科学家们发现不勤于使用大脑比衰老对记忆力更有害。一个 70 岁的坚持学习和研究的老人的记忆力可能比一个不重视智力训练的 40 岁的人更健康。研究还显示，多年的学校教育和近期上学习班等因素都对记忆力有积极作用。这些因素在中年女性中也与记忆技巧或记忆术的使用积极地相互关联。研究发现，通过坚持阅读和研究的习惯而保持智力活跃的成年人，能比那些智力不旺盛的成年人更好地记住他们阅读过什么。大概在 16 岁左右，人的记忆力达到高峰，在剩下的岁月中（高达 30%），记忆力开始渐渐衰减。

⊙ 研究表明，工作记忆不会退化，但长期记忆会随着年龄的增长而退化。这种退化通常是缓慢的。有时老年人发现很难记住刚刚发生的事情，但能记住早期发生的事情。

在正常的因年迈而导致的记忆力衰减中，有许多巨大的差异，练习、目的、重要性都在此种差异中扮演着非常重要的角色。

科学家马里昂·佩尔姆特一直在研究老年人的记忆力，他发现60岁或以上的人，回忆和认知能力比他们20多岁时要差；但是记忆和认知事实效果又好于比他们更老的人。这一发现能更有力地证明年龄与记忆联系的重要性。我们越老，就越能与更复杂和全面的网络系统相连。一个健康的成年人，能以惊人的有效方式适应自己的环境：如果我们被强烈命令记忆，我们会找到记忆的方式。只不过一些记忆类型可能更受年龄的影响。例如，你的祖母在她90岁的时候，还能记得家里为庆祝每一次重要事件而举行的庆祝会的具体日期，但是，她却经常忘记关掉家用电器的电源。记住名字和脸孔的能力——被称作多任务（即同时做好几件事情）的能力衰弱，在暮年是很正常的事。例如，正当你在准备用砂锅炖肉时，一个电话铃声响了，当你接完电话回来，你已忘了你是不是添加了佐料。

# 药物影响记忆

有些种类的药物会导致记忆出问题。例如，安眠药就普遍具有这个副作用。不同的药物可能会相互作用并导致记忆功能的变化。

一些药物会影响到你的记忆力，因为它们会减缓你的思考能力，并使你感到昏昏欲睡或头脑不清晰。它们还会降低你的注意力，使将信息记录为工作记忆变得更加困难。

　　但这种情况只是大多数时间而非所有的时间，在开始服用一种新药或增加剂量之后几天时间里，记忆力会受到影响。有时，某些变化只会被服药的人注意到；而有时候，某些变化对其他人来说会更加明显。由药物引起的记忆问题都是短暂的，当你继续服用这种药物直到你的身体已经适应了这种药物时，这个问题也许会自动消失。如果这个问题没有消失，和你的医生谈谈，看看你能不能换服其他药物。

## 1. 影响记忆的药物

### ⊙苯化重氮类药物

　　这个药学类别几乎包括所有的安定剂和大多数的安眠药，其药效最先由麻醉师发现。20世纪60年代，麻醉师们试图发明一种药物，使病人安宁的同时让他们忘记要手术的部位。因此，暂时遗忘曾是一个被追求的效果。

历经几个小时的记忆"空洞"

　　如果一个还在苯化重氮类药物影响下的人被吵醒，他的行为是完全正常的，但是他却不记得正在发生的事情。尤其是第二天，他会很震惊地发现自己已忘了前一天周围发生的所有事情，甚至是显而易见的事，比如中途换航班、进餐等。

　　实际上，苯化重氮类药物造成了几个小时的"近事遗忘症"，其持续的时间根据具体药物的不同而不同。以前的记忆还在，推理和集中注意力的能力也没有受到影响，因此接受测试的人在服药后还能保证行为正常。但是在药物作用下，近期发生的事被遗忘了，不能再想起来。第二天，只剩下残缺的记忆（几小时的记忆"空洞"），而最近事件的记忆又恢复了正常。

对焦虑者的效用

　　然而，这种有害的作用（被实验证明的）在日常生活中很少发生。在反复使用药物后，药效将极大地减弱，因为机体会逐渐适应这种药物。另外，苯化重氮类药物似乎总是开给焦虑者的处方。焦虑是记忆障碍的根源所在，为了消除记忆障碍，镇静剂的作用显得尤为重要。然而，如果焦虑症或者抑郁症患者长期服用苯化重氮类药物，当他抱怨自己记忆力衰退时，人们总会把这种记忆障碍归咎于此类药物的影响。

### ⊙抗胆碱的药物

　　顾名思义，这类药物包含了一些抑制乙酰胆碱功能的分子，而乙酰胆碱是在记忆过程中起重要作用的神经传递者。我们将这类药物分为两种，纯粹抗胆碱性药物（尿道障碍、帕金森病的药方，或者一些辅助性的药物，如安定剂）和伴随具有抗胆碱性的药物（大部分的第一代抗抑郁药物）。

抗胆碱的药效已经以试验的方式在健康志愿者身上被证实了。药物所包含的分子会造成几小时的"近事遗忘症"，与苯化重氮类药物引发的情况相似，该药会阻碍患者回忆以及集中注意力和运用推理能力。在医学实践中，这种作用在体弱病人身上尤其明显，主要表现在阿尔兹海默氏症和路易体氏失智症的潜伏期。这两种疾病以大脑乙酰胆碱的缺失为特征，并伴随着记忆障碍。在疾病早期症状并不明显，如果使用抗胆碱类药物则会加重病情，甚至让病情变得复杂。这也是在老年人身上应慎用所有抗胆碱类药物的原因。

## 2. 其他因素

### ⊙酒精

酒精的影响主要体现在两个方面。一方面，它会影响被苯化重氮类药物确定的神经元的功能。这并不令人感到意外，酒精和苯化重氮类药物有着相似的临床效果，不仅都有镇静和放松肌肉的作用，还会导致运动失调和健忘。饮用大剂量的酒精会造成几小时的近事遗忘，第二天出现记忆"空洞"，受此影响的人完全不知道在酒精中毒期间发生了什么事。如果同时服用苯化重氮类药物，此作用会加强，因为两者的影响互相助长。

另一方面，慢性酒精中毒也是营养不良的根源，尤其会造成某些维生素的缺失，同时伴随维生素吸收不足并无法正常作用于人体。以维生素B$_1$（或硫胺素）为例，它主要包含在谷物、动物内脏和啤酒酵母中，参加神经细胞与心脏细胞的新陈代谢。当

⊙ 酒鬼和饮酒过多的人每天杀死60000个脑细胞，比少量饮酒或滴酒不沾的人高出60个百分点。

缺少这种维生素时，会造成乳头状细胞（在记忆循环中起中转的作用）出血坏死，引起帕金森综合征，导致严重的近事遗忘、多变的记忆缺失、认知障碍、幻想症、完全知觉混乱，这些功能障碍通常是永久性的。因此，应正确地补充维生素和增加葡萄糖的吸收，避免酒精中毒者出现这些病症，尤其需要加大维生素 $B_1$ 的量。

⊙**大麻**

关于大麻对记忆的影响及其起效成分，研究人员已得到了共识。抽大麻和直接吸食毒品的结果相似，只是吸食的量更大罢了。在动物身上，无论是小白鼠还是猴子，在所有的测试中，被试的记忆能力都被损坏了，其中大部分是空间记忆能力。

在偶尔吸食者身上，大麻的客观效果以及引发的对记忆的干扰与酒精的效果非常相近。当面对精确任务（例如学习一组词）时，记忆能力随着摄入量的增加而下降。同时，集中注意力的能力也随之下降。在这种毒品影响下的人会有对刺激反应更快的倾向，但是以这种不恰当的方式进行复杂思维时就需要花更多的时间。在经常吸食者身上，精神紊乱现象更加明显，并且不仅触及记忆，还影响到智力的发展。

# 食物和记忆

多年来，人类一直在寻找发掘记忆潜能的最有魔力的方法。这种努力并非一无所获。这种魔力虽然不像灰姑娘的水晶鞋那样令人惊奇，但却存在于普通得不能再普通的东西——食物之中。过去几十年，人类研究了营养、医药、自然恢复以及身心关系等领域，肯定了饮食对大脑功能的重要性。不断进行的研究支持了如下主张，即不良的营养会严重影响学习和记忆。如果你感觉良好，你的注意力就会更集中。这个显而易见的现象的实质是，稳定的能量流动可以使大脑发挥最佳功能。能量从哪来呢？就在你吃的食物中。

## 1. 饮食对记忆的影响

⊙**健康的饮食**

没有任何一种食谱是专门为了改善记忆机理而设计的，也不存在所谓的"记忆食物"。为了正常而且有效地运行，人的大脑需要营养均衡且丰富多样的饮食，以便为其提供充足的营养。

人脑要消耗大量的糖类，而这些糖类是通过血液输送的，因此你必须维护好自己的循环系统，并且避免不健康的生活习惯，例如暴饮暴食或摄入过量的糖分、脂肪和酒精饮料，因为这些都会危害循环系统的正常运行。另一方面，某种饮食缺乏，例如纤维、维生素、蛋白质，也会反向地影响记忆和注意力的集中。

一日三餐维持了蛋白质、脂肪和碳水化合物之间的均衡，确保了对维生素、矿物质和纤维的充足摄取。

为了摄取蛋白质和铁元素，每天至少一餐包含肉类、鱼类或者蛋类，每天多次进食新鲜或者冷冻的水果和蔬菜，因为它们富含维生素、纤维及矿物质。此外，多吃富含钙元素的食品，例如奶制品。每天至少摄入 1.5 ～ 2.0 升的水，或者任何其他不含酒精的饮料，应该注意的是，每天要按时有

水果里面富含提升多巴胺水平的物质，多吃水果有助于保持记忆。

规律地喝水，而不仅仅是在口渴的时候。某些人群，尤其是老人，更应该多喝水，不要忍受口渴的痛苦。

记着每个月定时称体重。如果你的体重出现了明显的变化，请及时咨询医生，并且不要在没有医生指导的情况下，轻率地开始节食。

## ⊙蛋白质的力量

大脑需要蛋白质来保存"化学汤剂"——神经递质，以便保持最佳状态。虽然蛋白质不会在我们需要时马上转变成葡萄糖，但它可以通过消化分解成为组成神经递质的氨基酸分子。这既不代表着你要大量地吃下蛋白质，也不是说蛋白质让你变得更聪明。可若大脑缺少了蛋白质，你的大脑功能势必会减弱。

如果你需要在饭后保持最高的大脑效率，有下面几种选择。你可以吃只含有蛋白质的食物，最好是包括低脂肪的鱼类、家禽或瘦肉。更可行的办法是食物中

含有一点儿蛋白、一点儿脂肪、些许碳水化合物以及适量的热量。许多营养师指出，如果食物中混合着蛋白质和碳水化合物，那么至少先吃掉 1/3 的含蛋白质的食物再吃别的东西。简言之，如果碳水化合物比蛋白质先达到大脑，大脑反应就会迟钝。

### ⊙氨基酸在脑中的赛跑

两种重要的氨基酸——色氨酸（来自碳水化合物）和酪氨酸（来自蛋白质）在你吃下食物后"比赛"谁先到达你的大脑。如果你打算饭后放松或睡觉，那么最好是色氨酸赢；如果你想保持大脑清醒，那就希望酪氨酸赢吧。下面是一个记忆诀窍，帮助你分清哪个是哪个。

碳水化合物＝色氨酸（有助休息）；

蛋白质＝酪氨酸（有助思考）。

色氨酸会引起大脑迟钝是因为它刺激神经递质血管收缩素；而酪氨酸刺激的是神经递质多巴胺、去甲肾上腺素和肾上腺素。

### ⊙有镇静作用的碳水化合物

虽然蛋白质具有帮助精神集中的作用，但这不代表碳水化合物要退出竞争。当你想忘掉一切，放松、减轻压力的时候，吃些面包、面条、土豆和果冻会有很好的帮助。

大脑中的情绪装置十分敏感，即使是少量的食物也会迅速对身心产生显著的影响。部分研究者认为，只要 30 ～ 60 克的碳水化合物（一些甜的或含淀粉的食物），已经足以减轻压力，使你的神经镇静下来。

美国坦普尔大学医学院和德克萨斯理工大学进行的一项实验发现，当女人（18 ～ 29 岁）吃过含大量碳水化合物的饭后，昏昏欲睡的感觉会加倍。

### ⊙好脂肪、坏脂肪

你是否曾经身体发福呢？如果答案是肯定的，你应该完成这样一种转变：由喜爱黄油到由衷地选择大豆油或橄榄油。这个转变不仅有利于你的身体，还有利于你的大脑。下面这个里程碑式的研究可以支持你的选择。

为了研究食入脂肪的影响，多伦多大学营养学副教授卡罗尔·格林伍德博士和同事们用 3 种不同食物分别喂养 3 组动物并进行比较。第 1 组的食物富含大豆油中的不饱和脂肪；第 2 组的食物富含猪油中的饱和脂肪；而第 3 组吃标准的伙食以便提供比较的基准。研究人员于 21 天后测试了动物们的学习能力，发现食用大豆油的动物不仅比另外两组学得快 20%，而且不容易忘记所学的东西。

脂肪是我们饮食中的必要元素。它提供了许多组成脑细胞的天然原料。然而关键是要适量摄入好的脂肪。好脂肪存在于红花、葵花、橄榄或大豆榨取的油中，以及在像鳄梨、坚果和鱼这样的食物中。脂肪的新陈代谢是身体内一个漫长的功能过程，它需要的时间远远多于其他营养物质。为了完成这个过程，血液从其他器官流入胃中。这时，脑部的血流量会减少，这就能解释为什么吃脂肪过高的食物后注意力会减退。高脂肪的饮食（超过饮食总热量的 30%）会更多地导致诸如心脏病、中风、癌症这样的致命疾病；并且还会减缓思考能力。低脂肪饮食易于消化，保持动脉的健康，并使头脑更加清醒，精神更加集中——这是良好记忆力的一个前提。

### ⊙咖啡因的问题

你喝咖啡吗？你选择什么样的咖啡？你喝不喝其他含咖啡因的饮料？喝多少？你是否希望你没有喝过？许多年来，对咖啡的研究一直集中在咖啡因的影响上。美国夏洛特市北卡罗来纳大学的一项研究发现，一杯咖啡中所含的咖啡因足以影响你对新学知识的回忆能力；然而马萨诸塞理工学院的另一个研究却发现咖啡因在许多指标上促进了大脑的表现。尽管两份报告存在矛盾，但没有科学证据显示适量地摄入咖啡因对健康有长期的不利影响。乌尔特曼博士说："由同等受尊敬、客观的研究人员进行的研究会反驳所有关于咖啡因与健康问题有关的报告，他们指出没有这样的关联。"

人们通常服用镇静剂来治疗焦虑症，但是部分研究结果显示，咖啡因会对新学知识的回忆能力产生影响。

咖啡的矛盾在于，它可以刺激大脑，但同时又可以减少大脑内的血液流动。因此咖啡因被用于治疗偏头痛，它帮助收缩大脑中扩张的血管。可以肯定，咖啡因饮料可以使精神迅速清醒并持续至多 6 个小时。但是，还是那句老话；"过犹不及。"咖啡因对有些人会产生副作用。如果饮用咖啡因饮料后出现失眠、神经过敏、多汗、头痛、胃部不适等症状，你一定要停止饮用，并考虑用一罐健脑饮料来替代咖啡了。找那些含磷脂酰基胆碱、磷脂酰丝氨酸和其他健脑物质的饮料，这些可口的补品可以起到与咖啡相似的作用，但其中咖啡因的含量却少得多。

⊙糖的问题

刺激大脑交流和蛋白质生产的化学能量几乎全部来自葡萄糖（一种单糖）。英国科学家让学生在下午喝高葡萄糖饮料并研究了其效果。学生们的注意力有了很大提升，而且在做困难工作时失败较少。这是不是意味着孩子们学习时应该给他们吃些高糖的食品？恐怕不是，大多数营养专家说许多孩子（还有成人）吃的糖已经太多了。实际上，有些个案表明儿童会因为高糖饮食引起过度兴奋和学习能力下降。可是，我们的身体仍然需要血糖来提供能量。在低血糖情况下学习知识或做重要的事可不是个好主意。最新研究发现，淀粉比糖能更快地提升血糖水平。因此，我们向您推荐的健脑小食品是饼干或曲奇。尽管有些人认为水果可以提供更多的能量，但事实上果糖无法直接向大脑提供能量，而蔗糖（葡萄糖和果糖的化合物）却能够做到。

⊙有利于提升记忆力的食品

多吃蔬菜和水果有助于保护大脑并保持记忆，它们还有助于提升多巴胺的水平（多巴胺是我们大脑中与记忆和情绪有关的一种化学物质）。它存在于浆果、胡萝卜、马铃薯、豆瓣菜、豌豆、多脂鱼类，以及啤酒酵母之中。其他有助于大脑功能的食品还有红胡椒、洋葱、椰菜、甜菜、西红柿、豆类、坚果、种子、糖浆、瘦肉及大豆制品。

## 2. 其他记忆必需物质

⊙核糖核酸

核糖核酸（RNA）和脱氧核糖核酸（DNA）存在于每个细胞的细胞核内。它们承载着遗传信息并指挥蛋白质的生产。RNA是学习和记忆难题的关键。20世纪70年代进行的惊人的研究中，被移植了受过训练老鼠的RNA的老鼠同样表现出了受过训练的特征。在其他的研究中，补充了RNA的动物学习十分迅速且延长了20%的寿命。然而，被注射了破坏RNA的酶之后，它们便无法学习了。就人类而言，RNA 是组织修补、恢复和大脑发育的关键因素，通常存在于鱼类（尤其是沙丁鱼）、贝类、洋葱和啤酒酵母中。补充 RNA 能提高大脑能量和记忆力，保护大脑免受脂肪氧化的伤害。

### ⊙烟酰胺腺嘌呤二核苷酸

在临床实验中，80% 的帕金森症患者从补充烟酰胺腺嘌呤二核苷酸（NADH）中获益。NADH 是营养和自然康复领域的"新人"，它表现出可以提高大脑活力以及阿尔茨海默氏病患者、帕金森症患者、慢性疲劳患者和精神抑郁患者的运动神经能力。注意力、能量、情绪和体力的改善也有报告。NADH 在生物学上被称为辅酶，存在于所有活细胞中，且在身体制造能量过程中起中心作用，尤其是对大脑和中枢神经系统。它的工作是刺激多巴胺和其他神经递质的生产。

### ⊙雌性激素

科学发现雌性荷尔蒙支持大脑功能，如今被用来治疗阿尔茨海默氏病。麦基尔大学更年期研究所的副主任芭芭拉·谢尔文博士通过测试年轻女性在接受子宫肌瘤治疗前后的语言记忆力而得出了雌性激素的重要性。化疗后，女性的雌性激素水平大幅下降，她们的阅读记忆测试分数也出现下降。一半的女性获得了替代雌性激素后，表现迅速反弹。雌性激素刺激了神经突触的增长、乙酰胆碱的输出以及大脑内血液的流动，由此提供了更多的氧和葡萄糖。提高记忆力的雌性激素疗法的负面是，有些研究报告这种疗法可能会增加患乳腺癌的风险。1998 年，一项对 700 多名健康的已经度过更年期的女性的观测实验由哥伦比亚大学医学院的研究人员领衔，实验发现接受了雌性激素疗法的女性在记忆力测试中比未接受者的得分高出许多，而且她们在语言和抽象推理测试中亦表现更佳。

### ⊙银杏精

人类已知现存最古老的树——银杏，可以提高健康成年人的记忆功能，还可以恢复长期大脑机能不全患者的记忆功能。从树中提取的口服草药可以大大改善血液循环。得到改善的血液循环可将更多的营养和氧送到大脑，进而改善大脑功能。对健康人和长期大脑机能不全患者的研究结果显示，银杏精对其短期记忆有大幅度改善。报告还称，银杏提取物提高葡萄糖——大脑首要燃料和能量来源的供应和利用，混合了 24% 黄酮糖苷的标准银杏提取物效果最佳。黄酮糖苷应包含银杏的活性物质：银杏内脂 A，B，C 及白果内脂。

### ⊙二碳六烯酸

研究发现，二碳六烯酸（DHA）——大脑中首要的结构脂肪酸——对我们生命中每个阶段的大脑表现都很重要。DHA是欧米伽3型必需脂肪酸的一种，是天然的消炎物质，保护细胞膜不被氧化，增强细胞流动性。此外，它有助于治疗精神抑郁和阿尔茨海默氏病。1993年，联合国粮农组织和世界卫生组织研究发现婴儿代乳品中欧米伽3型脂肪酸浓度低（与母乳相比），食用代乳品的儿童智力相对较低，从而说明DHA对大脑发育的重要性。由于这些发现，如今有些代乳品中又加入了DHA。对成年人的研究发现，每周吃一次或多次鱼肉的人比不吃鱼肉的人患阿尔茨海默氏病的风险低70%。研究人员推断，来自鱼油中欧米伽3型脂肪酸具有消炎作用。欧米伽3型脂肪酸在亚麻和麻籽油中也有发现；天然欧米伽3型脂肪酸和DHA（单纯的）补品也能够找到。我们的饮食要平衡欧米伽3型必需脂肪酸和欧米伽6型必需脂肪酸。

### ⊙乙酰左旋肉碱盐酸盐

乙酰左旋肉碱盐酸盐（ALC）与氨基酸肉毒碱关系密切。它是一种天然化合物，能够促进细胞间的能量交换，加强大脑左右半球间的信息交流。自1990年以来已经有超过50例的ALC疗法实例。临床实例目前在测试ALC作为阿尔茨海默氏病患者认知能力增强剂的作用。一项对500名老年患者的研究发现，有大脑衰退迹象的患者补充了ALC后，思考能力有了显著增长。服用了ALC的病人接受大脑功能测试时的分数显示出了"极大增长"；然而，只服用安慰剂的病人没有明显进步。意大利研究人员于1992年出版了里程碑式的著作，提出ALC可促进年轻人和健康人的大脑表现；罗马尼亚对优秀运动员进行的研究提出，乙酰左旋肉碱盐酸盐可以提高身体机能的潜力。

### ⊙去氢表雄脂酮

去氢表雄脂酮（DHEA）被称为"荷尔蒙之母"，因为它可以被身体转化成许多其他荷尔蒙，是肾上腺产出的一种神经类固醇。在我们20多岁时身体会生产大量的DHEA，但到65岁以后，这种生产将极大地下降。在大多数动物实验中，DHEA显示出可以促进记忆力（尤其是长期记忆）和学习能力。在老鼠体内，DHEA刺激一种重要的脑细胞信息传递物质的生产和携带细胞间信息的突触的增长。对人类的实验说明，补充DHEA可以降低由于过度压力而形成的高皮质醇水平的潜在危险。一些医生不会轻易推荐 DHEA 给病人，因为关于它的长期副作用还存在不确定性。服用正确剂量的 DHEA 很重要，所以开始服用之前要咨询医生并检测你的荷尔蒙水平。

### ⊙娠烯醇酮

娠烯醇酮同样走在记忆研究的高速路上。娠烯醇酮被用于治疗关节炎已有几十年历史，完全无毒、无不良反应。对老鼠进行的实验已经证明娠烯醇酮可以提高学习的速度和质量；在治疗阿尔茨海默病以及健康老人由于年龄而产生的记忆受损（AAMI）和轻微认知力受损（MCI）方面，人类还处于实验阶段。

### ⊙吡乙酰胺

吡乙酰胺可能是被认识和应用最广泛的认知能力促进物质，几十年来一直被形容为正常、健康的人的智力药物。对动物和人类进行的超过 20 年的研究明确了吡乙酰胺可以促进学习和记忆。以下一些明显的作用都被发现：减轻缺氧状况下的新陈代谢压力；增加新陈代谢速度和乙溴醋胺能量；对健康人和记忆受损的人都有作用；减缓 AAMI；具有普遍性（大多数情况下可用）；简化大脑左右半球间的细胞交流。吡乙酰胺潜在的疗效还有很多：从治疗阿尔茨海默氏病和癫痫到注意力缺乏、混乱和诵读困难。吡乙酰胺还没有显示出任何医疗禁忌。

### ⊙尼莫地平

尼莫地平是钙系物的阻断药（通常用于心脏病处方），用途十分广泛。尼莫地平在治疗阿尔茨海默氏病过程中显示了良好效果，正在被实验改善 AAMI 的效用。尼莫地平能够防止大脑血管栓塞，加强脑内血液流动。虽然粮食与药物管理局 1989 年批准了尼莫地平用于治疗脑出血中风，但它似乎还有更广泛的疗效。在对有 AAMI 症状的老年人的临床实验中，研究人员报告尼莫地平可以防治与压力有关的疾病；可以改善记忆力、精神抑郁和大脑总体状况；还可以减轻精神焦虑。很少有报告说它有副作用。尼莫地平不可与其他钙系物阻断药一同服用，而且需要按医嘱服用。

### ⊙二甲氨基乙醇

二甲氨基乙醇（DMAE），又称二甲基乙醇胺，是著名、安全、天然的大脑兴奋剂，能使乙酰胆碱和关系到学习与记忆的原生神经递质的生产最佳化。早期临床实验结果报告二甲氨基乙醇对患长期疲劳和轻微至中度精神抑郁的病人尤其有效。从那时起，二甲氨基乙醇同样被认为可以刺激清晰的梦境，改善记忆力和学习能力，提高智商，延长寿命。二甲氨基乙醇是胆碱的前身，天然存在于凤尾鱼和沙丁鱼体内，可以直接穿过血脑屏障，而胆碱则不能。二甲氨基乙醇可以产生少量的刺激，却不会因为停用而出现药物性萎靡或精神抑郁。

# 情绪和记忆

记忆，像一个独立的个体，是一件复杂的事情。记忆是否能很好地发挥作用取决于相互联系的、同等重要的3种因素——生理方面的、心理方面的以及环境方面的。这些因素中任何一方面的任何一个问题，哪怕是很微小的问题，也会不可避免地影响到其他两方面，因此也会影响到记忆本身。

情绪低落是记忆出问题的一个重要原因，无论是摄入新的还是回忆已有的信息。即使是相对轻微的情绪低落也可能导致心理状态差。例如，受到挫折、感到担忧，或者沉浸于伤心或消极的想法，都能严重影响人的专心程度和记忆。情绪低落还会导致大脑中有关情绪和记忆的特定化学系统的变化，如血清素（5-羟色胺）。

情绪对记忆的影响是被广泛承认的，因为沮丧而导致的缺少兴趣和注意力是引起记忆困难的主要原因。对记忆和回忆投入的努力，取决于你对事情感兴趣的程度以及你当时的心情。你的大脑可以过滤出一些和你的情绪相一致的因素，所以如果你很悲伤，那么一些负面的记忆就很容易进入你的脑海，而且你也更容易记起一些令人沮丧的事情。相反，如果你心情愉快，你的记忆更容易储存和回忆一些积极的形象。

## 1. 情绪怎样影响记忆力

研究表明，一切记忆力的表现，无论好或不好都与你的身体和情绪状况有关。对此我们都有切身感受，但你认为究竟哪个作用大？很明显的，如果身体或精神疲惫，注意力肯定下降。我们对不注意的内容不会有印象，可见情绪和记忆力的联系很重要。我们可以想象有多少人在长期苦闷，疾病或沮丧任何这样的问题长期出现都会造成当事人漠不关心和缺乏兴趣，然后导致逃避丰富多彩的世界。沉闷影响大脑的生理机能。我们知道，当我们不能机智地挑战自我，脑细胞和显示树枝状就会减少。所以，极度的沮丧、焦虑、压力和局促不安会降低思维活动能力。

### ⊙大脑失衡

心情长期不好会造成生理反应链的错乱，导致大脑中神经递质失衡。当主要负责获取巩固和更新记忆的神经递质失衡时，记忆力衰退。情绪低落的人经常抱怨记忆力差，特别是短期记忆力。只有问题得到有效解决记忆力才会加强。使大脑回到正常的化学物质平衡，才是有效改善情绪低落和其他情绪不稳定的基础。

一些研究者还注意到，短期记忆力的下降与早前情绪不稳定有关。随着年龄增长，生理机能的变化会产生很多记忆力问题。面对生命的重大变化，挑战是寻求新的行动和有把握的目标。我们在后半生会经历很多不同程度的变故，从爱人或亲朋好友的去世到亲人丧失自理能力，以及你的社会地位和经济财产发生重大变化。这些变故和伤害很容易使人情绪沮丧，从而导致厌食和营养不良，离群和孤僻。这种情形需要合适的干预，以打破情绪沮丧——逃避现实——大脑失衡的恶性循环。

### ⊙情绪的控制

恢复到健康状态时，你自我感觉良好，回忆积极事件的记忆力增进不少。好的精神状态使记忆力自动恢复。快乐情绪是快乐记忆恢复的一个因素。这是情绪决定论，即在相同环境或情绪状态下的事情容易记忆（鲍尔 1992 年；勒杜 1996 年）。20 世纪神经递质的发现表明它们对人的情绪和记忆的必然作用。而在此之前，很多康复的人和接受治疗的新患者说："生活随思想而改变。"这可能比实验性的解释更具有建设性。

### ⊙用你的感官意识

在迪帕克·乔普拉的《精神疗法和完美健康》一书中，他讲了人的思想和情绪对神经化学物质的作用。在分子量子层次，人体不再是一具肉和骨的架子，而是能量的流动，而且时刻都通过高度整合的化学信使或肽释放的信息在周身流动传递。你的意识和身体的化学构成有直接联系。比如，视觉想象可以帮助焦躁的人放松，使人产生积极的态度，对精神和身体都有正面作用。乔普拉也尝试用气味治疗病人。他解释说，人的嗅觉与大脑直接联系。下丘脑的嗅觉接收器是一组影响记忆、感情、体温、食欲及性欲的细胞。减轻心理压力需要生理治疗。总之，如果你想增强记忆力，就要像当心身体一样呵护好自己的情绪。

## 2. 各种坏情绪

### ⊙忧郁症

许多人认为忧郁症是逐渐变老过程中产生的一种正常现象，事实上忧郁症并不是一种正常现象，它是一种疾病———一种可以医治的疾病。我们知道，记忆问题通常会与忧郁症一同出现，如果忧郁症得到了医治，记忆问题就会有所好转。

常见的忧郁症症状有：食欲改变（最常见的是食欲减退）；睡眠障碍；疲乏；焦虑、恐惧、过度忧虑；感到绝望或无助；注意力不集中、记忆困难；做决定时犹豫不决；不安、踱步；易怒；感到生活没有意义；对什么都觉得无趣；总是感觉不舒服或疲劳；情绪低落；有自杀倾向。

那么忧郁症是如何影响记忆力的呢？

动机

当你情绪低落时，你就不会在意你新邻居的名字、你健身课的时间或政府采取的新措施。这些事情好像对你来说都无关紧要。

注意力

即使你想记住如何填写你的医疗保险表，忧郁症也会使你感到头脑模糊，而不能把注意力集中在要做的事情上。

感知

如果你情绪低落，你也许会将许多遗忘的事情当成你记不住任何事情的一种征兆。

小华几年来已经得了几次忧郁症。他的朋友和家人都发现，当他情绪低落时，他就会忘记一些约会，并且记不起来一天前发生的事情。经过咨询，医生认为，如果小华的忧郁症通过药物和心理咨询得到医治的话，他的记忆问题可能会有所改善。医生也建议小华在忧郁症好转之前，应该尽可能多地进行一些记忆训练，以协助治疗。

### ⊙失落和悲伤

当经历了重大的挫折或变故时，人们常常会被痛苦和悲伤的情绪包围。此时，将注意力集中在自身以外的任何事情上都是困难的，并且注意力也会减退。忧伤时会出现记忆问题，但随着时间的过去忧伤会逐渐减轻，除非这个悲伤者的情况发展成忧郁症。

当涉及痛苦和悲伤的时候，多数人都会想到死。实际上，失落的情绪也许是由许多不同经历引起的，包括感动、重大的外科手术、自己或配偶退休、视力或听力损伤、朋友或家庭成员患病、经济状况的改变、宠物的死亡、孩子或朋友结婚及个人健康状况的改变等。当这些情况中的两种或多种同时发生时，对情绪的影响会大大增加。

实例一

老沈几年来一直想退休，这一天最终来临了。他不用早起、不用附和老板，并把时间都花在他的地下工作室里。然而，退休后他惊讶地发现，他常常感到忧伤并且无所适从。他也注意到，他总记不住东西。

在妻子的鼓励下，他自愿去为卧床在家的人上门送餐，并开办了一个绘画研。他感觉自己非常有用，他的悲伤情绪和健忘也逐渐消失了。由此看来，即使是你自我选择的一个改变也可能引起失落情绪。

实例二

大明和玲玲交往了一年半的时间。他认为他们进展得不错并计划着他们的未来。一段假期之后，玲玲告诉他，她现在觉得他们在一起并不快乐，她不想再见到他了。

大明开始非常生气，并暗自设想没有她自己也会过得很好。很长一段时间内，他都发现自己很忧伤，并且始终无法摆脱这种状态。他不能将注意力放在他的工作上。他突然感到他的脑子老了，不管用了。他想，是不是他的记忆力正在逐渐丧失，但他又不知该如何去做。几个月过去了，他感觉越来越好，而且记忆力也比以前好多了。随着大明的悲伤情绪逐渐减少，他的记忆力又恢复了正常。

⊙焦虑

焦虑的特征表现为内心紧张不安，并伴有生理症状和说不清的恐惧。许多严重焦虑的人都不能将注意力集中在他们身外的事情上。他们的头脑中充满了担忧，因此他们不可能将注意力放在外界发生的事情上，并且记忆力的衰退还影响到他们的日常生活。

焦虑的常见症状：神经过敏、忧虑或恐惧；忧惧或有一种不祥的预感；一阵一阵的恐慌；注意力难以集中；失眠；对可能患有生理疾病的恐惧；肚子痛或腹泻；出汗；头昏眼花或头重脚轻；不安或易变；易怒。

## ⊙特定对象恐惧症

当某种物体被看作是危险的来源，并且这种物体可能导致的伤害被夸大时，对这种物体的恐惧就发展成为特定对象恐惧症。特定对象恐惧症包括对某种动物的过度恐惧，对诸如狭窄空间、开放空间或者高地之类的环境的恐惧，以及对窒息或者呕吐的恐惧。

当恐惧症患者遭遇到令他感到恐惧的物体或者环境时，他身体上的焦虑反应将不断增加，他所要做的事情是尽力避开这个物体或者环境。例如，当蜘蛛恐惧症患者看到类似于蜘蛛的物体靠近他们时，他们将经历心跳加速、恶心和极端恐惧的过程。他们所要做的事情是尽力逃离这样的环境。当这种恐惧症的患者接触到这种物体或者环境的图像时，他们也会做出类似的反应。

据估计，每100个美国人中就有10个人受到特定对象恐惧症的影响。这种恐惧症是女性精神障碍中最为常见的一种，而它在男性精神障碍中位居第二（位居第一的是物质障碍）。某个人患上特定对象恐惧症的年龄取决于这种恐惧症的类型。人们患上恐惧症往往与他们儿童时期所处的自然环境有关。诸如飞行恐惧症、恐高症和狭窄空间恐惧症之类的条件性恐惧症，往往在某个人处于20岁这个年龄段时形成。

## ⊙广泛性焦虑症

广泛性焦虑症指的是由于过度的、长期的忧虑而引起的焦虑症。广泛性焦虑症形成的原因有以下几种：一是担心不能应付面临的问题；二是害怕失败；三是担心被拒绝；四是对死亡的恐惧。患有广泛性焦虑症的人身体上也会出现一定的症状，包括肌肉紧张加剧、敏感性增强、呼吸频率加快以及觉醒程度增加（比如心跳加快）。

广泛性焦虑症是一种常见的精神障碍，它对女性的影响是其对男性影响的2倍。虽然人们受广泛性焦虑症影响的年龄会因人而异，但是人们往往在20多岁时才开始寻求治疗这种焦虑症的办法。在美国，一般有3%～8%的人受到广泛性焦虑症的影响。心理学家估计，那些患有广泛性焦虑症的人中有超过50%的人患有其他的精神障碍，比如沮丧或者另外一种不同类型的焦虑症。

**实例**

关太太把她自己描述为一个爱担心的人，她担心她的弟弟结不了婚、她的女儿吮大拇指，还担心她自己的胃病和关节炎等这些会影响到她照顾家庭的能力。她很紧张，经常睡不好觉，几乎一整天的时间她都在担忧，以至于她不能清楚地记得一些事情。

当关太太在诊所治疗她的胃病时，她向护士提及了她的焦虑情况。护士建议她应该和医生谈谈这个情况。医生推荐给她一个治疗焦虑和抑郁的认知治疗小组，在那里，关太太能学到一些解决她焦虑的新办法。在这个小组里，关太太认识到她控制不了她弟弟未婚状况和她女儿吮拇指的习惯。她决定试着不再担忧这两件事情。这个小组帮助她想出在她不能照料家的情况下的许多选择办法。关太太知道，她将会继续担忧，但当她意识到担心这些她无法控制的事情也于事无补，并开始为她的未来做打算时，她的一些焦虑症状及她的记忆问题开始减轻。随着她的担忧越来越少，她发现自己能够集中注意力并能够记得更清楚。

# 压力和记忆

我们的生活总是会不时地被变化或者危机打断，因此我们需要不断地适应新的变化，即使这些变化会给我们带来压力和焦虑，甚至是反反复复地令我们沮丧或者意志消沉。这些变化总是会影响你的记忆能力，因此学习应付压力和自我放松是至关重要的。

## 1. 压力的类型

### ⊙好的和坏的压力

感到有压力吗？一点点。没问题。

很严重——那就麻烦了。

不知不觉，"压力"这个词进入了我们的词汇表，并且开始被媒体频繁地使用。例如在最近的常见的表达中，就有"现代生活的压力"，"工作场所的压力"等。压力到底是什么呢？

　　根据现在的用法，压力等同于一切的压迫和紧张。事实上，压力是人的身体应对一切变化的时候进行自我调适的结果，是身体对于变化的适应性的体现。面临考试就是压力的一种，改变生活节奏也是压力的一种，饮食改变、环境的变化等都是压力的表现。任何一种强烈的感情，无论是积极的还是消极的，都是压力的一种表现形式。

　　因此压力本身并不是坏的，如果你可以很快地做出适当反应，它只是你的身体在竭力适应一种新情况时发出的一种信号。这样的压力被称为是好的压力（积极的压力），你必须要对这种压力给予重视，因为它就像是那种保护身体免受伤害的疼痛一样。从心理学的角度出发，这个警示作用是肾上腺激素和去甲肾上腺激素释放的表现，目的是提供给身体做出正当反应所需的能量。积极的压力实际上是兴奋剂。

|  | 有利的压力 | 不利的压力 | 短期压力 | 长期压力 |
|---|---|---|---|---|
| 原因 | 考试、面试、怯场 | 太多焦虑或分心的事情、过分精神警觉 | 交通堵塞、看牙医 | 慢性疼痛或慢性病、失业 |
| 结果 | 肾上腺素帮助你有良好的表现 | 各种疼痛、不能正常发挥 | 轻微的身体或头脑病症，不久以后就得到平息 | 持续的身体或头脑病症，并可能加重 |

　　如果这种引起压力的状况持续很久或者每隔一定的时间就重复出现的话，你的身体会通过释放皮质酮进行自我调节以便适应变化，即所谓的对抗相位。但是身体也有可能被打倒，表现为新陈代谢减慢，这种状况下（即精疲力竭的状态）身体抵抗力就会下降，变得易受病毒攻击，具体表现为免疫力下降，易感染疾病。这种反反复复的情况是有害的，也就是所谓的坏的压力。

　　压力的情形可以用生物学的症状来解释，这些症状都表现为某些能力的丧失：睡不好觉、心动过速、呼吸问题、胃痛等。它也可以表现为行为方面的问题，易怒、粗心大意、没胃口（或者相反的，易饿）、烟瘾、咬指甲等等。

⊙怯场

　　我们都有"被置之大庭广众之下"的经历。你突然感到大脑混乱，注意力不能集中，心脏剧烈跳动，血压升高，身体紧张发汗，反正是很不舒服的感觉。这是怯场的反应。即使你没有处在真正的危险中，身体还会释放大量的压力荷尔蒙到血液中。它会导致不由自主的身体颤抖，说话结巴，大汗淋漓和暂时性失忆。当你有过怯场的经历后，再次面对同样的情况会反应更强烈和持久。

怯场，顾名思义，通常发生在面对公众时，但是像局促不安这样的生理反应也会出现在台下。也许你没有准备在课堂上被突然提问，或者你的上级让你在一群同龄人面前讲话，或者你说了不愿说的话，做了不愿做的事。克服怯场这样一时的激烈感受，可以通过了解自己的生理变化，学习减轻紧张害怕的技巧，做好心理准备。

## 2. 压力是如何影响记忆的

### ⊙ 当记忆被打断

当我们因时间紧迫而感到压力很大，变得紧张而焦虑时，记忆力就会让我们失望。处在焦虑状态下的情感会对注意和专注的能力造成不利的影响，而这两种能力对记忆机能起到最基础的作用。因为你的注意力转移到了那些打断你的事物上面，你失去了你的目标信息的线索。在70%～80%的情况中，遗忘都是因为理解或者注意出了问题。情感是具有破坏性的，神经紧张会造成记忆阻塞。谁能在公共场合露面从来不怯场呢？演员们对于上台之前大脑忽然一片空白的经历最有发言权了。遗忘的恐惧能够诱发足够的压力，从而导致记忆回路的瘫痪。但这只是暂时性的，你只需要重新开始，开始讲话以便重新启动整个记忆机器，怯场就会消失，你的记忆系统也就重新开始正常工作了。

### ⊙ 身体迹象

你可能发现自己的身体会对压力做出反应。你感到焦虑和疲惫不堪、没有胃口、不断地感到被打搅而不能集中注意力、变得消极、睡眠模式被破坏，并经常做令人提心吊胆的梦。严重的压力会引起诸如过敏、消化不良、皮肤病、疼痛、精神恍惚等身心疾病。虽然还没有明确的解释，但慢性疲劳综合征被一些研究者认为是严重压力使身体不适加剧的后果——这几乎就像是你再也应付不了了，系统陷入瘫痪一样。

### ⊙ 如何对付压力

要对付压力就必须设计策略。你必须识别早期的警示，然后学会如何去处理问题。

首先，你必须识别原因。

1. 是自己所处的环境吗？

2. 是不是只是自己要做的事情太多了？

3. 是不是当前有什么特殊的原因？

4. 是否因为自己的生活方式而加剧？

5. 是否能有效地管理自己的时间？

6. 在白天有办法释放已经形成的紧张吗？

7. 有足够的自我支配时间吗？

然后试试以下策略。

1. 保证自己的正常呼吸（深呼吸会有镇静作用）。

2. 检查自己的生活并制定一个计划。

3. 学会说不。

4. 试试放松的锻炼，如瑜伽。

5. 适当地修正自己的生活方式。

# 第三章
# 提高你的记忆力

## 提高你的内部主观记忆

### 1. 主动编码和存储策略

#### ⊙无错误学习

无错误学习是一个需要理解的重要概念。有个秘密就是，如果你要求别人猜出答案，他们就更有可能记住。事实上，如果他们是在指导下得出正确的答案，记住的可能性就还要大得多。

如果你问一个孩子："你能找到自己的足球吗？"他可能首先到床底下找，然后去客厅，再到楼梯下找，并且终于在那儿找到了。下一次，这个孩子的第一反应可能仍然是先到床底下找。

如果你换一种方式说"让我们找一下你的足球"，并且头或眼睛转向楼梯，孩子就更有可能做出正确的反应。

几条总的规则

（1）更少是为了更好

第一条策略是问一下自己："这是不是我真的需要记住的？"虽然我们的大脑容量非常大，但你还是需要选择自己所需要记住的。试图记住太多新的东西可能导致干扰和负载过度，而这会让旧的信息更难以记起，要避免这个问题，就需要进行一定的筛选。

"我能现在就处理这个吗？"

你经常会有机会通过保证自己一接到任务就处理，从而减轻自己记忆系统的负担，因为这样你就不需要对它进一步加工。重要的是要考虑如何让自己免于深度加工信息，从而可以让记忆对付更为重要的信息。例如，你没有必要记住每个人的电话号码，只要记住那些你经常打的就够了。

（2）不要害怕提问

要养成这样一个好习惯：尽量想办法向别人要信息，如他们的姓名，这让你无须加工这些信息而且它也不会让你感到难堪。例如，如果有个你只见过一次或两次的人对你说："啊，非常抱歉，我记不起你叫什么。"你会感到受侮辱吗？可能不会。如果他猜错了你的名字，你受到的侮辱可能更大。在你犯下令人尴尬的错误（而且有第二次还会犯错的风险）之前，让他确认自己的姓名可能会是一个好主意。

事实上，无错误学习指出，如果你去猜人名，那么当你第二次碰见同一个人时，你记得的可能是你猜错的名字而不是正确的。无错误学习通过对事物的确认而不是假设另外的情况，帮助你的记忆系统巩固正确的记忆。所以，不要去猜（即使机会是 50%），出于你的礼节和记忆的考虑，还是再问一下得好。

## ⊙死记硬背式学习

我们经常习惯于用重复的形式——例如，通过一遍又一遍地反复阅读来学习，这种方式叫做死记硬背式学习。研究表明，这种方式并非真正有效。设想你正在复习，准备参加一场历史考试。就某一个主题，你就有许多的史实、日期和人名要了解。你翻看笔记、把关键的细节列出了一个清单，然后反复看了多遍。在考试中，你在回答论述题时十分得心应手，并且将你所记得的大约 50% 的史实、日期和人名尽可能地塞进答案中，可你还是只有及格而已。

死记硬背式学习的缺点在于它只是一种浅显的加工形式。要记得更牢，就必须对信息进行更为深刻的学习，而且对信息编码的方式要让自己在很久以后仍然能有效地回忆起来。要做到这点，就需要在你的学习中增加意义，并使用额外的策略。

### ⊙分块

把信息分成小块有助于回忆，因为你通过对资料的组织帮助自己记忆。分块在记号码时非常管用。2064116890 这个号码可以这样记：

2　0　6　4　1　1　6　8　9　0

这个信息共有 10 个部分，而这对于你的运作记忆来说太长。如果你将这个号码分成 3 个部分，就容易记了：

206-411-6890

### ⊙条理性策略

你的记忆越有条理，就越容易学习和记忆。正像在一团糟的办公桌上或乱七八糟的房间里难于找到东西一样，如果你的记忆库条理性很差，就难以记住东西。长时记忆的结果非常明确，存储库虽多，但相互之间都有一定的联系。因此，有组织的信息便于记忆。

从某种程度上来说，我们的长时记忆库有点像一个档案柜或电脑里的档案，其中主要的文件夹被分成几个小文件夹：我的账目、我的义件、我的图片等。在这些非常笼统的文件夹里，存有一些小的义件夹。除了有主题以外，这些小的文件夹还有日期和时间的条理。这种组织信息的方法使得信息在你需要时易于再现。

## 2. 注意力集中的威力

如果你想要学或记某样东西，就一定要对它加以适当的关注。注意力集中让我们能处理信息，使之停留足够长的时间以备利用。它包含思维警觉状态、长时间全神贯注、不分心，并且有效地分配资源以满足不同的需求。注意力集中程度差意味着不能摄入信息，而后记忆也就没有机会进入我们的长时存储库。通常的情况是，丧失记忆或明显的"记忆力差"，仅仅是因为首次未能充分注意。虽然这实际上很明显，但你却不可以低估它的重要性。当你意识到注意对记忆加工至关重要时，改善自己的记忆就容易了。

### ⊙持续注意

我们大多数人过着繁忙的生活，有太多事情要做。由于有太多的琐事，我们不能集中注意重要的事情。因此，分辨重要的细节、人名，以及其他重要的东西的能力对于有效地回忆信息至关重要。我们已经进化到拥有一个系统来帮助我们注意（或不注意）一些事情。

持续注意指的是我们在一段持续的时间内保持对某件事情注意的能力。动机和思维的激发程度是影响注意的关键因素。要使你的注意力保持足够长的时间，以便加工信息进入记忆（即对其进行编码），就必须留意自己的持续注意界面——20分钟、40分钟，也许再长一些，这取决于你正在加工的信息类型。

案例

设想你正在办公室的电脑前工作，旁边的电视里的财经频道正在播出股票信息。屏幕上的东西太多了，所以无法全部留意——商务信息、好几组数据、主持人的声音。你对节目的注意可能只能让你知道，此时的股市情况尚还可以。

设想现在你突然听到了股市的某一个板块（时装行业）因为其中一家主要的时装公司破产而表现不佳。这引起了你的注意，因为你手中握有的一些股票是时尚在线时装公司的。于是你开始收看收听任何关于这只股票的消息。你的注意力很大程度上在关注这个节目，留意是否会提到时尚在线。节目播完后，你把注意力转回到工作上，对电视充耳不闻。

设想你最后打算在网上卖掉自己的时尚在线股票，但你的电脑出了故障。你正在听电脑服务部门的指导。你也许对这些指导听得非常专心，但如果你越来越焦急的话，就可能会警觉过度。你的思维就可能会因为刺激过度而过了最佳状态，而这些指导就在脑海中变得一团糟。事实上，你要担心的事情可能已经够多了，以至于运作记忆已经没有足够的空间来容纳这些指导了。

## ⊙管理注意力

当我们抱怨自己的注意力无法集中时，这通常意味着各种各样内外部的事情使 我们分心。学会管理自己的注意力将帮助你把注意力集中到自己所期望的方向。

### 构建自己的发电站

集中注意力是记忆的发电站。不管你学到了多少方法和技巧，你的记忆潜能都不会完全得到发挥，除非你学会了如何集中注意力。并不是每个人都能做到集中注意力，虽然它很重要，而且我们从小就要接受集中注意力的训练。在读书的时候，老师总会管束我们说："注意力集中啦，孩子们！"我们做得好的时候，她们也会说："非常棒！"

集中注意力练习

当你集中注意力时，你还应该考虑别的什么事情呢？一则就是要组织好时间。要留出一定的时间来完成特殊的任务，不要占用这些时间。我们很容易坐定开始一项任务，然而这项任务并不是我们的兴趣所在，因此我们便习惯性地开始走神想别的重要的事情。于是，想着来杯咖啡，然后去看看报纸有没有到，接听电话聊聊天。既然你已经拿着电话了，就会想着不妨给朋友打个电话，然后继续聊。如果你意识到了这些情形，那么你不需要定期进行注意力集中的训练，但是你要学会合理利用自己的时间，充分利用时间来完成任务。

当你制定时间表时，要时刻参照你一天的行程。不要因为别人的打扰而将复杂的工作分成好几次。你可以选择别的不易被打扰的时间（比如清晨），这些时间非常宝贵。

在工作进程中，如果发现事先安排的时间表不合适，那么你可以对它进行改动。这关系不大，重要的是你能够按照时间表的规定完成任务，不会因为匆忙而心烦意乱。

⊙ **分散的注意力**

你想把注意力保持在某件事情上，但除此之外的所有其他东西会通过引起你的兴趣与之争夺。有时，你可能需要有意识地在脑海中同时保留两件或更多事情，这被称为分散注意（如果只有两件就称作双重注意）。通常情况下，你会根据需要选择性地转移注意，即你会先注意更为重要的事情，同时把另一件事情保留在脑海中，然后在它变得更为重要时转而注意它。这是执行多重任务最最基础的技能。

案例

设想你还是在伏案工作。你想要做好一笔账，同时又想查一下某只股票现在的表现。因为听到股价开始上下波动的消息后，你正在考虑是否将它出手。你所处的是一个敞开式的办公场所，当时里面一片嘈杂。这时，电话铃响了——一位客户想要查找一些信息。你一边和她交谈，一边再次查了一下所持股票的在线账户。通话结束后你回头继续工作。闻到调制咖啡的味道就做了个手势表示也想要一杯。有个同事问你是否打算参加办公室之间的足球挑战赛，你又查了一下股票。

在以上的案例中，你需要注意许多事情，但你仍能有效地进行处理。这是因为大脑天然的注意系统帮助你集中注意你当时所需要做的以及下一项手头的工作。如果有太多的信息资料涌入，那么你就会一筹莫展，而且如果你同时做多项任务，就可能会出错。有些人擅长于分散注意，因而能同时做多项任务；有的人则更加讲究次序，即更擅长于一次做一件事情。如果你对正在做的几件事情非常熟悉，那么，分散注意也就相对容易一些。

### ⊙使信息有意义

记忆是信息被感知和编码的产物，"意义之后的努力"可以产生更好的记忆。所以，使信息有意义会通过加深信息轨迹使之比其他只有浅度记忆的对象更加明显，从而提高我们的记忆。加工的程度越深，我们就记得越牢。

所以，如果你需要记住某个讲座、书籍、专题探讨会、演讲，或交谈中的信息，关键在于要确实地关注其意义所在。也就是说，你的记忆系统正在努力使得信息有意义。所以，如果你能有意识地帮助它这样做是有利的。问问题也有助于我们的理解。

### 苏格拉底法

使信息有意义的一种方法是由古希腊的哲学家苏格拉底发明的，并因此被称为苏格拉底法。它主要是询问一些你想要达到什么目标的问题。苏格拉底的问题往往是"我对此已经了解多少"和"我从中能学到什么"之类。换句话说，你正试图访问任何你已经为某个特殊类型的信息所写的剧本或计划，从而明白自己正在对它如何增补。

有一种记忆法可以帮助人们记住苏格拉底类型的问题从而帮助他们的记忆，即预提阅总测：

预览：粗粗看一下信息，了解它大体说什么。

提问：你希望通过看（或听）这个信息回答哪些问题？

阅读：看（或听）。

总结：什么是该条信息的概要？

测验：你找到所有问题的答案了吗？

用"预提阅总测"测试一下你收看的电视节目或阅读的报刊文章，看它对你是否有用。

### 同他人一起讨论

就观点展开讨论对于你的记忆是非常有益的。通过这种方法，你可以描述你对某件事情的看法并听取别人的观点。你一旦真正理解了一个观点并能对它进行描述，那么今后记起它就容易得多，而且它还能自然地与你已经掌握的知识结合起来。如果你尚未完全掌握，或者知识中尚有缺口，那么它们就会在讨论之中显现出来并得到填补。

### 扩充已有的知识

新的东西在我们学习之前，要记住它可能看上去是一件令人生畏的事情。然而，我们一旦开始学习，知识的建立就越来越容易，因为它变得更有意义并构成了一幅图画。我们叫某些人专家就是这个原因：他们在创建了原始知识基础之后，越过通常的边界，扩充了自己的知识。

设想你计划去某个国家度假，这个地方你从未去过。你对它有个特别的感知，也许是来自于在新闻中收看到的那儿发生的一些事件或是学校时上的地理课。到了那儿以后，你参观博物馆并租了一辆车四处游荡。在这段时间里，你一直在建立一个叫作"××国"的记忆信息库。

由于你的知识，当你在新闻中看到有关这个国家的事情时，它们就更有意义，因此你会加以注意并收听。你理解其中的内容，而且容易将它们加入自己的知识并记住有关信息。

## 3. 学习时的联系策略

有意地将你所想要记住的同自己所熟悉的结对，即创造一种联系，对你的记忆存储系统是有帮助的。有些联系易于建立，但大多数事物之间的联系并不是十分明显，因而你必须更有创意才能建立联系。好在只要你能练习建立联系，就会逐渐对此擅长，而且一段时间后将能不假思索地这样做。

### ⊙使用记忆帮助工具

它包括诗歌、有纪念意义的格言，以及其他可以用来唤醒记忆、帮助记忆

◉ 图像对于记住人名大有帮助。这幅凡·高的自画像，一定会让你对他的名字印象深刻。

的东西。你还可以自己编造一些来帮助自己记东西。

## ⊙形象化

要学会将信息同可视的图像联系起来。困难的材料可以被转换成图片或图表。具体的图像比抽象的观点、理念更令人难忘。用一下你的思维之眼。如果要记住有关其他人的信息，用形象化的策略就特别管用，因为我们对他人的了解是通过看他们获得的。

### 对人名的形象化

可视的图像对记住人名（尤其是外国人名）非常有帮助。你可能会注意到自己能记住更加具体和形象化的人名，然而，大多数名字都比较抽象，这就是我们不善于记住它们的原因。在这些情况下，试一下将名字同有意义的可视图像联系起来。

首先，想一下某人的名字是怎样写的。

然后，试一下将这个名字同某个容易记住的可视附属品联系起来，例如，麦克尔对着麦克风唱歌。

### 定位形象化

将手头的事情想象成一所有许多房间的房子是一项有用的技巧。你有几个不同种类的信息要记，因而就把每种类型的信息放在不同的房间里。当你需要记起什么时，你的思维就会在房子里走动，顺路挑出信息。

### 找到出路

许多人的方向感较差，但这很容易通过练习来提高。试一下以下几条以到达你的目的地：

仔细地看一下一张真正的地图以形成一幅形象化的地图，并使道路形象化。

当你在路上时，试着用思维之眼看地图。

如果道路错综复杂，在你上路之前就应在你的可视图像里加入有序的转向清单，那么在你去的时候就可以参照这个清单。

去了以后你还得回来。所以，在你去的时候，找一下路标（务必确保在你设计自己的路线时注意了关键的路标），这将有助于你回家。

## 4. 脑海中的演练

### ⊙主动再现

还记得即使没有受到其他信息的干扰，信息也只能在你的运作记忆中停留最多 30 ~ 40 秒钟吗？运作记忆还有大约 7 个空间的极限。在自己的脑海中演练信息是有助于保持事物记忆的一种方法。你要做的只是在头脑中反反复复地重复。在演练时，试一下为信息加上意义，因为这可以使它更容易被深刻地记住。

### ⊙扩大的演练

如果你需要把信息保存更长时间，而并不仅仅是收到后写下来，不断增大的时间间隔重复该数字（或清单）是一个非常有帮助的策略。它被称为扩大的演练。以 5 秒钟演练一次开始，然后 10 秒钟一次，20 ~ 40 秒钟，再是 60 秒钟，依此类推。这意味着你在不断加大的时间幅度中回忆着信息。

### ⊙归类演练

归类演练是另一个有助于你组织记忆的策略。设想你必须记住一份清单，上面是你要赶在圣诞节最后一秒钟去买的东西。

清单上写的是：贺卡、柑橘、围巾、啤酒、包装纸、红酒、笔、名画、袜子、磁带、牙膏、巧克力、开心果。

按以下类别重复这份清单将有助于你更好地记忆：

文具用品：贺卡、笔、包装纸、磁带

礼物：围巾、名画、袜子

饮料：啤酒、红酒

食品：巧克力、柑橘、开心果

日用品：牙膏

这种有效地突出和引出具体项目的方法正是所谓的归类演练。出现的意外是有时有些东西不能很好地归类，遇到这样的情况，你可以在归类中加上"其他"。

### ⊙进一步划分归类

设想你现在可以迈着轻松的脚步去购物。在你脑海中也许有一系列所需购买的东西（食品、日用品、工作所需物品）。在去商场之前，你可以按照要去哪一类的店铺来组织信息，然后设想将它们做进一步的分类：

| | |
|---|---|
| **超市** | 蔬菜：胡萝卜、蘑菇、菠菜 |
| | 家庭用品：洗涤剂、垃圾袋 |
| | 奶制品：牛奶、酸奶、奶油 |
| | 婴儿用品：棉花球、儿童霜 |
| **办公用品店** | 公司：电脑、磁盘、打印机墨盒、打印纸 |
| | 家用：台灯、铅笔、剪刀 |

## ⊙树状图

如果你确实在自己出发之前将所需要买的东西按一定的次序理顺，就能记得更多自己所要的。画一张树状图是一个好的方法。把不同的店铺想象成树的枝杈，店铺里物品的种类就是分枝，而个别物品就是分枝上的树叶。

# 提高你的外部客观记忆

## 1. 再现策略

如果你已经使用了策略进行编码和存储，那么你的记忆再现应该已经得到了提高。如果你仍有信息自己想访问却不能完全找到，对此还有一些有用的策略。

### ⊙目录搜索

用目录搜索可能是再现的有效线索。例如，你已经到了超市却忘了带写好的清单。当你在过道里走来走去时，看一下你在哪个区域——比如在食品区，思考一下自己在食品目录下可能需要的东西。

### ⊙形象化搜索或脑海回顾

使用形象化搜索也许可以再现记忆，特别是针对你放错地方的东西，它包含按逻辑顺序在脑海中回顾自己的动作、活动，以及想法。例如，如果你找不到钱包，就想想你最后一次付钱是在什么地方。你把钱包放进自己口袋里了吗？查看口袋里有没有。如果没有，努力想一下从那以后是否用过钱包或者把它放在了别处。

实例：我把手机忘在哪儿了？

在走进这个房间之前，我在接待处签到。在此之前，我在车上。我把手机忘在接待处了吗？不会，否则他们会提醒我的。我把手机忘在车上了吗？我想不起是否将它带到了车上。嗯，上车之前我在哪儿呢？我在家里。我记得拿了手机，关上了门，然后将手机放进了口袋里并上了车，然后将它放在了仪表板杂物箱里。啊，对了，我把手机放在了仪表板杂物箱里了。

### ⊙前后联系提示

在脑海中将自己放回到你所处的前后联系中可以帮助你更好地回忆。例如，试一下是否记得两天前午饭吃的是什么？让思绪回到所说的那天。你在哪儿？在哪儿吃的午饭？和谁在一起？吃了什么？现在你也许记起来了。

### ⊙总结

再现策略有助于为了特殊的目的而加工信息。你可能只需要这个信息一会儿，但也许你会在下半辈子都需要它。重要的是根据你的记忆类型、需要加工的信息的种类，以及你的需要来选择对你有用的策略。

你可能需要花些时间才能习惯于使用策略。在开始的时候，它甚至可能还会让你慢一拍，但它是有帮助的，而且很快它就开始给你回报。

我们还能做其他什么事情来帮助自己记得更牢和更有效呢？有一种普遍的错误观点认为，如果你依赖于一个写下来的记忆系统，就不能提高自己的记忆力。而临床医学研究所揭示的真相恰恰与之相反。事实上，正是那些使用结构系统写下并组织信息的人比只是用主观策略的人在记忆技巧上显示出更大的提高。写下并思考信息的举动比仅仅试图去记住它更能锻炼记忆系统。

> **-- 过河问题 --**
>
> 假设你有一只鸡、一袋粮食和一只猫在河的一岸，你的任务是把所有东西都带到河的对岸，但是船很小，只能容载你和其中的一件东西，同时，不能把鸡和粮食留下，否则鸡会吃掉粮食；也不能把猫和鸡留下，否则猫会把鸡追跑。你怎样用最少的渡河次数，把这三件东西都带到河的对岸呢？
>
> 解决方法如下：首先，带一只鸡到河的对岸，放下后返回。接下来，带粮食到河的对岸，同时将那只鸡带回。然后放下鸡，把猫带到河的对岸，和粮食放在一起。最后再回去把鸡带到对岸。

## 2. 时间管理

时间管理是提高你的计划性和条理性并最终提高自己记忆表现的一个有效方

法。你们许多人听说过这个观点，但它的真正含义是什么呢？答案是通过创建一个系统来有效地处理并享受工作和人生。我们每个人都有不同的做事方法、不同的义务等，但你仍然可以应用一些基本的原则：

（1）草拟一份人生计划。

（2）使用电子管理器。

（3）把事情做完。

（4）委派任务。

（5）列出清单。

（6）学会说"不"。

（7）不要工作得太晚。

## ⊙草拟一份人生计划

人生计划的重要之处在于它不仅包括你的工作，还包括你的整个生活、人际关系、家庭、朋友、健康、日常琐事等——它们每一样都得编织进你的计划。草拟人生计划可以分两步走。

### 做一个周计划

它能帮助你计算出：什么事你花的时间最多；什么是你喜欢做却没有做的；你有没有花足够的时间在家庭上；你访友的次数够不够；你有没有时间做日常琐事……

这样做可以让你有机会仔细地看一下你在工作、家庭和休闲之间的时间分配比例，并帮助你的计划恢复平衡并同时掌控所有的事情。

### 做一个月计划

在这个计划中可以使用电子管理器，因为它能让你一次性看到整个月。分配好工作时间后，试着给家人、朋友、身体锻炼、特殊兴趣、特别项目、购买食物、付账单等安排成块的时间。确保你还留有一些空余的时间，因为你不想让生活太军事化管理，因而需要一些计划外的事情来调剂，如给自己的自由支配时间或者一时冲动外出旅行。也不要一周每个晚上都有安排，因为你会发现自己如果过度劳累，就会开始感觉有些失去控制，并会注意到短时记忆和任何复杂的事情变得完全不同。

### ⊙把事情做完

有个好方法就是在估计某件工作需要多长时间时多估一点，以保证及时完成，即使是万一有不可预见的拖延，也能使紧张最小化。这甚至可能意味着能比预想的早回家，给自己的伴侣或家人一个惊喜。它会给你的老板或客户留下一个印象，因为他们感到可以信任你会高标准地准时完成任务。最重要的一点是，它能让你避免处于紧张状况之中，因而就能更加放松并发挥出非常好的功能。

### ⊙列出清单

列清单对你有非常大的帮助。它也是将你头脑中的想法取出来写在纸上，从而解放你的大脑的一个好方法。它们能帮助你时时掌控局势，并在有关项目完成后进行核对。开发一个适合你自己的清单系统。你可以从以下几条做起：

（1）早晨的第一件事，写下你要做的每一件事情，无论大小。

（2）然后将这份清单进行分解。把当天必须做的最重要的事情用星号标出，或将它们按照重要性的次序排列。现实一点，不要希望制订自己没有时间达到的目标。

（3）查对项目，因而能时确当天还剩多少时间，以及还有多少任务要做。如果你有条理就能做完每件事情。

如果有许多费脑费时的任务要完成，就把当天的时间分成几大块，然后按照既定时间进行。例如，用一天的第一个小时完成小的行政事务。这样，你的大脑就能解放出来，去一个一个地处理更为重要的任务。保持掌控就能更好地集中注意。

为了最大程度地利用时间，你应该尽量在一天当中注意力和精力最好的时候干最难的工作。

因此，在计划次序时尽量把低级的工作安排在一天当中你感到难以集中注意的时候去做。窍门是明确自己表现最好的那几个小时，并据此安排自己的工作。

### ⊙学会说"不"

我们从不知道做什么能对那些极度工作无序的人说"不"——这很难做到。然而，管理其他人也是生活中最能造成混乱的因素之一，而有效的时间管理和处理技巧就取决于你学会了说"不"的技巧。好消息是你用得越多就越容易。

案例

星期四的傍晚，你正打算回家。你事先已经对这一周进行了周密的计划，可以在下午5点离开，回家享受一下夏日之夜。你感觉到一切在掌握之中并且心情放松，正享受着工作与生活的乐趣。

有个同事打电话来，说她已经在下周一下午3∶30安排了一个销售展示会，要求你参与会议准备。你十分尴尬，因为感到自己很难说"不"。

让我们看一下两种可能的结果。

（1）你说"好的"。

这意味着你不得不重新调整周五的计划，因为你要为演示做准备。通知得这么晚，会议也不是很紧要，而且也可以安排别人，对此你感到有点懊恼。

你因计划受到了打搅而开始感到紧张，因此回到家时心情不快。因为你并不真正想参加会议，所以对它也就兴致不高。周一到家晚了，而且你仍然未和老板吃个饭——原定周五准备一起吃饭的，因为老板很忙，然后要去度假，所以一个月内不可能再安排一次与他的会面。你的同事下次还会要你帮忙，因为她知道你一定会说"好的"。

（2）你说"不行"。

考虑一下：你已经花了时间对下一周做好了计划，而且安排好的每件事情都很重要；参加这个会议意味着将取消你盼望已久的与老板的午餐会议——讨论自己的前途；这个会议是个销售会议，而且不是十分必要在周一举行。所以你说"不行"，你说"对不起，自己那天已经有了安排"。你解释说自己的日程安排总体已经较忙，因此需要再提前一点儿通知才行，并建议重新安排会议时间，那么自己很乐意帮忙。

虽然你的同事说她接到通知也没多久，而且听上去有些不满，但你不用过于在意。你很高兴自己做出了正确的决定。这不是你的问题，而仅仅因为你的同事把她自己弄得紧张不堪，并不意味着你也应该被逼到绝境。你只需按原计划行事，保持轻松，就能掌控一切。

### ⊙不要工作得太晚

如果你有条理，那么几乎总是没有必要工作得太晚。工作得太晚让你又累又紧张，而且干扰你支配时间的自由。当然，我们时不时地都不得不工作到很晚，但如果你发现自己经常性地工作到很晚，那么你就很有可能需要更好地对待你的工作负担问题了。不要期望以工作到很晚来给老板留下好印象，因为他可能会认为你对事务难以驾驭，因而你想要留个好印象的企图可能适得其反。比它好得多的办法是规划自己的时间、努力工作、保持精神抖擞，并且不要让工作太多地侵占自己的个人时间。

我们不应该忘记的是，我们是为了生活而工作。为了自己的身体健康，或是为了个人的关系和思维状态，疲劳或生病的时候最好先把工作放一下。就你的身心健康而言，平衡是根本。

## 3. 区分任务的优先次序

通过区分自己工作负担或者其他活动的优先次序，你就能将注意力集中到那些至关重要的任务上，因而避免使自己的时间安排表拥挤不堪。将你的职责分成以下 4 类。

⊙**重要和紧急的**

处于这一类的任务具有优先权，必须马上就做。

⊙**重要但不紧急的**

这些任务虽然仍很重要，但因为它们不紧急，所以可以在将来某个适当的时间去完成。

⊙**紧急但不重要的**

它们是对你的主要干扰，因为这些任务通常对别人来说紧急但对你来说并不重要。你的选择是拒绝、找别人去做，或者商量改变时间限制。

⊙**不紧急也不重要的**

这些任务可以完全被抛在脑后（直到它们转变为上述类别之一）。

## 4. 提高自己的组织能力

⊙**不要丢失日常物品**

养成总是把东西放在一个地方的习惯。例如，在门边放上一排钩子，总是将自己的钥匙放在那儿。

将银行账单，以及其他这类东西分开存档。这样就能帮助你记住哪些你已经做了，哪些需要去做。

⊙**列清单**

列出所有你需要做的，记得将它们按先后次序排列。每完成一件就将它划去。

### 为明天做准备

每天晚上，仔细考虑一下自己明天需要什么，然后在睡前整理好自己的行囊或公文包。这样就能避免在最后一分钟还匆匆忙忙，以致忘了自己当天所需的重要东西。

在门边放一张清单以便在自己离开时查一下是否一切完备。

### 为明天做计划

你可以把这个系统扩展为针对每一天的改良清单。试着在每天结束时划掉所有的事项，然后在晚上就能放松休息，睡得更好，精神焕发地迎来新的一天。

### 为下周做计划

星期五的下午对下周所要做的所有事情进行统一安排。把你需要做的工作、家务事，或者学习进度列出一张清单。对它们区分优先次序，同时注意你能做多少。从时间关系上看一下你所计划要做的事情以及其他的事情，然后决定你的计划是否最大程度地利用了自己的时间。在一周结束时，写出这样一份清单能让你头脑清醒地过个周末，这意味着你因为知道一切在自己的控制之中而可以放松地休息。到了星期一的早晨，你知道自己能在下一周里完成自己所需要做的，而且不会忘记重要的事项。

## 5. 控制自己所处的环境

### ⊙客观外部干扰

不管你是在家里还是在办公室里，都会有许许多多客观外部的干扰严重影响你的注意力和记忆。它们包括：电视机、收音机、电话、采光度、温度、人声、交通噪音等。你可能认为自己对此无能为力，但有些是你完全可以控制的：

（1）关掉电视机或收音机。在午饭或傍晚才放自己喜欢的节目作为对自己的奖励。

（2）关掉手机。可以在午饭时间或下午查看是否有短信息。

（3）关掉电子邮件。电子邮件也许是现代社会中最大的客观外部干扰之一。同样，只要在一天当中隔段时间查看一下就行了。

你还可以控制其他的东西，尤其是当你不在家工作时：

（1）把房间的温度和采光度调到自己感觉舒服为止。

（2）把自己的工作地点或办公桌安排在不太可能受到诸如交通或电话铃打搅的地方——可以竖个隔断或不要面向开着的窗户。

### ☉内部主观干扰

你可能正在考虑其他事情——午饭吃什么，今天早晨邮寄来的账单，今天晚上准备干什么，正在和你谈话的人穿的衣服，等等。所有这些念头都会让你分心并干扰你处理事情和摄入信息的能力。下面的情况有多少次发生在你身上？

（1）你看了一段文字，可到头来根本记不得说的是什么。

（2）你和某人谈了一次话却随后就忘了到底谈了什么。

（3）你问了路，却忘了别人告诉你的大部分内容。

（4）你记不起别人在会议上给你介绍的某个人的名字。

（5）你在参加考试、听讲座或谈话时无法集中自己的注意力。

有许多处理内部主观干扰的方法可以让我们学会使自己能集中注意力，从而记得更好。

### 使用外部客观帮助工具

它们能使你的大脑排除干扰。手头随时放有一本笔记簿，把你今天所需要做的所有事情写下来。当有新的事情出现时，把它们加到清单里去，这样你就不会担心记不住了（而担忧会使你不能集中注意并进行适当的加工）。每做完一件事情，就把它从单子上划掉。这样做会让你感到有所成就，因而将身心放松并更好地集中注意力。

### 完完全全地听讲

如果你在上课或听讲座，你自然倾向于尽可能地把所有的都写下来。然而，坐稳，放松，听那个人在讲什么，从而对主题建立一个整体的概念。如果你能拿到讲座的讲义就更好了，这样就完全只需要听讲了。大多数人没有意识到的是，大多数东西已经详细地写在课本上了，因此可以在之后加以参考，而首要的是听讲。

### 制定一张含有定时休息的时间表

对于像复习迎考或做项目这样的任务，有必要做一张时间表以保证自己每天准时开始和结束，并且按照事先安排的时间定时休息。你还应该去掉晚上和周末。如果你能在时间表里完完全全地集中注意力，那么无须没日没夜地干就能完成你所需要做的——没日没夜地工作只会让你疲惫不堪、情绪急躁，而且基本上不可能集中注意力。

### 清理自己的大脑

如果你有一个重要的任务要完成，那么就在当天开始之前或在当天的第一个小时把所有其他的任务完成，这样你就能将自己大脑中的内部主观干扰清理出去。

### 抱着积极的态度

如果你把任务看得很枯燥，那么要对它集中注意就很困难。然而，大多数事情并没有你想象得那么枯燥。如果你抱着不同的、更加积极的态度去看它有趣的一面，或高兴地感到自己正在用自己的知识做出贡献，这样就比较容易了。

## 6. 激发永久记忆

这个练习旨在激发你的永久记忆。你不需要做任何的思考，它能自动地形成。这样可能有一点不便。有时，你可能会为回忆不起一件往事而闷闷不乐，而有时你回想起来的事情没有意义，会让你心烦意乱甚至更糟，令人不愉快。

怎么办呢？我们要蓄势待发，刺激我们的永久记忆。这样做的方法很多，你应该综合它们。最简单的就是，坐下来回顾往事。你可以漫无目的地畅游在往事之中，也可以搭建回忆的思路（童年往事、校园生活、难忘的经历，任何能使你产生回忆的事情），任由你的思绪漫步在往事中。你越是放松就越能回想起美好的往事。另外一种刺激记忆的方法就是将所有的往事记录下来（不需要很专业的写作水平，简单的笔记就可以），或者向你的亲戚朋友讲述往事。如果你确定需要寻找倾诉的对象，那么这个人一定要愿意倾听你的往事而且要值得信赖。

还有一种激发永久记忆的方法便是看看能使你产生回忆的小物件和照片，或者你曾经经常去的地方。这是非常重要的引导因素，你会发现一旦你照着做了，另一些思绪就会像泉水般汩汩涌出。

最后，你应该向朋友、亲戚，或熟人袒露心扉，讲讲你的往事。很多人现在热衷于这样做。

对于许多人来说，整理好永久记忆会给我们带来很多好处。它能帮助我们形成健康的思维，良好的自我定义，对自己充满信心，相信自己能适应自己的生活。你可以从中得到温暖和安全感，这是你服用药物所不能得到的好处。

但是，如果你的过去充满了争执、不快，以及压抑的情感，你必须找一个经验丰富的心理医生帮助整理思绪，回忆往事。

为了使你能有美好的思绪旅程，试着接受以下几点建议。

（1）写下或说说你记忆犹新的一件往事。如果你有许多开心的回忆，选择一件最令你高兴的事。检索思绪能锻炼你的思维，同时会让你觉得有意义。

（2）和自己或朋友讨论，谁是你最想再次见到的人。为什么他对你如此的重要？回忆所有与他相关的事情。一旦你开始回忆，你会发现其他的往事已经浮现在你眼前。

（3）列举你最大的成就。不需要什么宏伟的成就，小小的成就对你来说也是很有意义的。

（4）说出你小时候最喜爱的电视节目，尽可能回忆所有的细节。你为什么喜欢这个节目？如果现在有重播，你是否还会一如既往地喜欢？

（5）写一些关于宠物的事。关于宠物的记忆总是那么甜美而感伤，它对你回想往事有很大的影响力。

（6）列举一个改变（或者试图改变）你一生的人。如果你再次遇见他，你会对他说什么？

（7）回想你记忆最深刻的关于你的父母的事。关于父母的一些回忆往往也是非常重要的。

（8）你从事过的最好的工作是什么？最坏的呢？你是否在走自己期望的事业路线？你喜欢自己的工作、生活吗？或者你是否本想做一些不同的事情？

（9）你最想"回放"的一件往事是什么？如果可以再来一次，你想改变什么吗？或者它已经非常完美，你不想有任何改变？

（10）回想过去的某一天，越详细越好。不仅仅是对人和事的回忆，同时要伴随对于事物的颜色、质地和气味的感觉。

# 第三篇

# 超级记忆术

# 第一章
# 超级记忆技巧

## 重复和机械学习

"有的时候，我们确实需要机械地记忆一些东西"——这是一个在擅长机械记忆和不擅长机械记忆的人群之间引起热烈争论的问题。不擅长机械记忆的人群大声反驳说"这种说法是不公正的"！然而，事实上，任何人都可以通过重复来巩固和强化所学的知识。

### 1. 机械记忆

当你已经失去了的习惯和能力时候，熟记不是一件容易的事情。这种学习方法是义务教育甚至高等教育不可或缺的组成部分。如果你处在这两个学习阶段中的任何一个，这种纯粹机械记忆的方法都是简单而有效的。如果要唤醒这种记忆方法，你所要做的第一步就是找一个安静的地方坐下，确保不被他人打扰，依照循序渐进的原则，数次重复你的目标信息。

当我们要应对马上来临的情况时，我们会采取机械记忆的方法。这是为几天以后的考试做准备的非常有效的方法。两周以后，你也可能仍然记得整首诗的内容，但是更大的可能性是你只记得其中的某些句子。在这方面，每个人的能力以及表现不同。

无论情况怎样，机械学习都不是保持长时记忆的最好方法。我们不是总能够将兴趣长久地保持在学习过的东西上面，而且，最后期限一过，我们也不会再费力地重复所学的东西了。

## 2. 重复巩固

把经过编码的信息转化为长时记忆，这要求你为这项信息建立起十分坚固的表象，也就是使其得到巩固和强化。巩固信息的方法有很多：通过联想，把新信息和已存在的信息联系在一起；使用分类法、逻辑组织法。无论你用哪种方法，强烈的感情都是必不可少的，它能够大大地提升巩固效果。

对于简单的材料来说，重复始终是最可靠、最有效的巩固法。每一次的重复对于强化信息都能起到很好的作用：已经存在的信息再次被确认并存储，会使其在大脑中保持更长的时间。此外，重复是兴趣和重视程度的体现，也是保持此信息的体现。总之，各种各样可能的原因使信息牢牢地留在你的记忆里。

### -- 记忆和填字游戏 --

填字游戏是一种很棒的个人娱乐方式，也是一种运用你个人信息储备的好方法。经常练习会使你的大脑活动变得更加流畅，你会发现思维变得更加活跃。因此，尽可能快地填完那个网格并不是这个游戏的真正目的。选择一个适合你水平的字谜，不要被一个你觉得非常熟悉的字所困住，继续往下进行，然后间歇性地停顿几秒钟，这样可以使注意力得到更新。

另外，如果你利用每天晚上上床睡觉之前的时间来记忆一些东西，就更能促进长时记忆。但是为了防止它被其他吸引你注意力的事情或者事物所代替，你必须在第二天早上一醒来，就立刻回忆前一天晚上记忆过的内容。

# 联想记忆法

## 1. 联想法

联想是将你想要记住的东西和你已知的东西之间形成智力联系的过程。尽管许多联想是自动产生的，但是联想的意识创造是将新信息编译的一个极好方法。将一事物与另一事物联系起来，便于我们记忆。例如，小安时常会忘记这个词"樱草属植物"（一种植物，人们喜欢叫它"兔耳朵"）。他注意到它的叶子长得像小轮子，于是他就叫它"骑车的人"，之后就再没忘记过。联想有利于记住一些奇怪而又简单的信息。一旦你形成了联想，你在心里重复几遍或大声复述几遍将有助于你记忆。

这一方法可以用于记忆这些事情：你的新邻居的名字；你的朋友居住的小区；你想推荐的一部电影的名字；去往新开张的商店的路是向右转还是向左转；去往朋友家的公交汽车。

## 2. 实际应用

小月：初到一个新城市，认识了许许多多的新同学，其中有一位同学的名字叫华振兴。由于某种原因，我一直记不住他的名字。后来我在记忆课上学了联想这个方法并试着使用。我默念了几次"华振兴"之后，我突然想到有一句口号"振兴中华"。我认为我可以通过将"华振兴"与"振兴中华"联系在一起记住他的名字。每次我看到他，我就会心里想着"振兴中华"。

李先生：在读中学的时候，对于汉代的三次大规模农民起义的记忆让我伤透脑筋，其中，一是公元17年发生的绿林起义；二是公元18年发生的赤眉起义；三是公元184年发生的黄巾起义。前两次发生在西汉，后一次发生在东汉。最让人头痛的是起义名称和先后顺序很容易搞混。为此，我通过联想进行记忆：这三次起义的名称都有颜色，即绿、红、黄，可以将这种变化同枫叶联系起来记忆。枫叶春夏时绿，秋天变红，冬天变黄。这样一来，不但不容易弄混，而且容易记忆。

岳山：我总是记不住意大利的版图，后来，我对它进行了联想。我注意到，意大利的版图很像高筒的马靴——圆柱形的靴身、流行的鞋尖、锥形的鞋跟。没错，意大利就像优雅的腿，一脚踩出欧洲大陆。经过联想处理后，我永远都忘记不了意大利版图的样子。

# 联系法

大脑总会自动地将新的信息跟已经存在的信息联系起来。你可以把大脑的这种自然的功能（联想）看成是一种记忆术。强化大脑的此项功能，最重要的就是充分释放你的创造力。

我们记不住东西的主要原因多半是词与词之间没有明显的联系。解决方法就是发挥你的想象力，人为地为它们创造联系。

## 1. 记忆和联想

记忆的过程通常包含3个步骤：信息编码、信息存储、信息提取。对于目标信息来说，首先它会被转化成"大脑语言"，然后被大脑拿来跟记忆中已有的各项信息进行比较，以便确定这则信息是否曾经已经被储存过或者是否真的携带一些新的东西，就像是电脑自动更新文档一样。如果确实含有新的东西，大脑将会为它寻找合适的已有信息，并且在二者之间建立联系。这即是信息编码的过程。每个独立个体各异的历史背景都为信息编码提供了丰富的土壤。每次你遇见新的事物，不管是具体的实物还是一种抽象的思想，你都会自动地将它与你已经知道的信息联系起来——联想是一个自发的大脑活动过程。

我们经常面临一些自己认为不知道答案的问题。利用所有你可以自行支配的信息，建立起一个联系网，借助这个联系网，你很有可能找出问题的答案。这种能力往往在那些能够娴熟地运用自己的知识的人身上表现得最为明显，这种人总是知道如何将新事物跟已有信息联系起来。他们的这种建立联系的能力已经得到了异常完善的开发。

◉ 一项研究显示，人们的信念将对其是否记住某件事产生重要的影响。当给那些害怕蛇的人放映蛇和鲜花的图片时，他们更易于把蛇的图片与恐惧联系起来。

## 2. 形成联系

### ⊙深思熟虑的联系和自发形成的联系

联想是一个心理活动过程，它能够帮助你在具有某种共性或者共同点的人、物体、图像、观点之间建立联系。简单地说，如果看见 A，你就想到 B，那么你已在 A 与 B 之间建立起了联系，当看见"A+B"时，你想到了 C，那就证明 A，B 与 C 之间存在共同之处。有些联系是被人们普遍承认的，例如下面所划分的这几类：

**音节联系**

发音相似的词会很自然地被联系在一起。例如："期求"和"乞求"。

**语义联系**

这种联系建立的基础是词本身的意义和你对这个词所表示的事物的了解。例如"西红柿"和"水果"。

**比喻联系**

A 和 B 之间之所以存在联系，是因为 B 的意思和 A 通过某种代换物转化以后的意思相近。例如："苹果"和"羞愧"（羞愧难当，脸红得像苹果一样）。

**逻辑联系**

背景相同的两个事物被联系在一起。例如："番茄酱"和"调味汁"。

**类型或种类联系**

两种事物在某一方面（颜色、形状、大小、重量、味道等等）具有共同点。举例来说，"西红柿"和"红辣椒"（颜色相同，都是红色）、"西红柿"和"葡萄"（果实垂下藤蔓的形状相同）。

**思想联系**

两种事物之间以一种更加抽象的联系作为基础。例如："西红柿"和"太阳"。

与此同时，你也会以自身经历以及个人世界为基础建立联系，因此除了上述的 7 种联系以外，还需要加上下面的两种。

**主观联系**

这种联系只有当事人明白是怎么回事，因为它暗指了当事人关于某件事情的回忆。举例来说，"大海"和"心绞痛"——因为上次你到海边去，心绞痛发作了，很痛苦……

**无意联系**

这种联系的建立超越了当事人的意识范围，一般难以给出解释。

### ⊙借助想象，建立联系

联想这种记忆策略，帮助你在事物之间建立联系，能够大大地提高你记住这些事物的概率。经常练习能够促进信息之间建立联系，而且这种联系越具有独创性，它们就越能稳固地保留在你的记忆里。因此，你必须完全地释放你的想象力，放任图像、文字以及感觉自由地淌进你的脑海，不要对它们有任何限制条件。

对于记忆过程来说，最重要的一点就是找出适合自己的联系方式，也就是说，两个事物之间所建立的联系，对于个人来说必须是有意义的，或者能够激发你的某种感情。

# 图像记忆法

翻阅一下你的记忆，你很有可能会产生这样一种感觉：一组组的图片在你头脑中展开，就像是幻灯片一样掠过脑海。当你想保留其中的一项时，首先依赖于感觉器官对它进行登记。如果你稍加注意，不只会保留视觉性的映像，甚至还会有听觉性和触觉性的特征。如果你读一篇自己不感兴趣的文章，不投入注意力，没想过要记住内容，也不期望以后会用到这篇文章，那么将不会产生任何的心理表象。这篇文章的信息不会被提交给记忆。相反，如果以上3点都具备——兴趣、注意力，以及把信息传达给别人的期望，就会形成一系列的精神表象，并且在记忆过程中被调动起来。

有没有人会想到自己10年前、15年前或20年前的一些特别经历呢（当然如果你还小，可以想想去年或前年的特别经历）？也许这些经历是令你印象特别深刻的，可能是恐怖的或是刻骨铭心的。例如车祸，受伤的人衣服变红、躺倒在地、地上都是他的物品、车子的颜色，等等。这些鲜明的记忆可能会让你记住十几年，甚至一辈子。

为什么十几年后很多自认为记忆力差的人还能栩栩如生地描述上述车祸的场面呢？这就是因为回忆了记忆中图像的缘故。

我们的各种记忆感官中其中一个感官就是对图像的感官，当我们看到相关的影像时，这个图像自然就会浮现在脑海里，并被记录在右脑里。不要忘记，

⊙ 目击者对交通事故场景内容的记忆会保持很长时间甚至是一生，那是因为车祸是以图像的形式被记录在记忆当中。

除了视觉的存盘，还有其他的感官记录可以加入想象的空间。例如，我们也许记得车祸时撞车的声音，因此由听觉引出图像的存盘；也许车祸引起火灾，可以闻到烟火的味道，在车祸现场还可能触摸到倒在地上的车辆或受伤者，这就有了由嗅觉、触觉所记录的图像。

总之，如果我们用各方面的感官来记录一个情景，有特别深刻的影像被记录下来，不仅会加强回忆功能，还会变成清晰的记忆功能。

你常会听人说，图像胜过千言万语。将事物清楚地呈现在脑海是一个有意识地将一件事、一个数字、一个名字、一个字或一个想法在你脑中形成一种形象的过程。如果你花些时间将话语转变成一幅富有含义的图像，然后把这幅图记在心里几分钟，你就更可能记住这个名字、事情或想法了。

一些朋友天生就具有良好的视觉能力。他们的想象生动且丰富多彩。如果你有很好的视觉记忆能力，你可以以多种方式充分地利用它们。其中一种方法就是建立记忆频道。

你可以尽情地使用这样的技巧。例如，一些朋友会将日期表刻在石头上来帮助记忆日期。视觉记忆还可以帮助记忆外貌和地点。如果视觉记忆对你适用，那么你只需自然地运用它即可。如果你去游览一个小镇，你要记住经过的路线，这样你就可以准确地回到停车的地方。

我们以前所说的拍照式的记忆就是现在说的"图像记忆法"。一些人能在一分钟内复述出看过的物体、设计和文件，就好像他们在脑中给这些事物拍了照一样。

当然，有一些人的确有过于常人的一种记忆方式。有一位老裁缝，她就能用极短的时间观察别人的着装，然后完全模仿出来。她建立了蓬勃的事业，为顾客参谋穿着，这些穿着都是她从婚礼和明星的照片上看到的。如果她能够看一眼服装杂志上的一些衣着，或是现场看到别人的衣服，那么她就能更完美地模仿它们。

你可以学习这样的本领吗？你生来就有这样的能力吗？我们来试试。仔细观察下面的几张图片。然后合上书，回想图片并把它们画出来。

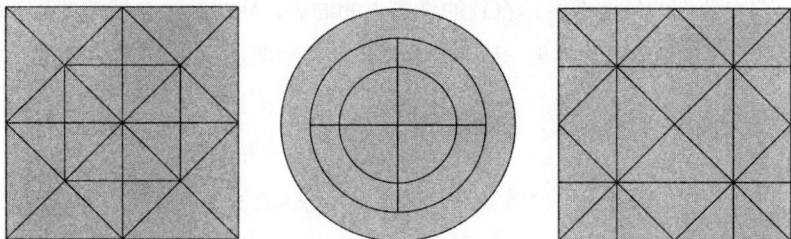

这个方法能用于记住这些事物：

你要在超市里买的东西；

从机场到你停车地方的路线；

去往朋友家的换乘方法；

某些国家的版图；

你最近听到的一个笑话。

# 细节观察法

## 1. 概述

记住你没有清楚地观察过的事物或不感兴趣的事物通常是困难的。积极观察是有意识地去注意你所看见、听见或读到的事物细节的过程。运用积极观察，你会发现一张照片、一张新面孔、一处自然景观、一席谈话、一件发生在街道上的事情或一件艺术品的含义以及带给你的震颤。积极观察相对于对周围的事物不进行思考，或因不感兴趣而听之任之的消极生活态度是截然不同的。记忆的关键是对其感兴趣。

一个短暂、未经审查的想法是毫无价值并且很容易遗忘的。当我们将一个想法或主意详细说明之后，我们就能将它更深刻地编译。当某些事情非常有趣或很富有争议时，例如，第一次打篮球，我们不用有意识地去记就能将这一经历非常深刻地记住。在我们的头脑中，我们评论发生的事件；我们试图了解发生了什么；我们将它与我们知道的情形联系起来；我们问自己对它的感觉如何。这个过程可以有意地用作一种可以以将我们想记住的信息进行编译的方法。

这种方法可以用于记忆这些事情：你在一家商店中看到一条被子的图案；如何玩朋友教你的新游戏；你看到的许多人的面貌；新买的吸尘器的使用；两位市长候选人的简介；你在大学里所学的课程；你和朋友讨论的一本书的情节。

## 2. 实例运用

阿曼：我最近买了一台录像机，读着冗长乏味的使用说明书，按照它们来录制我最喜欢的电视节目。第二次我试着录一个电视节目时，我想不起来如何做了，就不得不重看了一遍使用说明书。由于我想不查阅这本手册就能使用录像机，我复述了一遍所有的步骤，了解了每一步的次序和重要性。我将这些死板的手册指南转变为自己的话。我将这些步骤重复了几次并将它们牢记在我的长期记忆中。我发现，如果将这些话大声说出来，它的效果会更好。使用了详细描述的方法之后，我仍然能记住这些步骤，甚至在三周的度假之后，还能记忆犹新。

小叶：我一生只去过夏威夷群岛旅行。我去了其中的3个岛，它们都非常美丽，然而也有所不同。我想将这些岛清楚地告诉我的朋友们。我曾在报纸上读到，如果你详细地阐述了你想要记住的事物的细节，那么你就能将这些信息更好地编译。我想了想小岛之间不同的自然特征、我在每个岛上做的事情以及我住宿的地方。我将这些细节与岛的名字联系在一起进行了一些联想。我将这些细节重复了好几天，现在我发现记住它们很容易。

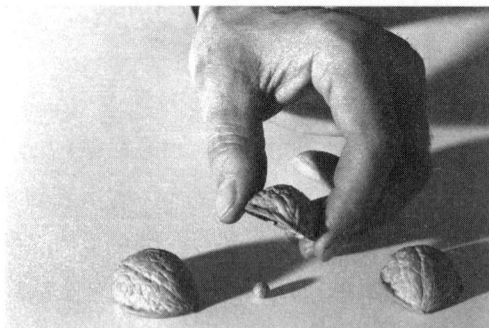

如果只用3个果壳，我们能很容易找到小球，但是如果是4个、5个甚至6个呢？要想提高我们的记忆速度和效率，就要对我们的记忆量进行限制。

李明：我有严重的关节炎，出去的次数很少。我非常厌烦这种日复一日的生活，并且我的记忆力似乎变得越来越差。女儿在我生日时送给我一个鸟食容器，渐渐地我开始观察来啄食的鸟儿。一天，我看到一只我不认识的鸟。我问女儿是否认识这是只什么鸟，她也不知道。但是她后来带回来一本有几百种鸟类彩色图片和详细介绍的书。当我们查询这只鸟时，我非常惊讶，在我生活的周围竟然有这么多种鸟。这个鸟食容器改变了我的生活！我看到并听到了许多新事情，而且我非常吃惊于我真的能记住它们。

文文：有一次，我去一个大型购物中心，我将车停在了车库。在地上有一些向上和向下的坡道，而在我停车的地方也没有任何文字或数字。我意识到，我会很容易把车放在难记的地方。我仔细观察了我走的这条通向出口楼梯的通道，并且当我到达那儿时，我回头看了看以加深汽车所在位置的样子。当我回来时，我很清楚地记得我的汽车所在位置以及到那儿的路。

安平：学习了积极观察这个方法之后，我决定试试这个方法。我去了我们当地的博物馆并花时间看一幅由莫内塔画的两个女人的油画。我没有像通常那样很快地扫视这幅画。我看了看细节，又看了看整体，并问了自己一些问题：它漂亮吗？它是什么年代的作品？这两个女人看起来是高兴还是悲伤？她们穿着什么样的衣服？我想把它挂在我的起居室里吗？当我离开这家博物馆时，我知道我会记得这次博物馆之旅：因为我所记忆的东西不是通常那些模糊的画面。

# 感官记忆法

## 1. 听觉暗示：使用声音引发你的记忆

闹钟和定时器可以用于提醒你某一件事虽还没做，但在某一时间必须做。电话应答机也可以用于提供听觉暗示。

这是一些使用听觉提示的例子。

如果你打电话没有打通，设置你的定时器来提醒你再打一次电话。

如果你正忙于写信并要确保在某一具体时间离开赶赴一个约会，设置一个便携式定时器，并把它放在你的桌子上。

如果你离家很远，而你想记住当你回去时要做的事情，可以在你的手机备忘录上留一条信息。

## 2. 温柔地触摸

你会用触觉来学习弹奏一个乐器，因为你的手指会记忆弹奏的准确位置和力度。当然，你也可以将动感加入到别的记忆中，例如，一些朋友喜欢记忆的时候打拍子。没有必要让你的朋友知道你的这种记忆方式（他们会误解你的行为），但它确实有效。

还记得第1次向朋友展示你的新奇物品（比如相机）时的情景吗？他肯定会说："让我瞧瞧吧！"然后从你手中夺过它，仔细地观察起来。在看的同时，他也在不时地用心去感觉它。出于某些原因，我们时常会因为自己用触觉去感受东西而感到不自然。事实上我们习惯于用触觉去感受任何东西（特别是人），从而更贴近他们，对他们建立起真实的感觉。触碰是一种非常微妙的感觉，这种感觉很重要。

触碰不仅使我们感觉到正在发生的事，也能使我们形成一种特殊的记忆。一位盲人朋友说，他只要用手指触摸就可以凭感觉将许多纸牌分辨出来：一些牌有凹凸不平的地方，有褶皱的地方，也有一些有折角，这些对于视力正常的人来说并不起眼，而盲人却可以用高度敏锐的触觉准确无误地将它们分辨出来。

虽然人的触觉是天生的，但它和其他的感觉系统一样也可以通过训练提高。你应该花大量的时间用心去触摸物体，然后深切地感觉它们。许多工作对触觉记忆要求甚高。比如，拆弹专家，他们的工作就依靠高灵敏度的触觉记忆。他们不可能将每个炸弹都拆开仔细研究，更多时候他们需要凭触觉去感受，而一次错误的触觉判定就可能会结束他们的一生。

## 3. 我记得那个味道

嗅觉是最强的记忆功能。我们也许会觉得不可思议，但是相比其他的动物，我们的嗅觉功能要弱得多。不管怎样，我们还是会因为某种特殊的气味回想起曾经一起去过的讨厌（或喜欢）的地方。粉笔灰就能使我们回忆起在学校的时光，氯气的味道就能使我们想起小时候的游泳课，草莓的味道则让我们联想到夏天……

每个人都有自己独特的嗅觉刺激。大多数人都会对某些味道有特殊的联想。

然而，令人失望的是嗅觉并不能帮助我们存储信息。它并不能激发我们建立正确的记忆。它只和情感相关，却很难与事实相连。它也许能帮助你记忆地方，曾经让你开心、伤心、愤怒、爱惜的事情，但它绝对不能帮助你回想起例如美国历届总统名字这类的事情。

嗅觉记忆真的有实际意义吗？这当然因人而异，但是有一点是肯定的：你可以将特殊的气味与一些记忆方式结合在一起，这样将便于增强你的记忆。

# 虚构故事法

虚构故事法的具体做法是编一则将看似没有联系的事物联系在一起的简单有趣的故事。许多人抵制这种方法，因为它好像很愚蠢，也很复杂。但如果你试试这种方法，你就会发现，其实它的效果惊人。

故事越离奇就越容易帮助你记忆。例如，要将下面的几个词牢牢记住，你可能会编出这样的故事。

曲棍球棒、网球、球拍、茶、高尔夫俱乐部、电梯、活力。

"我踩着高跷走路（高跷就像是曲棍球棒），走着走着，突然被一堆网球绊倒。我没能到达目的地，因为我撞到了球网上，它是由很多个小球拍组成的。我想喝杯茶，于是就跑到高尔夫俱乐部等着。没有人帮助我搭电梯，我只好跑回家，我觉得自己非常有活力。"

很离奇吧？但是很好记。你也可以尝试一下。

但是，这个方法的缺点就是你只能将这些事物按特定的顺序记忆。如果有人问你"网球拍是出现在高尔夫俱乐部之前还是之后？"你可能得重新搜索一遍故事才能回答。

你很难记住抽象的事物因为它们很枯燥，但是古怪的东西就不同了——你要尽情使用奇怪的联想。

这种方法可以用于记忆以下这些事情：你回到

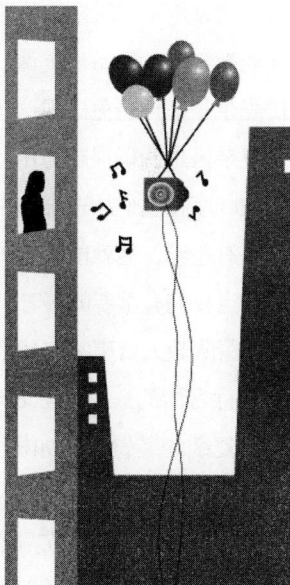

◎ 图片可以为小故事增添许多情境。联系图片读故事时，就能记住更多的细节。

209

家时需要打的 2 个电话；给你的女儿打电话时你想告诉她的 3 件事情；你需要在超市买的 3 件物品；你想从图书馆借阅的 2 本书。

打个比方，你在晚上醒来，开始想你第二天需要做的事情。你想记住，你要给牙医打电话，你要把毛毯退给百货商店，并且要给火炉买一个过滤器，但是你不想从被窝里出来去写单子。你编了一则可以将这些事情联系在一起的故事——想象由于你的牙医的火炉坏了，他就用毛毯取暖。

在你回家前，你必须去干洗店和邮局一趟。你可以编一则故事——把你的裤子放进邮筒，接下来就乱成一团了。

# 习惯记忆法

对于一些朋友来说，最好的学习方法就是实践。相对于看一大堆的书来说，他们往往能从实践中学到更多的东西。这个记忆技巧是建立在动手的基础上的，我们称之为动觉。

岳先生小的时候，他所就读的学校就非常注重学生是否能准确地配带书本和其他教学辅助设备来上课。通常"对不起""我忘了"的借口是行不通的。那么，岳先生是怎样避免出现这些错误的呢？他培养自己养成一种整理书包的习惯，非常复杂但是的确很起作用。他不仅仅为每件要带的物品规定摆放的位置，而且还要按顺序将它们放进书包。这样做他就不可能忘记任何的东西，一旦发现摆放的过程有差异，他就能察觉可能忽视了哪个物品。

当我们有重要的事时，为了确保它能按部实施，就该使它成为例行之事。

军队教人做事常与数字相关，这一点常遭人笑话。但是这个方法很奏效，也是例行习惯的一种实际表现。你怎样才能教会一个年轻人（也许不太聪明）去拆卸复杂的装置，比如机关枪，或是出故障的零件，然后让他安装回原样，不丢失任何一个小零件？那就是牢记过程。一旦他学会了使用数字的方式，他就不会忘记其中一个有序号的过程，哪怕是在火灾现场或是非常紧张的状态下。

记忆有顺序的事物时（比如电话号码），你在记忆的同时需要时刻改变它们的顺序。如果你没有改变顺序，很有可能就会陷入顺序的圈套。你可能要重复所有的号码才能想起其中的一个号码。所以在记忆的时候要经常变换顺序，别让机械的顺序干扰你的记忆。

王丽有一种例行的习惯。她每次逛超市几乎都是同一路线、行程。她每个星期可能都会多买或少买一些东西，因此，购买的物品可能会有改动（比如不用每个星期都买笔记本）。一旦固定了购买的清单，就不用再去想它，可以注意一些别的以往不会买的东西（例如这个星期可能会买一些红酒代替啤酒）。

你也可以将这样的例行习惯运用到别的地方，不仅仅是在超市。例行的习惯能防止你忘记重要的事情。一些朋友可能会认为，购物按照例行的规定会很单调和机械。为了防止单调，王丽在最后也会关注一些有趣的物品（比如衣服、光碟等），在空闲的时间就可以逛逛这些商品。

不要否认例行习惯这一记忆方式。它既轻松又能帮助你准确无误地记忆非常复杂的信息。想想你是怎样驾驶汽车的？你是不是会有意识地想：刹车，减速，换挡，查看后视镜和汽车边距？当然不会。其实一旦你上了车，所有的程序都变得很自然。不管路上的情况怎样，以往开车的经验会教你准确地处理。只有遇到了意外的情况，你可能会不知所措，因为之前没有碰到过。

# 路线记忆法

路线记忆法是将联系、位置和想象结合在一起的一种强大、完整的记忆技巧，它会成为改变你的记忆力的强大工具。

## 1. 基本方法

首先选择一个比较熟悉的地点，比如你的家、学校，或者学校附近的一个公园，用这个地点构思一小段旅行的路线，一路上会有许多停靠的地方（这里称作站点）。然后用这些站点储存要记住的东西，站点的顺序要按照记忆内容的顺序。

很快，你就会有一条最喜欢的路线，几乎可以用来记住日常生活中的任何信息。换句话说，每次运用这个技巧的时候不用准备一条新的路线，只要清空已有路线上的记忆内容，然后一次又一次地用它来储存要记住的新信息。

假如是为了长期记忆或者在短期内记住大量信息，所要的路线就不止是一条。假如选择的地点与记忆的内容有关的话会更有帮助，比如选择去科技馆的路线来记住物理方面的信息。

## 2. 举例分析

家应该是你最熟悉的地方，所以我们用一个房子的典型布局来说明怎么记住一天要做的 10 件事情。选择一条穿过房子的 10 个站点的路线，用右图的 10 个地点作为记忆路线的站点。

各个站点的顺序要符合逻辑，比如你不可能从前门不经过厨房就直接来到阁楼上。让这条路线充当引路的绳子，带领你不费力地按照原本的顺序经过这些站点。

当准备记忆路线时，闭上眼睛想象自己在每个房间飘浮很有用，因为你会努力想象所有自己熟悉的家具、装饰品和私人用品。想象的时候，扳着手指数每个经过的地方，直到抵达最后一个站点。

到路线中途的时候在心里做一个记号，比如在上面的例子中，就在洗衣间（第 5 个站点）做一个记号。

一旦在心里准备好记忆路线并且可以在站点之间来回自如，那么就可以开始沿着路线安排要记的内容了。

| | |
|---|---|
| 1. 前门 | 6. 楼梯 |
| 2. 过道 | 7. 主卧室 |
| 3. 厨房 | 8. 浴室 |
| 4. 起居室 | 9. 次卧室 |
| 5. 洗衣间 | 10. 阁楼 |

我们用下图的 10 件事情的清单作为例子。不要有意记住表格中的东西。因为这不是一个记忆测试，而是示范一下如何把想象、联系和位置结合起来帮助记忆。

首先在脑中形成每件事情的画面，然后把它们安排在记忆路线的每个站点上。可以使用许多其他手段配合想象，比如夸张、色彩、幽默和动作等。除了使用 5 种感觉——视觉、听觉、嗅觉、味觉和触觉，左脑的逻辑思维有时候可以产生奇异的画面。设计好这些画面后，在脑中牢牢记住，然后进入下一阶段。

**站点 1 前门** 想象自己在前门的位置，因为要记住的第 1 件事是打电话给兽医，想象打开前门的时候发现电话在门口大声地响个不停，你的猫可能正坐在电话的听筒旁边。

**站点 2 过道**
在记住第 2 件事情（修理太阳镜）之前，把自己放在过道的位置。也许过道的光线太亮，所以你找

| | |
|---|---|
| 1. 打电话给兽医 | 6. 买参考书 |
| 2. 修理太阳镜 | 7. 收晒干的衣服 |
| 3. 烤蛋糕 | 8. 去图书馆借书 |
| 4. 拜访化学老师 | 9. 付水费 |
| 5. 买生日礼物 | 10. 换灯泡 |

来太阳镜保护眼睛，也有可能过道的墙纸上装饰着许多太阳镜的图案。

**站点 3 厨房** 在厨房里你看见一排一排的蛋糕整齐地摆放在案头上，一股新鲜出炉的蛋糕香味弥漫在厨房中。其他的一些蛋糕还在炉子上烤，在烤焦之前要马上把它们拿出来。

**站点 4 起居室** 在这里可以构思这样的画面：走进起居室，发现化学老师穿着条纹西装坐在扶手椅上，整理着试题准备与你会面，其他的一些纸张散落在起居室的地板上。

**站点 5 洗衣间** 打开洗衣间的门，发现一个很大的礼物放在一叠刚洗好的衣服上面。想象一下包装纸的样子：颜色鲜艳的图案闪闪发亮，上面还打着一个蝴蝶结。记住第 5 站要在心里做一个记号，比如想象洗衣间的门上写着粗大的"5"字。

以同样的方法完成剩下的 5 个站点，运用联系把最后 5 件事情与对应的站点联结起来。记住为每个站点设计一个场景，然后在脑中构思一些生动的细节，从而让这些场景更容易记住。

# 逻辑推理法

符合逻辑的思考能力通常被认为是聪明和智力的象征，但它是不是也意味着拥有好的记忆力呢？

这个小节的练习将激发你去思考、推理，找出规律和联系，并最终找出解决问题的方案。它们看起来仿佛在开发抽象思维能力方面而非提高记忆力方面具有更大的指导意义。

事实也往往如此，你可能在抽象的推理和数理逻辑方面有着非凡的天分，同时对于这些方面的信息表现出惊人的记忆力，但是记忆其他方面的信息却让你手足无措。

情况也可能恰恰相反，你对于需要良好记忆力的活动得心应手，而纯粹的逻辑推理活动或游戏却会让你焦头烂额。总之一句话，情况因人而异。

不过，你越经常动脑筋，理解能力就会越好。而对于信息的详尽而透彻地理解毫无疑问会促进良好的记忆。同时你的专注能力也得到保持和提高。

思考和专注共同作用，能维持一种高水平的大脑活动。最重要的是，逻辑推理能够训练大脑赋予信息结构的能力，即根据某些规则建立顺序并且赋予意义的能力。秩序对于记忆来说是必需的。举例来说，如果没有秩序，人们将很难记忆下面的一组线条。

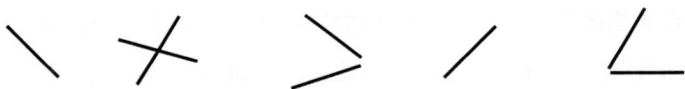

除非你用上面的线条组成下面的图形：

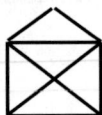

同样的规则也适用于单词、图像和目录清单。你只需要找出某种规则或者逻辑，构架信息，使其变得有意义，信息就能更容易地留存在你的记忆里。

如果知识已经依照一个完善的逻辑体系被贮存在你的大脑中了，那么当任何新问题出现时，已有的信息结构就会被调动起来，找出合适的解决方法。

如果你坚持锻炼逻辑推理能力，你的大脑将会变得训练有素，这样它就不仅仅能在智力操作中很好地为你服务，还会让你在日常生活中受益匪浅。不管怎么样，记忆力都会得到提高。

# 记忆地图

记忆地图是用图表简要地概括记忆的内容，是以视觉形式表现信息的理想方式，而且大脑也很容易掌握。它是一种非常有用的技巧，可以用来记忆读过的书、报纸、杂志的概要，或者广播、电视节目中的讲座。

记忆地图被看作是一种同时利用左右两个半脑的方法，而且两个半脑之间相互协作。负责分

| 左脑 | 右脑 |
| --- | --- |
| 说话 | 创造性 |
| 分析 | 感知颜色 |
| 排序 | 空间意识 |
| 逻辑思维 | 概括能力 |
| 线性思维 | 幻想 |
| 理性思维 | 直觉 |
| 数字和文字识别 | 面部和物体识别 |

析和逻辑思维的左脑评估和理解信息；而负责想象和直觉的右脑寻找可以表现信息的视觉形式。下面的表格归纳了左右两个半脑不同的思维模式，可以帮助你理解记忆地图是如何起作用的。

记忆地图是表示不同主题间相互关系的一种很好的方式，这些主题一眼便知，而且中心主题表现得非常清晰，无关的信息全部被排除掉，让我们一次就能看清问题的全貌和所有关键细节。

# 位置法

## 1. 位置法的由来

位置法是一种跟表象的形成过程紧密相关的记忆策略和方法。

伟大的希腊诗人，凯奥斯岛的西摩尼得斯被誉为是运用经过加工的空间符号助记的第一人。一次，大厅坍塌，参加宴会的众宾客被埋葬在瓦砾中。西摩尼得斯是唯一的幸存者，为了分辨死者们的尸体，回忆每一位客人生前所坐的位置就成了他的责任。之后，他思索自己是如何保持关于每个人的生动的画面的，并从中得到启发，创立了位置法。

罗马的演说家西塞罗，也利用城镇广场的不同区域来安排自己演说的不同部分。演说进行时，他环视整个广场，当经过路线中各个不同的区域时，便根据事先安排，分配演讲中的不同话题。

## 2.如何运用

### ⊙制定路线

（1）选定某个地方——找出房间里的固定物体——根据房间里物体的分布，找出一条固定的路线。用数字标记它们，比如，位置一是门口桌子上的花瓶，位置二是放有陶瓷盘子的咖啡桌，等等。

（2）选定一个你穿过房间的方向，中途不要改变。

（3）在脑海中回顾一下你的既定路线，以便更加轻松地以正确的顺序记忆那些被标记的地方。

### ⊙运用策略，在路线上标出目标对象

在头脑中，把你想要记住的对象（即目标对象）定位在每一个站点上，并且努力在两个相邻的站点之间建立联系。

第一站，桌子上的花瓶。我们想象着在那儿放一瓶矿泉水，因为水是它们共有的元素。第二站，起居室的沙发。奶酪是所联系的事物（设想全家坐在沙发上，开心地吃着奶酪）。在两个对象间，你所建立的联系越富于想象力，就越易于记忆，因此尽可能地使这种联系形象化。

如果你要记住一个购物单，先在大脑中对你的屋子进行扫描，随后，形象化你需要买的东西。到达商店以后，再现扫描，以确保你没有忘记任何一项。

可能这种方法看起来非常烦琐，但是事实上，这使得大脑活动变得很必要，而且确实能够帮助你记住远远多于一般情况下所能记住的对象。

你可以在很多情况下运用这种大脑扫描的方法，记忆各种各样的对象（比如，词语、书籍、购物单、旅行的进程、目标任务等）。

## 3.建议

当运用位置法记忆时，你可以把每组词分配在房间的不同地方，也可以每次限定在房间的某个很小的区域内。

# 不同对象的专项记忆术

## 记住名字和面孔

你是否有过尝试记住一个人的名字却徒劳无功的经历？是否有好多次，你和一个熟悉的人擦肩而过，却无法想起他是谁？或者遇到了不久前刚认识的一个人，但是你却怎么也想不起他的名字？有时候这些情况非常让人尴尬，而这并不是不可避免的，以下是几点实用的建议。

### 1. 基本原则

#### ⊙你的注意力

记忆名字和脸孔最重要的第一步是要有这样做的渴望：许诺要记住它们。如果你立即希望自己在一个你将遇见很多陌生人的场合，看看你是否能尽早记住一列名字。如果你能的话，回顾一下这些名字，并马上开始联想。如果你要牢记人们的名字和脸孔，你的注意力就应固定在你的目标物上。记不住的其中一个最基本的原因就是思想不集中，如果你不去强调它，不要渴望会记住某人的名字。当你遇上一个陌生人时，仔细听对方讲话并观察对方，充分使用你的感觉，注意他们最显明的特征是什么，然后详细描述。

#### ⊙你的想象力

想想你们的名字都必须有什么意义，或者他的名字听起来像什么或看起来像什么。然后，将名字转形成具体的东西。这里有一些简单的例子：

Tricy 老师　　　　Tom 警察

Lucy 学生　　　　Susan 护士

San 厨师　　　　Anna 演员

⊙ 请仔细观察上面6幅图，研究图像代表的人物、名字和工作，然后用纸盖住图像下的名字和工作，由自己重新写出来，看看自己是不是"过目不忘"。

当名字与某个具体的物品意思相同时，例如，Frank Ball，则想象成在 ball park（棒球场）吃 franks。

当名字听起来像某个具体的物品时，例如，Dotty Weissberg，将其想象成 dotted iceberg（昌罗棋布的冰山）。

当名字中包含一个形容词时，例如，Bill Green，那么想象 Bill 两眼发绿，或者想象成 Green Bill（绿色的纸币）。

当名字能使你想起某一具体的事物时，例如，Bob McDonald，能让你想象到制作汉堡的场景。

当名字与某地意思相同时，例如，Joe Montana，那就想象一只袋鼠居住在 Montana，或驾车去 Montana 兜风。

当名字中包含一个前缀或后缀时，例如，Karen Richardson，利用你先前选择记忆的符号，比如太阳光照耀在一个 rich（富裕）而 caring（有同情心）的人身上。

当你留意到某个显著的特征时，把它与特定的形象相联系。例如，Kelly Beahl 穿高跟鞋挺好看的。这种技巧是非常有效的。

### ⊙何时运用

一般来说，这种方法在日常生活中的某些情况下难以运用。因为构建心理图像需要一定的时间，并且有时候会被其他正在进行的活动所干扰，比如在记忆的同时还需要与对方进行交谈。不过，当可利用的时间足够充裕时，这种方法是非常有效的。例如，我们第一次遇到的同事、顾客、协会会员、朋友的朋友……

## 2. 如何记忆

### ⊙利用发音进行记忆

在一次工作会议中，为了记住工作组其他成员的名字，我们可以将每个人的第一印象与他们的名字联系在一起：张伟有个大鼻子，马晓娜的脸蛋红得像个西红柿，王莎很漂亮，周瑞很健谈……

有时候，我们可以通过一个熟悉的发音来帮助记忆人名。刚介绍给你的一个人可能与你认识的某个人拥有相同或相似发音的名字，或者他的姓氏让你想起某个名人或某个城市。

### ⊙重复的好处

如果你忘记了某个人的名字，可以要求他再说一遍。你还可以通过将他们的名字用到对话当中来牢记他们的名字（例如，"告诉我，王洛，你对这种情况有什么认识？"），或者问问他们的名字有何渊源。当你告别同伴时，再叫一次他的名字（例如，"很高兴能认识你，雷晓西，希望日后还能见到你。"）。在你进行下一个对话之前，暂时停顿一下，在内心重温一下你想记起这个人的哪些事。

不断重复能够保证名字或面孔更好地"驻扎"在记忆中。因此，尝试时常回想，最初频繁些，随着时间的流逝再逐渐拉长回忆的间隔。这样，你会发现分散记忆和间隔回忆的效应。

### ⊙线索和背景

当回想某个人的名字时，你可以尝试汇集所有你能够想到的线索，以这种方式你将快速开启回忆之门。

#### 首字母线索

从回想一遍字母表的所有字母开始，来找出名字的第一个字母。尤其是外国人名，第一个字母往往能提供有利的线索。例如，"Antoine Bechart"这个人名中两个单词的第一个字母正好是字母表中最前面的那两个。

#### 背景环境

拥有越多的关于某人及与其相识的背景信息，将越容易回想起他的名字。事实上，对背景的回忆将帮助你给这个人"定位"，例如他所从事的职业、某些性格特征等。无论是亲属还是公众人物的名字，如果在不同的元素之间建立联系，将更容易记忆，例如将与一个人的对话内容和他的名字联系在一起。如果在阅读完一本书后，与其他人进行了讨论，这本书的作者就不会轻易被忘记。

### ⊙将重要的东西归档

一旦你记牢了别人的名字和脸孔，你就需要编码你在哪里遇到的他们或者是其他相关的事情。这样做可将人名与其他信息相结合。例如，我在体育馆遇到许丽文，而她却想去外面享乐。这样，我就通过想象一个瘦小的球童正搀扶着一个看上去有100千克重的妇女来加深对这些信息的印象，她穿着一件运动服而且快乐得快要昏死过去。也许，这并不是最好的形象，但它却可能是容易记住的形象。

# 从阅读中受益

阅读可以是一种娱乐、一种消遣和放松的方式，但是对那些要学习的人，或者只是为了寻找一些信息的人来说，阅读也同样是一个必不可少的活动。在任何情况下，当我们发现自己想不起正在阅读的文章的内容时，或者当我们翻到书的最后一页却发现什么也没记住时，这是非常令人沮丧的，但这并不是不可改变的。

## 1. 阅读时的记忆

要想保持对文章内容的长期记忆，最好的办法就是充分理解义章的内容，在理解的基础上记忆。有很多方法可以帮助我们长期记住文章的内容。根据阅读材料的不同，你可以选择适合的方法。

### ⊙做笔记

有些学生觉得自己记忆力不错，拒绝做笔记，结果聪明反被聪明误。俗话说，好记性不如烂笔头。用笔记的形式记录文章的概要和自己的理解以及对作者观点的看法，可以帮你更好地理解和记忆文章的内容。在做笔记的时候，你应该积极思考，多多表达自己的想法和见解。你的想法越多，记忆的效果就越好。

### ⊙找关键词

其实，一篇几千字的文章，作者所要表达的关键信息并不太多。如果找到其中的关键词，就大大降低了记忆的难度。你可以用下划线、点、圈，或者颜色等符号把文章中的关键词和关键句子标示出来。一方面可以一目了然地看到文章的关键内容，另一方面还方便以后的复习。需要注意的是，一个段落中只能标出一个关键的句子，一个句子中只能标出几个关键词。否则，当你读完一篇文章的时候，会发现文章中画满了圈圈点点。所有的内容都成了重点和没有重点一样，甚至会让你感到更加难以记忆。

### ⊙做批注

不少人以一种奇怪的方式爱护书籍，认为不应该在书上乱写乱画。如果你把书籍当作一件装饰品，或者当作古董，这样做可以理解。但是，如果你想从书中学到知识，就应该把书籍当作媒介。不但要在书上标记出关键词，还应该在书籍的页眉页脚和边缘写上批注，表达你对文章的理解，你对作者观点的态度。什么观点是你认同的？什么观点是你否定的？哪些内容是你理解的？哪些内容是你不理解的？这些批注可以加强你对文章内容的理解和记忆，也方便你以后的复习。

### ⊙提问并回答

在阅读文章之前，你应该先问问自己想了解哪些问题，比如事件发生的时间、地点和相关人物，事件的起因、经过和结果。在阅读时找到这些问题的答案，把答案写在笔记本上，或者直接在书中标注出来。这样就把文章的关键信息找出来了，对这些信息的记忆也就更加深刻了。需要这些信息的时候，就可以直接在书中找到。

### ⊙图解

所谓图解就是用关键词和图形的方式描述书中的内容。把书中的内容绘制成图，可以帮助我们理解并记住书中的内容。用关键词和图形可以把书中的主要信息展示出来，用箭头和连线可以把信息之间的逻辑关系一目了然地呈现出来。

首先，把文章的主题写在一张纸的中央，然后从主题引出几个主要的分支，描述文章的主要论点。接下来从每个主要分支引申出次级分支，描述支持每个主要论点的分论点，再下一级的分支，描述支持每个分论点的论据。借助关键词、图形和符号，你可以把文章中所有的信息都囊括到一张图中，你还可以用颜色或图形表示出其中的重点内容。

### ⊙做索引

做索引在进行主题阅读时非常有用，它可以帮你对一个主题进行系统的研究。

首先，把 A5 的打印纸做成卡片，从中间对折，左边写上概念，右边写上定义。然后，在阅读的过程中，遇到你所要研究的概念，就把它写在卡片的左边，写下介绍这个概念的关键词，并在右边写下你不熟悉的术语的定义。把这些卡片整理好，放在文件夹相应的科目下。当你阅读同一主题的其他书籍的时候，就把卡片拿出来，把新的信息填写进去，并进行对比。

## 2. 从阅读中受益

### ⊙ 选择你的阅读方式

存在两种阅读方式：被动地阅读和积极地阅读。当我们被动地阅读时，浏览一篇文章或者一本书，并没有将注意力真正地集中在所读的内容上，因为这期间我们的精神在随意游荡。这样的阅读后，我们只能保留对文章的总体印象。

如果希望记住所阅读的细节，就应该采取一种更为积极的态度：在安静的环境中投入更多的注意力并加强学习意图。随时拿着一支笔，以便划出关键字和重要段落，或者是做笔记、绘制图表、写批注。当我们全部阅读完后，重新再看一遍用笔圈出来的部分或者笔记，然后写下记住的重要概念，并尝试梳理阅读内容的结构。

### ⊙ 利用 PQRST 方法优化编码

还有一种要求更高和更有效的阅读方法，它在学习中尤为有用。

---

## -- 应用 PQRST 方法 --

极少的法国市民喜欢骑自行车。一项调查显示，超过 3/4 的人更喜欢开车，略少于 1/2 的人结合走路与另一种交通方式，大约 1/4 的人使用公共交通工具。

自行车在城市中拥有显而易见的优势。对使用者来说，它是一种快速的、灵活的和经济的交通工具，并能避免堵车或者停车造成的麻烦。同时，它能减少污染和噪音危害，占用空间很少，必要的维护也相对便宜。这些优点应该使得自行车成为一种被优先选择的交通方式，然而事实并不是这样的。

这个悖论与不骑自行车者，有时甚者是骑自行车者对自行车不便之处的估计过高有关。存在一些广为流传的错误观点：意外伤亡、易丢失、恶劣天气、骑车疲劳、容易吸入被污染的空气而危害健康……

然而，这些说法不太经得住分析。以法国的邻国荷兰为例，我们发现刚才列举的风险并不因骑自行车人数的增加而增加……

1. 阅读文章并提取主要意思。
2. 给自己提一些与文章内容相关的问题。例如，法国市民使用汽车的比例是多少，等等。
3. 重新阅读文章，在阅读的时候默想问题的答案。
4. 对所阅读的文章做一个概要。

---

1950 年，美国心理学家托马斯·富·斯塔逊发展了这种方法。下面是这种方法的 5 个步骤。

预览（Preview）：以浏览的方式进行第一次阅读，抓住文章的总体意思。

问题（Question）：向自己提出关于文章内容的关键性问题，辨别出重要的信息。

阅读（Read）：以积极的方式重新阅读一遍，目标是回答自己提出的问题。

陈述（State）：复述所阅读的内容，并说出文章的主要观点或特征。

测试（Test）：通过设置问题来验证自己是否很好地记住了文章表达的内容，答案构成文章的概要。

这种方法能促使我们深入地处理和组织信息，它被成功地应用于各种日常活动中，比如学习一门课程或者仅仅是阅读一份报纸。

### ⊙疲劳：注意力与领悟力的头号敌人

由于疲劳会降低阅读效率，因此我们需要合理安排时间来完成阅读任务。分 4 个半小时来学习比连续学习两小时要好，这样可以强化记忆痕迹。

考试是让每个人都害怕的事情。但记忆有时会跟我们搞一些恶作剧，就在我们最需要它的时候，我们的记忆不行了，最终导致我们考砸了。即使我们完全能够通过考试，我们日常的学习和记忆方法也可以极大地影响我们在考场中的表现并加强自己的记忆。

在你开始复习时，设计一张时间表并遵照执行。留出足够的放松和娱乐的时间（午饭、下午茶等）。

从通读一个专题的笔记开始，然后总结出主要的几点。

做些额外的阅读以便使笔记更加方便记忆、有意义和有趣。尽量看出不同主题之间的联系以便建立起更有意义的一个总体概念。

躺下来，闭上眼睛，并试着去理解材料。和同班同学进行专题讨论是有所帮助的。如果你对某件事情没有完全理解，那么要想在考试中将它重现就难了。

对于公式、引用，以及类似的材料，你可以尽量创建帮助记忆的工具，使它们更加容易被记住并贴上记忆"标签"。

开始考试之前，想象一下自己写下的要点的序号。在考试时，用你的思维之眼"看"这张清单。

同时，身体健康也是十分重要的，所以要吃好和睡足。

# 对地点的记忆

谁能自吹从来没在一个陌生的地方迷过路？有哪个司机从来没有遇到过想不起自己的车停在哪里的情况？这些虽是小事，却很令人生气，特别是遭遇紧急情况的时候。卡片、地图或者记事本将足以解决这些麻烦，但是我们却正好忘记带了，或者认为完全可以相信自己的记忆力。为了记住一条简单的路线或者停车位，通常只需多动一点脑筋就够了，在这里我们提供了一些窍门。

## 1. 记住方向和路标

通常可以用两种方法来确定位置：方向和指示性标志。在实际生活中，我们经常将两者合用。例如，视觉化一个几何图形以便记住连续的方向，或视觉化几个标志以便知道什么时候应该转向右边或者左边。有效的记忆通常寻求双重编码，同时利用视觉和语言因素。

## 2. 将视觉信息口头化

通过地图或卡片确定路线后，即将路线视觉化后，再以小声或默念的形式复述一遍路线，就像在给一个问路人指路一样："在第一个路口向右拐，然后直走500 米，接着在第三个路口向左拐……"野营时为了避免迷路，在欣赏风景的同时别忘了记忆视觉标志（栏杆、水库等），并且不时回过头去看看它们。还可以跟同行的人谈论所见到的风景，或者将它们与以前的相关信息建立联系。

## 3. 将口头信息视觉化

你把车停在了维克多·雨果路的体育用品综合商店对面，为了记住这个位置，你可以构建一个心理图像，比如维克多·雨果穿着高尔夫服站在商店的玻璃橱里。当你的车位号是 214 时，可以通过语义记忆告诉自己："我的车在 214：地下 2 层，位置 14，就像太阳王路易十四。"

有一点值得注意，那就是线索或者标志应该具有稳定性，否则将扰乱你的记忆。比如，你把车停下来打算离开 10 分钟就回来，当时你的车前正好停着一辆红色轿车，但是当你回来时，那辆车可能已经不在那儿了！

## 4. 找到自己的路

在你动身去某个自己从未去过的地方之前，花些时间做一些准备：先在地图上设计一条路线，然后在头脑中将这条路线形象化，以便在脑海中形成一幅地图，这样你就可以凭记忆到达目的地（而不是不得不停下来查找）。在地图上圈出自己要去的地方，以便万一自己需要查地图时能快速地找到它。（用箭头和大字）把各个转折方向列出清单以备旅行中参考。

在你问路时要注意：仔细听你所问的人说的话，尽量集中注意他在说什么（而不是他穿的什么），把他所说的形象化。如果对方说得太快或者不太清楚，在他说的时候重复每一步，从而使他说得慢一些，同时加强自己的记忆。将对方所说的总结一下——"那么，我应该左转、右转、再右转，然后左转。对吗？"在动身之前，用片刻来回顾一遍对方的指示，然后在路上对自己重复。

# 记住名言、名诗和理论

在语文和政治学科中，经常会涉及大量的名言名句和著名的理论。比如一段来自于像奥斯卡·王尔德或者马克·吐温这样的作家，像爱因斯坦或者爱默生这样的科学家或思想家的名言，来自于李白、杜甫的名诗，来自于马克思、亚当·斯密的政治经济学理论等等。而这类东西往往容易忘记。假如你记得不太清楚，或者说记到一半就忘记了，或者忘记这些名言、理论的出处，那么你所记住的那一部分就显得毫无意义。

记住以上相关内容的一个最好的办法就是把它们同一幅生动的画面联系起来。值得注意的两点是：首先得能够逐字逐句地回忆起名言的词句；其次要记住这句话最初是谁写的或者说的。

另外，可以通过使用记忆路线来建立一个保留节目库。因为这里要对付的是书面文字，所以书店或者图书馆就成为记忆路线的极佳地点。如果可以的话，设计一幅把名言的作者和内容融合起来的画面，然后把它储存在记忆路线中合适的站点，作为名言保留节目的一部分。也可以记住其他方面的信息，以此帮助你记住名言中特定的表达方式。

你还可以使用要点和关键词。像演员背台词一样一字一句地记住演讲的内容，是一个非常困难的任务。问题在于一旦开始逐字逐句地回忆这些文字，却不知什么原因（比如紧张）忘记了下一个句子，你会发现自己完全不知所措。因此，记住文字内容，最好根据关键的要点，也就是根据想要说的，而不能根据当初打算说的。基本的方法就是首先要快速阅读全部内容，然后把这些句子同那些储存关键词语和要点的画面联系起来。这样当想起这些画面的时候，其他相关的一切也会脱口而出。

现在举一个例子看看我们应该怎么做。试着记住温斯顿·丘吉尔的一句名言："悲观者在每个机会处看到困难；乐观者在每个困难处看到机会。"

第一步是要找到一幅可以概括这句名言本质的关键画面，对于这句名言来说最经典的一幅画面就是一个半满的玻璃杯：乐观的人会把它说成是半满的，而悲观的人会把它说成是半空的。所以可以这样来想象：矮胖的丘吉尔正抽着一支雪茄，握着一个半满的玻璃杯（也许还是来自苏格兰的），脸上带有乐观的表情。两种对立的态度就像镜子呈现出来的正反相对的两种形态（在每个机会处看到困难、在每个困难处看到机会），可以想象丘吉尔的图像被反射到像镜子一样的杯子表面，而后呈现出两种完全相对的形态——悲观者在每个机会处看到困难；乐观者在每个困难处看到机会。

# 第四篇

# 提高记忆力的思维游戏

# 记忆力与思维游戏

## 记忆力与思维游戏

记忆一直都在运作：每天我们有意无意地记住、记起许多信息。有时漏掉几个也无可厚非，作为一种复杂的"工具"，记忆不可能每时每刻或者一生都被拥有和保持。

许许多多的因素影响着记忆的作用。为了提高你的记忆表现，你必须重视那些与你最有关联的因素，以及忘记一些不太重要的事情。遗忘的定义是没有能力回忆、辨认，或者再生产以前学过的东西——换句话说，当有人问你像"上星期一你做了什么？"这类事时，你脑子里一片空白。

没有人能够记住所有的事情。记忆过程的一个必要部分是决定什么信息对你来说是有价值的，并值得你花费力气将其编译。当一位偶尔教你们体操课的女老师仅仅是一个不经常打交道的人时，花费精力将她的名字记住真的有必要吗？

遗忘是正常的——实际上我们不需要记住每件事情。没有遗忘，你的头脑会因为有太多太多的信息而发昏。所以，遗忘实际上对于记忆是至关重要的。因为你需要为你想要或需要记住的事情腾出空间来。但当人们不得不说"我忘了"时，大多数人会感到非常失落甚至难堪。

### ⊙改善你的记忆

在一个领域获知的新信息并不能自动增强我们在另一个领域的能力，但却能巩固把这一个领域的知识记得更牢的能力。记忆并不孤立于大脑的其他功能，而是参与了所有动脑过程。做"记忆游戏"前，首先要了解自己的记忆，熟悉记忆的过程，培养一些反应……接着自我娱乐一下吧！一个老手总能比新手更容易在自己酷爱的领域进行学习。通过以下练习，你也能成为某个领域的老手了，但别要求更多：对于你来说找回钥匙和想起刚刚见过的人的名字都是不容易的。不存在可以改善记忆的一蹴而就的办法，只存在更好地了解记忆和了解自我的方法。

⊙**游戏是如何设计的**

每个游戏开头都有指定的目标，记忆和其他认知功能的一些形态都被概括进游戏里。

游戏按难易程度分为 3 个级别。当然，困难的定义因人而异。有的人认为初级的某些游戏很难，但他却能毫无问题地解决其他游戏。尽管如此，还是请从简单的级别开始做起吧。

在某些情况下，要使用以前的知识；在某些情况下，要记忆新的信息。游戏围绕训练视觉记忆、文化记忆、词汇记忆、逻辑记忆等展开，这也是引导我们变化的原则。

完成练习的时间没有限制，因为准确比速度更重要。我们的目标不是第一步就成功。有些练习很难，其目的是诠释一个过程，然后将其运用到实际中。好好分析遇到的困难，剖析机制，让下次练习变得更有效率。看答案并不代表能够学到什么，只有让你学到方法并能在以后重做游戏时回想起来，从而走向成功，那才算有意义。

# 第二章
# 提高记忆力的思维游戏

# 初 级

## 1. 缺失的图像

仔细地观察并记住这些图。然后，把它们盖住，继续以下的练习。

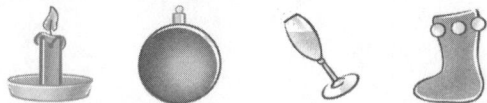

A      B

C      D

现在，请在 4 个选项中找出一个可以填充的元素，以得到上一个系列。

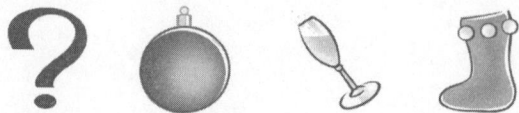

仔细地观察并记住这些图。然后，把它们盖住，继续以下的练习。

A      B

现在，请在 4 个选项中找出一个可以填充的元素，以得到上一个系列。

C      D

230

仔细地观察并记住这些图。然后，把它们盖住，继续以下的练习。

现在，请在4个选项中找出一个可以填充的元素，以得到上一个系列中的图。

## 2. 重新排列

把下面打乱的图案按照逻辑顺序重新排列，正确的顺序是怎样的？

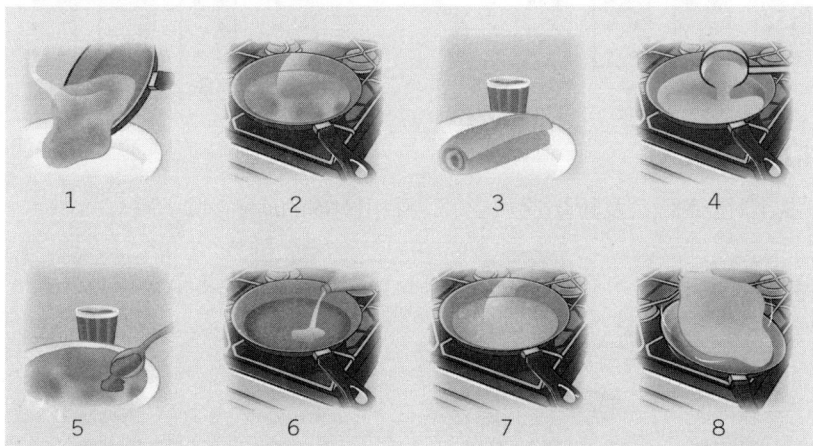

## 6. 找出入侵者（1）

找出藏在每个系列图形中的入侵者。

入侵者：③

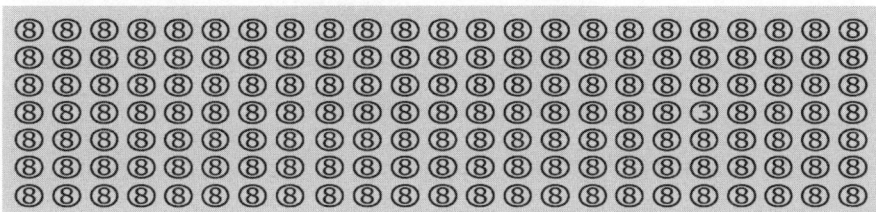

入侵者: σ

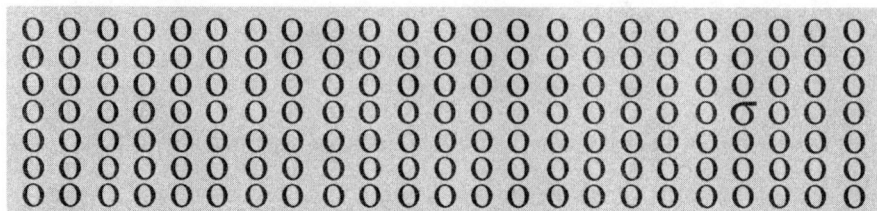

## 7. 逻辑推理（1）

观察下面的多米诺骨牌，并在后面 4 个选项中，找出能够替代问号的多米诺骨牌。

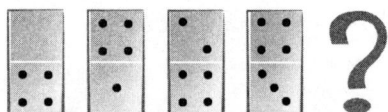

## 8. 恰当地配对

找出对应的国家及其首都。 找出对应的动物及其类属。

| | | | |
|---|---|---|---|
| 泰国 | 奥斯陆 | 鹦鹉 | 哺乳纲 |
| 巴格达 | 挪威 | 爬行纲 | 凤尾鱼 |
| 阿根廷 | 曼谷 | 昆虫 | 白蚁 |
| 塞内加尔 | 布宜诺斯艾利斯 | 乌龟 | 鱼类 |
| 达喀尔 | 伊拉克 | 鸟类 | 旱獭 |

找出对应的医生称谓及其专业。

| | |
|---|---|
| 心脏 | 皮肤科医生 |
| 儿科医生 | 眼睛 |
| 肺 | 心脏科医生 |
| 眼科医生 | 儿童 |
| 皮肤 | 肺病科医生 |

建议：如果你对这些题目涉及的内容不太了解，请不要沮丧。参见书后答案，然后在一星期后重新做练习，评估你是否取得进步。

## 10. 找不同

　　仔细地观察下面给出的场景，记住不同物体的外形和位置。然后，盖住图片继续完成练习。

　　现在，请找出下面这个场景与上面给出场景之间的 6 处不同。物体可能被置换、移动、拿走……

## 11. 整理书籍（1）

　　如何移动最少的书，就能从图 A 到图 B，注意：

　　不能把一本书放在比它小的书上，一次只能移动一本书。

A

B

# 13. 找出入侵者（2）

找出隐藏在每个系列图案中的入侵者。

入侵者：三

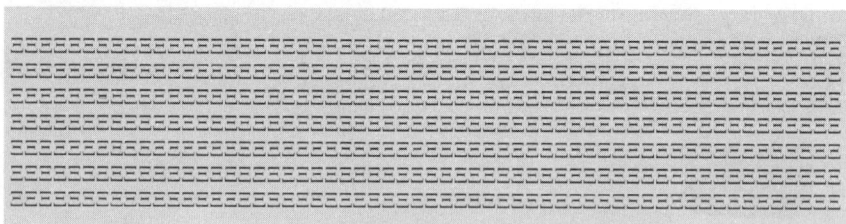

入侵者：≈

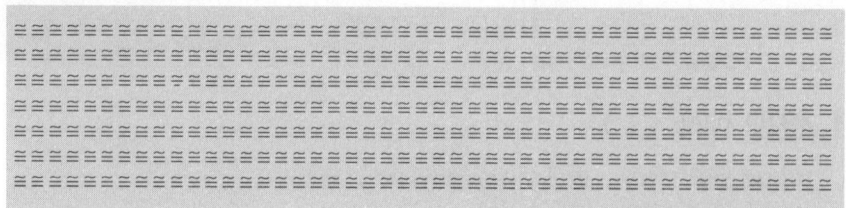

## 14. 他是谁

瑞典化学家，炸药的发明者，有一个奖项以他的名字命名，每年颁发一次，奖励在不同领域里做出卓越贡献的人。他是谁？

A. 阿尔弗雷德·诺贝尔。　　　B. 托马斯·爱迪生。

C. 亚历山德罗·伏特。

罗马爱神，他有一张金弓、一支金箭和一支银箭。被他的金箭射中，便会产生爱情；被他的银箭射中，便会拒绝爱情。他是谁？

A. 阿波罗。　　　　B. 朱庇特。　　　　C. 丘比特。

建议：如果你对上面的题目不太了解，请不要沮丧。参见答案，然后在一星期后重新做练习，评估你是否取得进步。

## 15. 正确的图案

仔细地观察下面这个图案，然后把它盖住再继续练习。

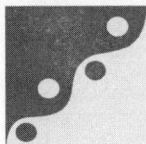

以下 4 个图案，哪个是你刚记住的？

A　　　　　B　　　　　C　　　　　D

## 16. 整理书籍（2）

如何移动最少的书，就能从图 A 到图 B，注意：

不能把一本书放在比它小的书上；一次只能移动一本书。

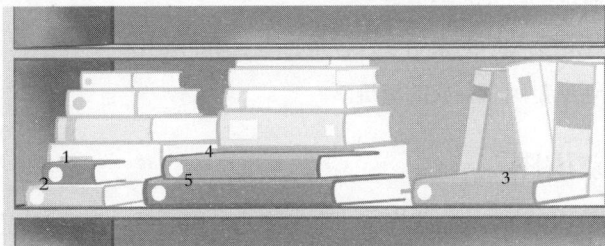

B

## 17. 迷宫

进入迂回曲折的迷宫，然后尽可能快地出来。

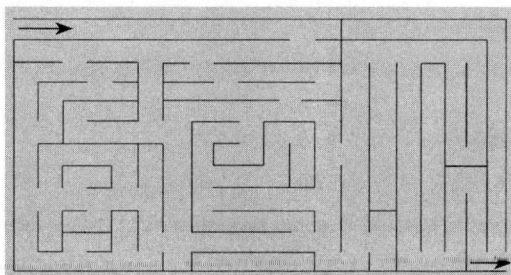

## 19. 逻辑推理（2）

仔细阅读下面这段文字，然后回答问题。可以不盖住文字。

公元前 7 世纪，罗马城和阿尔瓦城陷入对峙。一场血腥的战斗将决定两个军营的命运：三个罗马人，贺瑞斯，将攻打三个阿尔瓦人，古里亚斯……在这场悲剧里，贺瑞斯与萨宾娜结婚了，她是一个阿尔瓦女人，古里亚斯的姐姐；而卡米拉，贺瑞斯的妹妹，是古里亚斯的未婚妻。

很难理清头绪对不对？在你看来，以下哪些说法是正确的？

A.萨宾娜是古里亚斯的妻子和贺瑞斯的姐姐。

B.贺瑞斯是罗马人的英雄。

C.卡米拉是贺瑞斯的未婚妻，也是古里亚斯的姐姐。

D.古里亚斯是阿尔瓦人的英雄。

## 20. 树形家谱图

树形家谱图以简单的方式标出一个家族的亲属关系。观察并记住这个树形家谱图，然后盖住它继续做练习。

◎ 竖线表示父母—子女关系。

◎ 水平线表示兄弟姐妹关系。

◎ × 表示夫妻关系。

现在请盖住图谱，你是否能够判断下面这些说法的对错？

A. 皮埃尔和路易斯有 4 个孩子。

B. 克莱尔是保罗的妻子。

C. 保罗是欧内斯特的内兄。

D. 欧内斯特是亚历山大的兄弟或者姐妹。

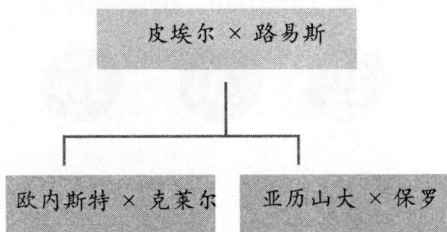

## 21. 不同的选项

哪个图形和其他选项不一样？

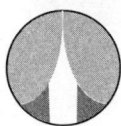 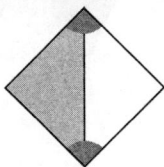 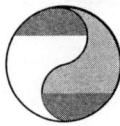 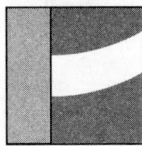 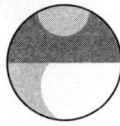

　　A　　　　　　B　　　　　　C　　　　　　D　　　　　　E

## 24. 正确的选项

下列图形是按照一定规律排列的，按照这一规律，接下来应该填入方框中的应是哪一项？

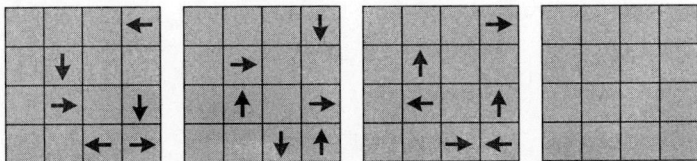

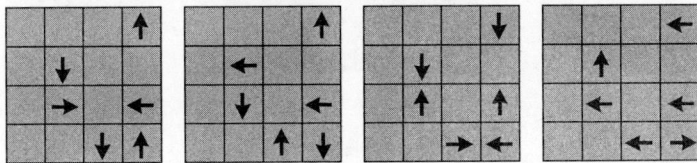

　　　A　　　　　　　B　　　　　　　C　　　　　　　D

## 26. 逻辑排序

观察下面的数字。

**12 8 10 3 5 22 28 1 1 14 7 ?**

从以下 6 个选项中，找出能够继续上一序列的数字。

**12 20 15 9 8 4**

## 27. 不相同的项

选项中哪一项与其他项都不相同？

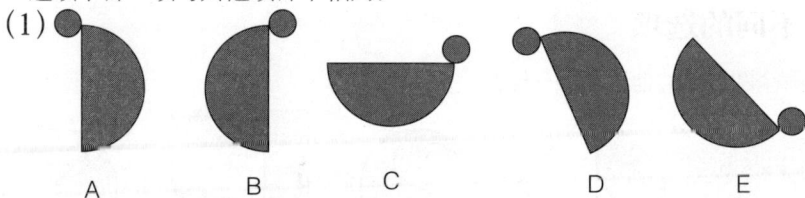

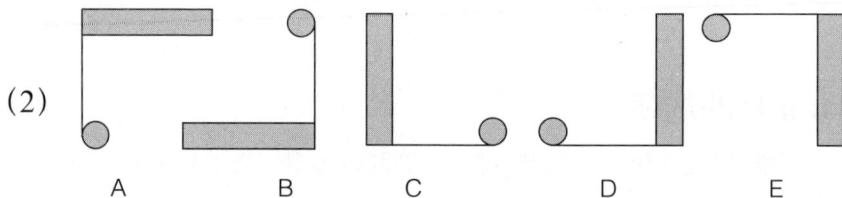

（1）

A　　　B　　　C　　　D　　　E

（2）

A　　　B　　　C　　　D　　　E

## 28. 补白

空白处应该填入哪个选项？

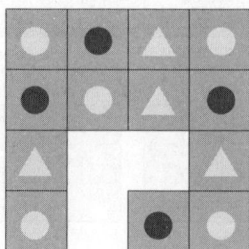

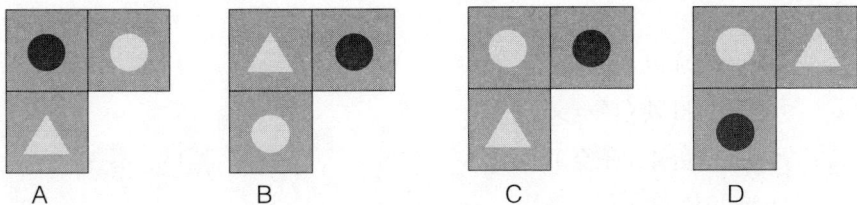

A　　　　　B　　　　　C　　　　　D

## 30. 补空缺

想想看，哪个选项填到空缺处比较适合呢？

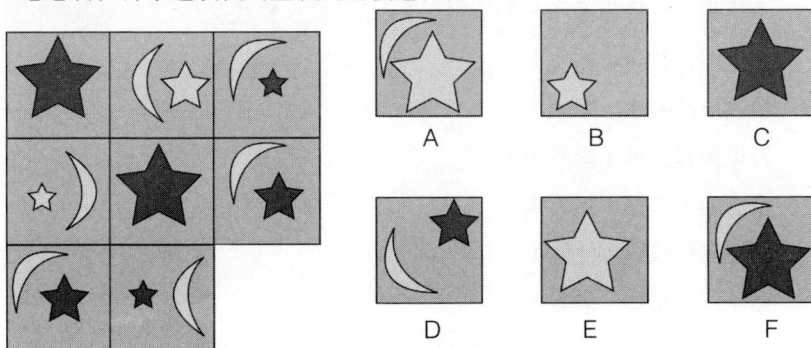

A　　　　　B　　　　　C

D　　　　　E　　　　　F

# 中　级

## 1. 拼汉字

想象一下，5 根横排的火柴和 3 根竖排的火柴至少能拼几个汉字？

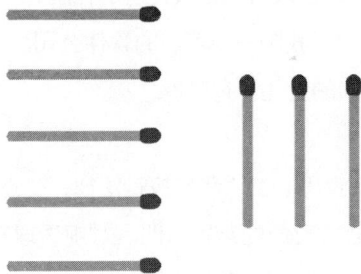

## 2. 诗词填数

准确地填出下面诗词选句中的第一个字，你会发现它们是一组很有趣的数词。

年好景君须记（苏轼）

月巴陵日日风（陈与义）

月残花落更开（王令）

月清和雨乍晴（司马光）

月榴花照眼明（朱熹）

月天兵征腐恶（毛泽东）

百里驱十五日（毛泽东）

千里路云和月（岳飞）

雏鸣凤乱啾啾（李顾）

万里风鹏正举（李清照）

亩庭中半是苔（刘禹锡）

里莺啼绿映红（杜牧）

紫千红总是春（朱熹）

# 3. 纵横交错

横向

1. 国际足联的一个奖项，2004 年被小罗纳尔多夺得。2. 我国一个大型电信运营商。3. 清末农民起义军建立的政权。4. 比喻事情极容易做。5.《碧血剑》中的一个人物。6. 形容极多。7. 教学上对物理、化学、数学、生物等学科的总称。8. 法国作家福楼拜的代表作。9. 由政府执行或托管的保险计划，用来向失业者、老人或残疾人提供经济援助。10. 我国一个著名的软件公司。11. 由社会承办的赡养老人的机构。12. 用于称他人的女儿，有尊贵之意。

纵向

一、"WTO" 的中文意思。二、严格执行法律，一点不动摇。三、在核电站中引发并控制裂变材料链式反应的装置。四、对观看球赛有狂热爱好的人。五、古时对男子的尊称。六、皮皮的一篇以婚恋为题材的长篇小说。七、一个生物群落及其系统之中，各种对立因素相互制约而达到相对稳定。八、我国哲学、社会科学研究的最高学术机构和综合研究中心的简称。九、联合国的永久性保护和平机构。十、雅典奥运会女子万米冠军。十一、投资者协助具有专门科技知识而缺乏资金的人创业，并承担失败风险的资金。

## 4. 三国演义

有个秀才正翻看《三国演义》，厨师进来对他说："老爷，不瞒你说，《三国演义》是我天天必读之书。就拿今天来说吧，我炒菜缺了四样作料，全在这书里面，所以我来看看！"秀才听了半信半疑，他只知道《三国演义》里写的是曹操、刘备和孙权，还没听说过有做菜用的作料呢。厨师说："有，老爷你听着——刘备求计问孔明，徐庶无事进曹营，赵云难勒白龙马，孙权上阵乱点兵。"秀才想了想便猜了出来。那么，你能猜出厨师缺哪四样作料吗？

## 5. 疑惑的小书童

明朝有一个著名的文学家，叫冯梦龙。有一年夏天，冯梦龙起床后，发现后院的桃花盛开了，正在这时，有一位姓李的朋友来拜会。冯梦龙便开玩笑说："桃李杏春风一家，既然您来了，我们就到后院去，一面喝酒，一面赏看您本家吧！"他们来到后院，冯梦龙忽然想起忘了一样东西，就对书童说："你快去拿一件东西，送到后院来！"书童问："是什么东西呢？"冯梦龙随口就造了一个谜："有面无口，有脚无手，又好吃肉，又好吃酒。"书童愣在那儿，猜不出应该去拿什么。你能帮帮这个书童吗？

## 6. 文学想象

七律、11、火箭、万水千山。与这四种提示有关的事物或概念是什么？请用 2 个字来描述。

## 7. 成语十字格

请在下图的空格里填上适当的字，使其横竖读起来都是成语。

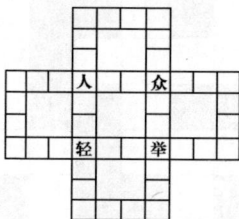

## 8. 一笔变新字

汉字结构有趣又奇怪，一笔之差就有不同含义。你能将卜面图形中的字添上一笔变成另一个字吗？

## 9. 识图猜字

请根据下图猜一个字。

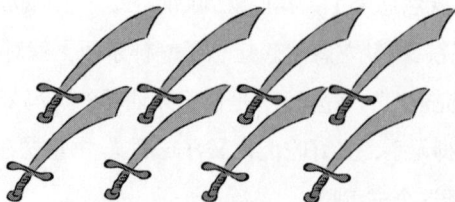

## 10. 一台彩电

桌子上放着一台彩电。A 说："以这台彩电为道具，谁能连做两个简单的动作，打两个成语？"大家都在静静地思索。忽然，B 走上前来，将彩电开关打开，屏幕上出现了画面，有了声音。没过几秒钟，B 又把电视开关关了。A 说 B 猜中了谜底。你知道这是哪两个成语吗？

## 11. 成语猜谜

楚人求剑（打一美术作品类别名）。

## 12. 几家欢喜几家愁

项羽和刘邦当年争夺天下的时候水火不容，三国时期的刘备和关羽是结义兄弟。有一个字，可以使刘邦听了大笑，刘备听了大哭，请问这个字是什么？

## 13. 快乐联想

提示：五行，朝代，撤兵，星星。

与这四种提示有关的事物或概念是什么？

## 14. 成语接龙

下面的成语，前一个成语的最后一个字，是后一个成语的第一个字，这在修辞上叫"顶真"。请在它们之间的空白处填上一个字，使每组成语连接起来。

今是昨（　）同小（　）望不可（　）以其人之道，还治其人之（　）体力（　）若无（　）在人（　）所欲（　）富不（　）至义（　）心竭（　）不胜（　）重道（　）走高（　）沙走（　）破天（　）天动（　）利人（　）睦相（　）心积虑

醉生梦（　）去活（　）去自（　）花似（　）树临（　）调雨（　）手牵（　）肠小（　）听途（　）长道（　）兵相（　）二连（　）言两（　）重心（　）驱直（　）不敷（　）其不（　）气风（　）扬光（　）材小（　）兵如（　）采飞（　）眉吐（　）象万（　）军万（　）到成（　）败垂（　）千上（　）古长（　）红皂（　）日做（　）寐以（　）同存（　）想天（　）天

辟地

## 15. 象棋成语

下图是一个象棋棋盘，请你在每格空白棋子上填入一个适当的字，使横竖相邻的 4 个棋子能够组成-

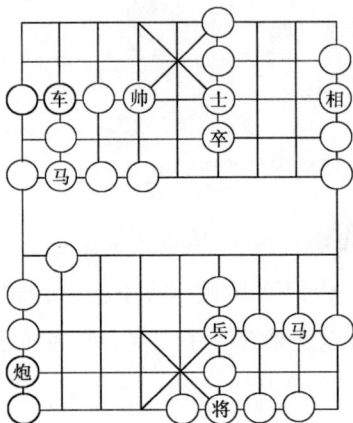

## 16. 学三部曲

（1）巴金爱情三部曲：

（2）巴金激流三部曲：

（3）高尔基自传体三部曲：

（4）托尔斯泰《苦难历程》三部曲：

（5）茅盾《蚀》三部曲：

（6）郭沫若《漂流》三部曲：

## 17. 组合猜字

如图数字方格，每个数字都代表一个文字，两格相加，又可以合成一个字，你能依照下面的暗示猜出此文字来吗?

（1）1 加 2 等于日落的意思。

（2）2 加 3 等于日出的意思。

（3）3 加 4 等于欺侮的意思。

（4）4 加 5 等于瞄准出击的意思。

（5）2加6等于光亮的意思。

（6）6加7等于丰满的意思。

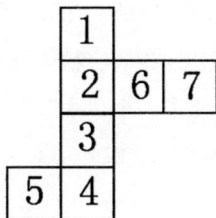

## 18. 串门

　　一天，王秀才到朋友家去串门。一进门，他双手抱拳，随即念了一首字谜诗："寺字门前一头牛，二人抬个哑木头，未曾进门先开口，闺宫女子紧盖头。"朋友稍一思忖，就领会了其中的意思，便也以诗相答："言对青山不是青，二人土上在谈心，三人骑头无角牛，草木丛中站一人。"王秀才一听，朋友所说的与自己说的前后对应。双方哈哈大笑起来。请你猜一猜，这两首字谜诗的谜底是什么？

## 19. 乌龟信

　　一位目不识丁的农妇惦记在外做工的丈夫，于是托人捎去一封信。她的丈夫拆开一看，一页全都画着排列整齐的乌龟，最后却是一只竖着的大乌龟。丈夫立刻明白了，收拾起铺盖卷儿，回家去了。

　　你能从信中看出它的意思来吗？

## 20. 拜访齐白石

　　齐白石是中国著名画家，有很多学画的人，有的要拜他为师，有的拿了画来向他请教，也有的学生作品获奖了，来向他表示感谢。

有一天，几个学生来拜见老师，他们刚想敲门，却看见门上写着一个"心"字。他们觉得奇怪，只见过门上写"福"字的，写"心"字是什么意思呢？这时有一个学生忽然说："我明白啦！"说着，拉着同伴就离开了。第二天，他们又来到齐白石门前，只看见门上换了一个"木"字，大家高兴极了，马上敲门进去，拜见了齐白石。你知道这是为什么吗？

## 21. 长联句读

请你给下面一副长联加上标点：

五百里滇池奔来眼底披襟岸帻喜茫茫空阔无边看东骧神骏西翥灵仪北走蜿蜒南翔缟素高人韵士何妨选胜登临趁蟹屿螺洲梳裹就风鬟雾鬓更苹天苇地点缀些翠羽丹霞莫辜负四围香稻万顷晴沙九夏芙蓉三春杨柳

数千年往事注到心头把酒凌虚叹滚滚英雄谁在想汉习楼船唐标铁柱宋挥玉斧元跨革囊伟烈丰功费尽移山心力尽珠帘画栋卷不及暮雨朝云便断碣残碑都付于苍烟落照只赢得几许疏种半江渔火两行秋雁一枕清霜

## 22. 成语与算式

下图两盏……数学等式。

$$\Box + \Box - \Box + \Box + \Box - \Box + \Box = 10$$

心　面　令　分　花　街　上

$$\Box + \Box - \Box + \Box + \Box - \Box - \Box = 1$$

意　刀　申　裂　门　市　下

## 23. 穿针引线

晚饭后，妈妈在做针线活，爸爸和东东谈论学习情况。爸爸问："你最近是不是又学了些成语？"东东说："是的。"爸爸说："我考考你怎么样？"东东说："好啊。"爸爸看到妈妈一手拿针，一手拿线，正要穿针引线，就对东东说："儿子，你能用成语把你妈这个动作说出来吗？"你也跟东东一起猜猜吧！

## 24. 一封怪信

某人被公派驻外地，半年后他突然接到农村不识字的妻子寄来的一封信。打开一看，上面并没有字，只有一连串象形文字似的图画。丈夫接到此信，知道妻子一定有事要告诉他，但又不解其意，急得像热锅上的蚂蚁。他只得把信带在身上，一有空就仔细研究，最后终于找到了答案。比如 A 表示他（圈）和他的已怀孕的妻子（同心圆圈），那么下面的 5 个图又表示什么呢？

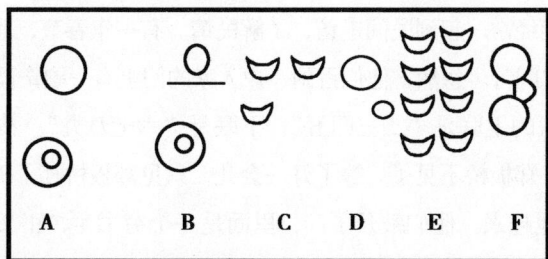

## 25. 秀才贵姓

从前，一大户人家的老太太过六十大寿，八方宾朋济济一堂。一位秀才进京赶考，路过这里，想求一口饭吃。老太太热情地款待了他。席间，老太太问秀才："贵人尊姓大名？"秀才回答："今天不是老太太的生日宴吗？巧得很，我的姓氏与生日宴很有缘。如果把'生日宴'三个字作为谜面，打一字，谜底即是。"你知道这位秀才姓什么吗？

## 26. 成语加减

将下面的成语运用加减法使其完整。

A. 成语加法

（　）龙戏珠 + （　）鸣惊人 = （　）令五申

（　）敲碎打 + （　）来二去 = （　）事无成

（　）生有幸 + （　）呼百应 = （　）海升平

（　）步之才 + （　）举成名 = （　）面威风

B. 成语减法

（　）全十美 – （　）发千钧 = （　）霄云外

（　）方呼应 – （　）网打尽 = （　）零八落

（　）亲不认 – （　）无所知 = （　）花八门

（　）管齐下 – （　）孔之见 = （　）落千丈

## 28. 雪中送炭

有一个姓蔡的县官，和郑板桥是好朋友，他受了郑板桥的影响，很同情老百姓的疾苦。他俩经常一起到民间走访，了解民情。有一年春节，他俩一起到大街上去散步，访贫问苦。忽然，他们看到一户人家的门上有一副奇怪的对联。

只见那对联的上联是"二三四五"，下联是"六七八九"。蔡县官正感到纳闷，转身一看，郑板桥不见了。等了好一会儿，只见郑板桥扛了一袋大米、几包衣服，急匆匆地赶来。他们敲开了门，里面是一个穷书生，正又冷又饿地在发愁。郑板桥把东西送给了主人，蔡县官问郑板桥："是谁告诉你他需要衣服和粮食呢？"郑板桥得意地说："是对联谜呀！"你知道为什么吗？

## 29. 汉字拼凑

下图五边形图案外围有一至十 10 个数字，内围有 10 个汉字，请将数字与汉字相互拼凑起来，拼成 30 个新汉字。

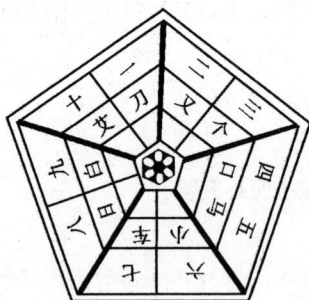

## 30. 真实的谎言

有一次，马克·吐温与一位夫人对坐聊天。马克·吐温对这位夫人说："你真漂亮。"夫人高傲地回答："可惜我实在无法同样地称赞你。"对于夫人的傲慢无礼，马克·吐温毫不介意地笑笑说："没关系，＿＿＿。"

马克·吐温用一句话就委婉地否定了自己刚才的话。你知道他是怎么说的吗？

# 高　级

## 1. 比比谁大

哪幅图中间的圆较大？

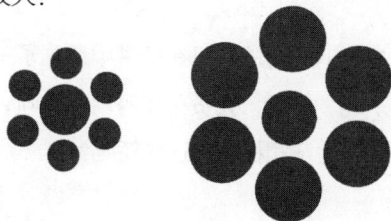

## 2. 商业谈判

在一次商业谈判中，甲方总经理对乙方总经理说："根据以往贵公司履行合同的情况，有的产品不具备合同规定的要求，我公司蒙受了损失，希望以后不再出现类似的情况。"乙方总经理说："在履行合同中出现不符合要求的产品，按合同规定可以退回或要求赔偿，贵公司当时既不退回产品，又不要求赔偿，这究竟是怎么回事？"乙方总经理问句的实质是什么？

## 3. 地牢奇事

有一天，一群绑匪绑架了一家公司的董事长，并把这位董事长一人关在地牢里。地牢的进口只有一处，而且周围彻夜有人防守，没有一点漏洞。可第二天一看，里边却多出一个男的。请问，这个男的是怎么进去的呢？

## 4. 奇怪的线

在西天取经的路上，机灵的悟空常捉弄八戒。一次，他对八戒说："我在几秒钟内画出一条线，你要花几天才能走完，信不信？"八戒不信。悟空画了一条线，八戒果然走了好几天，才算走完。你知道这到底是怎么回事吗？

## 5. 太空人

在一次宇宙旅行中，太空人来到了一个奇怪的星球，上面只有一种气体——氢气。由于光线太暗，太空人想点燃打火机照明，可有人阻止了他。如果他点燃打火机后，是带来光明还是引起爆炸？

## 6. 奇特的算式

什么情况下 7+8=3 ？

## 7. 过桥

一辆货车满载着 6 吨的钢索前进，但在行进中遇到了一座桥梁。桥头的标志牌上写着：最大载重量 7 吨。然而，光货车车身就重 2 吨，再加上钢索，明显超过了桥的载重量。你能想办法帮司机通过这座桥吗？

## 8. 魔法变数

在不能折叠纸的前提下，若仅用一根线，将如图的罗马数字Ⅸ变成 6，请问要怎么做？

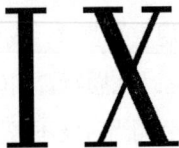

# IX

## 9. 五棵松

请你移动 4 根火柴，把它拼成 5 棵大小相同的松树。

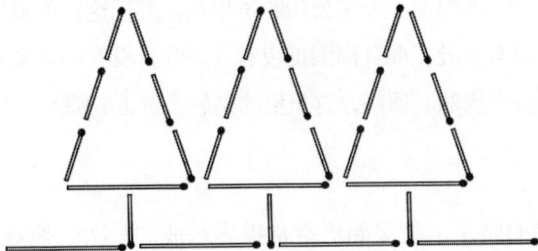

## 10. 半张唱片

小南说："你那些爵士乐唱片还在吗？"小熊："没有了。我已经把一半唱片和一张唱片的一半送给了小吴。然后我又把剩下的一半唱片和一张唱片的一半送给了小海。我现在只剩下一张唱片了，假如你能说出我原来有几张爵士乐唱片，那么这一张就送你。"你知道小熊原来有几张唱片吗？

## 11. 几人能脱险

一艘客轮触礁，只有一艘救援船，这艘船只能装下 5 个人，离这里最近的岛有 4 分钟的路程，20 分钟后客轮就会沉掉，客轮上共有 25 人，最多能有多少人生还呢？

## 12. 青蛙爬井

一只青蛙掉进了一口 18 米深的井。每天白天它向上爬 6 米，晚上向下滑 3 米。按照这一速度，它多少天能爬出井口？

## 13. 军队成员

下图展示了 1644 年克伦威尔·奥利弗领导的"护国军"中的 4 名成员，根据下面的线索，你能说出每名成员的姓名、兵种以及各自所穿制服的颜色吗？

（1）伊齐基尔·费希尔所穿制服为灰色，不过上面布满了灰尘和泥浆，他紧挨在鼓手的右边。

（2）一名配枪士兵穿着又破又脏的棕色制服，他和末底改·诺森之间隔着一个士兵。

（3）1 号士兵是个步兵，他不是法国人，而是英国人。

（4）4 号士兵是所罗门·特普林。

（5）吉迪安·海力克所穿的上衣不是蓝色。

名字：伊齐基尔·费希尔，吉迪安·海力克，末底改·诺森，

所罗门·特普林

兵种：鼓手，炮手，步兵，配枪士兵

制服颜色：蓝色，棕色，灰色，红色

## 14. 冬日受伤记

去滑雪的 3 个朋友不幸都摔了一跤，导致某个部位骨折。从以下给出的线索中，你能确定他们的名字、所去的旅游胜地和骨折部位吗？

（1）泊尔在法国滑雪。

（2）去澳大利亚的那位女子摔断了一条腿。

（3）斯塔布斯夫人选的度假地点不是瑞士，她也没有把手臂摔断。

（4）索尼亚摔断了她的锁骨，她不姓霍普。

## 15. 纽扣

这是一道非常有趣的"替代类型"的思维游戏。进行这个游戏时，你只需要准备 2 个白色的纽扣、2 个灰色的纽扣以及图中所示的游戏棋盘。现在，你必须

把这些纽扣交换位置，但是只能移动8次。白色的纽扣要移到右边，而灰色的纽扣则移到左边。纽扣可以滑到邻近的空位置内。你也可以把一个纽扣从另一个纽扣上跳过去。但是，跳过去的位置上不能有其他的纽扣。

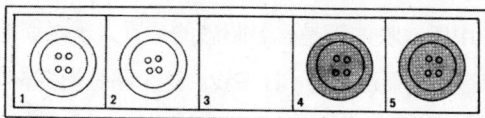

## 16. 立方

在把立方分成27个小立方体之前，先把它的6个面涂成灰色。然后，检测你自己能否回答出以下有关这27个小立方体的问题：

（1）这个立方的3个面上的灰色小立方体有多少？

（2）这个立方的2个面上的灰色小立方体有多少？

（3）这个立方的1个面上的灰色小立方体有多少？

（4）这个立方的无色小立方体有多少？

## 17. 瓶子

把一个空瓶子垂直放在桌子上。然后，剪一个2厘米宽、30厘米长的纸带，按照下图的样子将纸带放在瓶口。在瓶口处纸带上放4枚硬币：先放1枚1元硬币，然后是1枚5角硬币，接着是2枚1角硬币。现在，大家来试试在保持硬币平衡的情况下把纸带移走。大家在进行游戏时，既不能接触硬币也不能触摸瓶子，唯一可以接触的就是纸带。

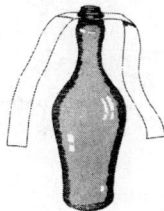

## 18. 扑克筹码

了不起的龚德尔斐魔镜可以看到一切、知道一切、说明一切……只要花 25 元买一张票。当他表演时，龚德尔斐在屏幕上展示了他在全世界搜集来的著名思维游戏题。下图中所放映的正是恶名昭彰的、置人于困境的拉斯维加斯扑克筹码。人们为了解答这道难题花费了许多钱。这个题是指将 5 个扑克筹码排成两行，其中一行有 3 个筹码，而另一行要有 4 个筹码。这个题最难的地方就是你只有 60 秒的时间来解决这个问题。

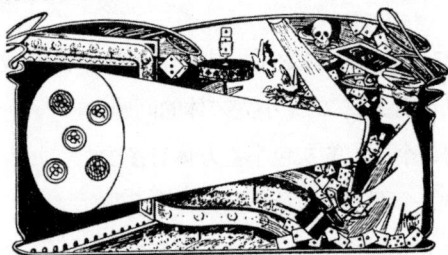

## 20. 胶合板

杂务工人海勒姆·鲍尔皮尼刚刚参加完木匠学院的聚会回来，而在聚会上他新创作的胶合板思维游戏把每个人都给难住了。他向大家展示了一块由 5 个大小相同的正方形组成的木板。首先，你要沿直线在木板上切两下，将它分成 3 块，然后，把这几块儿木板拼在一起组成一个正方形。那么，海勒姆是怎么做到的呢？

## 21. 多米诺骨牌

当你下次坐下来玩多米诺骨牌时，你可以玩一个不错的游戏。准备 7 个多米诺骨牌，然后把它们搭建成一个小塔（如图所示）。再拿一个骨牌放在塔的前面，你可以在塔不塌的情况下利用这个骨牌将 A 骨牌从塔上移开吗？除了用 B 骨牌之外，你不可以用其他东

## 22. 装饰物

圣诞老人为你准备了一个了不起的圣诞节思维游戏。他先把装饰物固定在一条 3 米长的绳子的一端，然后将另一端系在一束槲寄生树枝的上面。

"我会给你两份圣诞礼物，"他说，"如果你可以将绳子从中间剪断使装饰物不会摔落在地。记住：一旦你剪断绳子，你就不能触摸绳子或者装饰物。"

那么，读者朋友，你会怎么剪呢？

## 23. 三位数

虽然你不是魔术师但同样可以解决这个题，而你的朋友们会认为你是魔术师。告诉他们，你可以向他们展示一个快速计算的思维游戏。除去扑克牌中所有"有脸"的牌（J、Q 和 K），并再拿出另外 10 张牌，将剩下的扑克牌每 3 张为一组放在桌子上。然后，对你的观众说，每一组的 3 张牌可以组成一个三位数，并且它们都可以被 11 完全整除。你要以最快的速度将这些三位数排列出来。

我们的例子是数字 231，它正好是 11 的 21 倍。那么，这一壮举是如何完成的呢？

## 24. 印度方块

喜爱思维游戏的印度王子正在去往阿格拉的路上，那里将举行思维游戏大会。这头皇家大象身上的布印有一道题，而它就是由印度王子设计的。这道题需要你找出图画里大小正方形（最大的正方形边长为 8 厘米）的个数。在队伍出发前，你有 5 分钟的时间把这个问题解答出来。

## 25. 接触

当你尝试这个游戏时，也许你会认为只有求助某种魔术才能把它解决。这里放了 5 枚魔术师使用的硬币，我们要使它们每一枚都与其余 4 枚相接触。如果你手头没有这种硬币，你也可以使用 1 角硬币。我们这只爱为难人的小兔子认为解决这个题最多用 10 分钟。

## 26. 服务员（2）

克拉姆兹·卡拉汉是巴伐利亚花园餐厅里行走最快也是最邋遢的服务员，正是由于他快如飓风的步伐，他总是把客人的衣服弄脏。恶有恶报，一天，一位愤慨的顾客只给了卡拉汉 1 角钱的小费，并说："你把我的衣服给毁了，我只能给你 1 角钱的小费。但是，如果你能够在不接触桌子、盘子以及硬币的情况下把硬币拿开，我就赏你 25 元的小费。"然而，卡拉汉却没能解决。那么，你呢？

## 27. 绳索

下图中的这位大师让大家完成他自己的"印度绳索戏法"。在他的平台上有一根普通的绳子，把这根绳子的两端分别放在两只手上，然后在绳子中间系一个结。但是，你在系结时不能使绳子的两端从手上松开。

## 28. 桥

如果下次你和朋友外出，这里有个好办法让你白吃一顿饭。在桌子上放两个玻璃杯，它们之间的距离不要太远，然后，将一块儿较硬的纸放在两个杯口上面。接着，你就说你可以使这张纸具有支撑第三个杯子的力量。这是个很好的难题，但是在你去餐厅吃饭之前要好好练习一下。

## 29. 手

把一张扑克牌水平放在你的右手拇指上，然后，把一枚硬币（1 元硬币或者 5 角硬币）放在牌上，使它们保持平衡。接下来的这个就很难了。请不要接触硬币把这张扑克牌拿走。如果你一次就可以完成，那么你将得到热烈的掌声。

## 30. 啤酒搅拌器

沃尔夫冈的豪斯啤酒店里最聪明的服务员是阿达尔伯特孪生兄弟——艾克和迈克，除了端送啤酒和土豆，他们还用一些思维游戏招待喝酒的客人。下面这个啤酒搅拌器游戏展示的是一个由罗马数字组成的等式。这个等式是错误的，但是如果你只移动其中的一个搅拌器，将它放到另外一个地方，那么这个等式就是对的。请你试试，看能

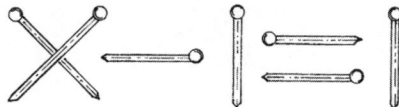

# 答 案

## 初级

**1...**

（1）A （2）B （3）C （4）D

**2...**

6，4，7，8，2，1，5，3

**6...**

**7...**

D（多米诺骨牌上部和下部的点数轮流增加1，而另一部分总是有4点。）

**8...**

首都→国家

巴格达→伊拉克

曼谷→泰国

布宜诺斯艾利斯→阿根廷

达喀尔→塞内加尔

奥斯陆→挪威

动物→类属

凤尾鱼→鱼类

旱獭→哺乳纲

鹦鹉→鸟类

白蚁→昆虫

乌龟→爬行纲

医生→专业

心脏科医生→心脏

皮肤科医生→皮肤

眼科医生→眼睛

儿科医生→儿童

肺病科医生→肺

**10...**

（1）沙发的扶手由圆形变成了方形。

（2）陈列柜里的 CD 少了。

（3）靠垫原来放在沙发的左边。

（4）书柜中最底层的书原来不都是直立放置的。

（5）矮桌子上的东西没有了。

（6）电视机上天线没有了。

**11...**

至少需要移动 5 次书：

1. 编号为①的书放在第一堆书上。

2. 编号为③的书放在第三堆书上。

3. 编号为①的书放在第二堆书上。

4. 编号为②的书放在第三堆书上。

5. 编号为①的书放在第三堆书上。

## 13...

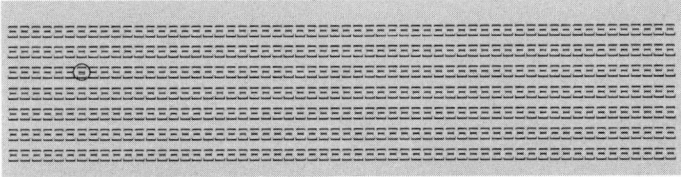

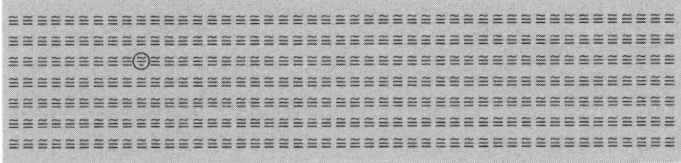

## 14...

（1）A　　　（2）C

## 15...

C

## 16...

至少需要移动 4 次书：

1. 编号为③的书放在第二堆书上。

2. 编号为①的书放在第三堆书上。

3. 编号为②的书放在第二堆书上。

4. 编号为①的书放在第二堆书上。

**17...**

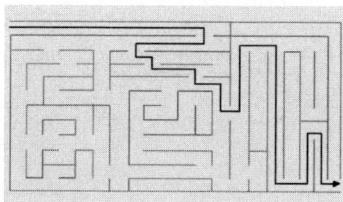

**19...**

B 和 D。

**20...**

A 错，B 错，C 对，D 对。

**21...**

A。可以分成 5 部分。

**24...**

B（每个小方框里的箭头每次逆时针旋转 90°。）

**26...**

答案是 9。

分组进行计算，每组 3 个数字，每 3 个数字的和都应该等于 30：

12+8+10=30

3+5+22=30

28+1+1=30

14+7+9=30

**27...**

（1）B

其他项图形相同，只是图形经过旋转后，所处的位置不同。

（2）D

其他项图形相同，只是图形经过旋转后，所处的位置不同。

**28...**

A

**30...**

E。

## 中级

**1...**

至少4个。如图：

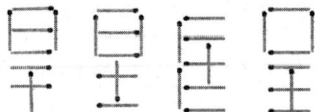

**2...**

一、二、三、四、五、六、七、八、九、十、百、千、万。

**3...**

横向：（1）世界足球先生 （2）联通 （3）太平天国 （4）易如反掌 （5）安小慧 （6）堆积如山 （7）理科 （8）包法利夫人 （9）社会保险 （10）金山 （11）养老院 （12）千金

纵向：

（1）世界贸易组织 （2）执法如山 （3）核反应堆 （4）球迷 （5）夫子 （6）比如女人 （7）生态平衡 （8）社科院 （9）联合国安全理事会 （10）

邢慧娜（11）风险基金

**4...**

缺算（蒜）、少言（盐）、无缰（姜）、短将（酱）。

**5...**

冯梦龙要的是酒桌。

**6...**

答案是长征。《长征》是毛泽东写的一首七律。红军长征经过 11 个省市。“长征一号”号运载火箭将中国第一颗人造地球卫星送上了轨道。红军长征经过了万水千山。

**7...**

如图：

| | | | | | | | | | |
|---|---|---|---|---|---|---|---|---|---|
| | | | 自 | 高 | 自 | 大 | | | |
| | | | 欺 | | | 庭 | | | |
| | | | 欺 | | | 广 | | | |
| 先 | 声 | 夺 | **人** | 多 | 势 | **众** | 口 | 铄 | 金 |
| 发 | | | 微 | | | 擎 | | | 刚 |
| 制 | | | 言 | | | 易 | | | 怒 |
| 人 | 微 | 权 | **轻** | 而 | 易 | **举** | 世 | 瞩 | 目 |
| | | | 重 | | | 国 | | | |
| | | | 缓 | | | 上 | | | |
| | | | 急 | 转 | 直 | 下 | | | |

**8...**

刁—习　凡—风　尤—龙　勿—匆　立—产　车—轧　开—卉　叶—吐　史—吏　主—庄　禾—杀　灭—灰　头—买　玉—压　去—丢　舌—乱　亚—严　西—酉　利—刹　烂—烊

**9...**

分。

**10...**

有声有色、不露声色

**11...**

水印木刻。

**12...**

翠（羽 卒）

**13...**

金。五行指金、木、水、火、土，金是五行之一。金朝（1115 - 1234年），由女真族完颜阿骨打所建，在中国北部。金是古代金属制的打击乐器，鸣金是撤兵的信号。金星是太阳系九大行星之一。

**14...**

今是昨（非）同小（可）望不可（即）以其人之道，还治其人之（身）体力（行）若无（事）在人（为）所欲（为）富不（仁）至义（尽）心竭（力）不胜（任）重道（远）走高（飞）沙走（石）破天（惊）天动（地）利人（和）睦相（处）心积虑

醉生梦（死）去活（来）去自（如）花似（玉）树临（风）调雨（顺）手牵（羊）肠小（道）听途（说）长道（短）兵相（接）二连（三）言两（语）重心（长）驱直（入）不敷（出）其不（意）气风（发）扬光（大）材小（用）兵如（神）采飞（扬）眉吐（气）象万（千）军万（马）到成（功）败垂（成）千上（万）古长（青）红皂（白）日作（梦）寐以（求）同存（异）想天（开）天辟地

**15...**

丢车保帅、车水马龙、一马当先、身先士卒、自相矛盾、如法炮制、调兵遣将、行将就木、兵荒马乱。

**16...**

（1）《雾》《雨》《电》；（2）《家》《春》《秋》；（3）《童年》《在人间》《我的大学》；（4）《两姐妹》《一九一八年》《阴暗的早晨》；（5）《幻灭》《动摇》《追求》；（6）《歧路》《炼狱》《十字架》。

**17...**

如图：

**18...**

王秀才字谜诗的谜底是："特来（來）问安。"

朋友答字谜诗的谜底是："请坐奉茶。"

**19...**

"龟"与"归"谐音。归、归……速归（竖龟）。

**20...**

门上写"心"就是"闷"字，表示主人心情不好，不要去打扰；门上写"木"字，表示主人现在闲着，可以接待来客。

**21...**

五百里滇池，奔来眼底，披襟岸帻，喜茫茫，空阔无边！看：东骧神骏，西翥灵仪，北走蜿蜒，南翔缟素，高人韵士，何妨选胜登临，趁蟹屿螺洲，梳裹就风鬟雾鬓，更苹天苇地，点缀些翠羽丹霞，莫辜负四围香稻，万顷晴沙，九夏芙蓉，三春杨柳。

数千年往事，注到心头，把酒凌虚，叹滚滚，英雄谁在！想：汉习楼船，唐标铁柱，宋挥玉斧，元跨革囊，伟烈丰功，费尽移山心力，尽珠帘画栋，卷不及暮雨朝云，便断碣残碑，都付于苍烟落照，只赢得几许疏种，半江渔火，两行秋雁，一枕清霜。

**23...**

望眼欲穿。

**24...**

B.表示他们分离了。C.3个月亮表示他们分离3个月了。D.表示孩子已出生了。E.8个月亮表示希望丈夫8个月后回来。F.表示全家团聚。

**25...**

安（"宴"字生下"日"是"安"）。

**26...**

A.（2）龙戏珠＋（1）鸣惊人＝（3）令五申 （0）敲碎打＋（1）来二去＝（1）事无成 （3）生有幸＋（1）呼百应＝（4）海升平 （7）步之才＋（1）举成名＝（8）面威风

B.（10）全十美－（1）发千钧＝（9）霄云外 （8）方呼应－（1）网打尽＝（7）零八落 （6）亲不认－（1）无所知＝（5）花八门 （2）管齐下－（1）孔之见＝（1）落千丈

**28...**

上联缺"一"，下联少"十"，谐音"缺衣少食"，所以郑板桥送来"及时雨"。

**29...**

日、旦、亘、旭、旯、旮、早、示、未、全、驷、目、吾、叱、叭、叶、由、甲、申、田、古、苂、百、自、皂、查、切、分、轨、支。

**30...**

夫人，只要像我一样说假话就行了。

## 高级

**1...**

一样大。

**2...**

从甲乙双方的对话看，乙方以反问句的形式，指出甲方在谈判中无中生有，故意指责乙方，以便在本次谈判中讨价还价。

**3...**

这位董事长是女的，她在地牢里生了一个男孩。

**4...**

其实根本不是什么法术。悟空在八戒的鞋底上画了一条线，八戒走了几天才能磨完。

**5...**

既不会带来光明，也不会引起爆炸。因为没有氧气。

**6...**

在时间上，上午 7 点钟再加上 8 个小时是下午 3 点钟。

**7...**

钢索的总重量虽然很大，但是整个重量是分布在全部长度上的。所以，可以把钢索放在地上，由货车拖着过桥，使分摊在桥上的重量不超过桥的载重量，便可以顺利通过大桥。等过了桥，再把钢索装到车上。

**8...**

如图中的 2 例都是正确答案。

# S I X
英文的"6"

# I X 6
算式所得的"6"

**9...**

如图：

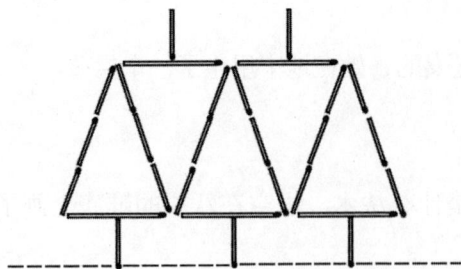

## 10...

你有没有上过当，以为某物的一半加 $\frac{1}{2}$ 就不可能是一个整数？假如是这样的话，也许你会从掰开唱片的角度来考虑解决这个问题，那可就误入歧途了。本题窍门在于看出：数量为奇数的唱片，取其一半再加上半张唱片，一定是个整数。因为小熊在最后一次送礼后只剩下了一张唱片，所以在他把唱片送给小海之前，有 3 张唱片。3 的一半为 $1\frac{1}{2}$，而 $1\frac{1}{2}+\frac{1}{2}=2$，所以小熊最后一次送礼是 2 张唱片，末了自己留有一张完整的唱片。现在倒过来往前算就很简单了，他原来有 7 张唱片，给了小吴 4 张。

## 11...

到达岛上要 4 分钟的话，来回就要花 8 分钟。先让 5 个人乘船上岛，因为必须有一个人要把船划回来，所以只有 4 个人到达岛上避难（花 8 分钟，4 人获救）。然后再载 5 个人到岛上，1 个人再驾船回来（16 分钟，8 人获救），当船再载 5 个人离开后，就没有时间再回来接人了，当船到达岛上时，那艘船已经沉了。所以最多能有 13 人安全脱险。

## 12...

不少粗心的人做出的答案是 6 天。他们的思路是：青蛙每天白天向上爬 6 米，晚上向下滑 3 米，因此平均每天向上爬 3 米；井深 18 米，所以 6 天后青蛙爬出井口。他们忽略了关键的一点，即当最后一天青蛙爬出井口后就不再下滑了。因此，正确答案是青蛙只需 5 天爬出井口。前 4 天青蛙共向上爬了 12 米，第 5 天白天，青蛙正好爬完剩下的 6 米，爬出井口。

## 13...

已知 4 号士兵是所罗门·特普林（线索 4），根据线索 1，穿着灰色外衣的伊齐基尔·费希尔一定是 2 号或 3 号士兵，鼓手是 1 号或 2 号士兵。但 1 号是个步兵（线索 3），因此鼓手是 2 号，伊齐基尔·费希尔是 3 号。

现在我们已经知道一个士兵的兵种及另一个士兵的上衣颜色，可以推断出穿棕色上衣的配枪士兵（线索2）是4号士兵。然后通过排除法，穿灰色制服的伊齐基尔·费希尔是个炮手，根据线索2，2号鼓手必定是末底改·诺森，剩下1号步兵是吉迪安·海力克。他的上衣不是蓝色的（线索5），那就是红色，而2号鼓手末底改·诺森的制服是蓝色的。

答案：

1号：吉迪安·海力克，步兵，红色。

2号：末底改·诺森，鼓手，蓝色。

3号：伊齐基尔·费希尔，炮手，灰色。

4号：所罗门·特普林，配枪士兵，棕色。

## 14...

泊尔去了法国（线索1），去澳大利亚旅游的人摔断了一条腿（线索2），所以，摔断了锁骨的索尼亚（线索4）一定是在瑞士受伤的。综上所述，泊尔一定是摔断了她的手臂，去澳大利亚的是迪莉娅。斯塔布斯夫人既不叫索尼亚也不叫泊尔（线索3），所以她叫迪莉娅。索尼亚不是霍普夫人（线索4），所以她是费尔夫人，霍普夫人的名字是泊尔。

答案：

迪莉娅·斯塔布斯，澳大利亚，腿。

泊尔·霍普，法国，手臂。

索尼亚·费尔，瑞士，锁骨。

## 15...

以下是移动的步骤（W 表示白色，G 表示灰色；以纽扣所在的棋盘位置标识）：（1）W2 移到 3；（2）G4 移到 2；（3）G5 移到 4；（4）W3 移到 5；（5）W1 移到 3；（6）G2 移到 1；（7）G4 移到 2；（8）W3 移到 4。

**16...**

答案如下：

（1）3个面灰色的小立方体数：8个；

（2）2个面灰色的小立方体数：12个；

（3）1个面灰色的小立方体数：6个；

（4）无色的小立方体数：1个。

**17...**

尽管在解决这个难题时有人会采取将纸带猛拉出来的办法，但是，由于这个纸带太长，因而无法使用。必须先在距离硬币2厘米的地方把纸带从一边剪断或者撕掉才行。然后，抓住纸带的另一端，并且拉直使纸带与瓶子成90度。然后，伸出另一只手的食指，快速击打手与瓶子之间纸带的中间位置。这样，纸带就会快速从硬币下面脱出，同时由于速度很快，硬币会因惯性而不至于从瓶子的顶部掉落。

**18...**

两行筹码要相交在一个角。而那个角上的筹码上面又有另一个筹码，这样，一行有3个筹码而另一行有4个筹码（如下图所示）。

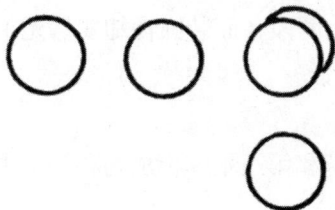

**20...**

沿图1虚线切木板，然后按图2中的样子排列。

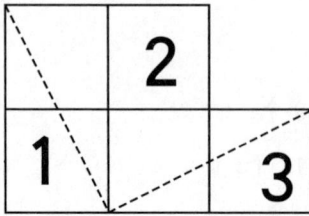

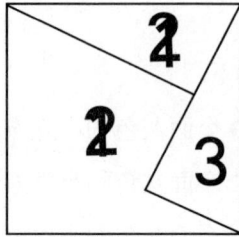

图 1 　　　　　　　　　　图 2

**21...**

这个题的答案就是快速行动。移动 B 骨牌使其垂直竖立时正好可以碰到 A 骨牌的边。将你的食指穿过塔的拱门，然后放在 B 骨牌的底边并且按紧；之后，"弹起"并迅速击打 A 骨牌。这样，A 骨牌便会从塔上分离，它上面的骨牌随即落在两边竖立的骨牌上，而塔安然无恙。

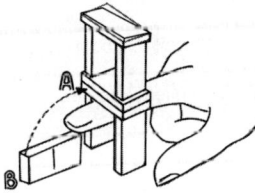

**22...**

在剪绳子之前，先在绳子中间打一个环儿并系牢，然后拿起剪刀将绳环儿剪断。绳子被剪为两段，而装饰物却安然无恙。

**23...**

你只需保证第一张牌和第三张牌相加的和等于中间那张牌的数值。

**24...**

如果这个大正方形的边长为8厘米，那么各尺寸的正方形个数依次为：

8×8厘米　1个

6×6厘米　4个

4×4厘米　9个

2×2厘米　18个

1×1厘米　8个

总共40个正方形。

**25...**

首先使2枚硬币在桌上相接触，然后，再把2枚硬币放在它们上面，使4枚硬币相接触。最后，将第5枚硬币竖立放置（如下图所示）。这样，所有5枚硬币都彼此接触。

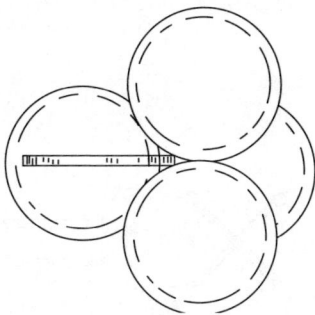

**26...**

把脸靠近这枚硬币，然后吹。如果用力吹，那么风会把这枚硬币将从盘子上吹下来。你所挑选的盘子的边缘坡度要小。

**27...**

答案的奥秘所在就是你要在拿绳子之前先将胳膊交叉。当你把绳子两端分别拿在手中时，再展开两个胳膊，这时，绳子中间就出现了结。

**28...**

你所要做的就是按照下图所示的样子把纸折出成褶子，这样问题就解决了。

**29...**

不知情的人都会将扑克牌慢慢地抽出，这无疑会失败。正确的方法是用左手向扑克牌的一个角猛弹，如果运用得当的话，扑克牌将旋转着快速飞出去，而硬币仍会安然停留在你的右手拇指上。

**30...**

答案为：

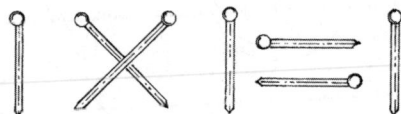